Mit Vielfalt und Fairness zum Erfolg

Veronika Hucke

Mit Vielfalt und Fairness zum Erfolg

Praxishandbuch für Diversity und Inclusion im Unternehmen

Springer Gabler

Veronika Hucke
Frankfurt, Deutschland

ISBN 978-3-658-16877-3 ISBN 978-3-658-16878-0 (eBook)
DOI 10.1007/978-3-658-16878-0

Die Deutsche Nationalbibliothek verzeichnet diese Publikation in der Deutschen Nationalbibliografie; detaillierte bibliografische Daten sind im Internet über http://dnb.d-nb.de abrufbar.

Springer Gabler

Lektorat: Juliane Wagner
Abbildungen: Christina Hucke

Gedruckt auf säurefreiem und chlorfrei gebleichtem Papier

Springer Gabler ist Teil von Springer Nature
Die eingetragene Gesellschaft ist Springer Fachmedien Wiesbaden GmbH
Die Anschrift der Gesellschaft ist: Abraham-Lincoln-Str. 46, 65189 Wiesbaden, Germany

Vorwort

Dieses Buch ist ein Handbuch aus der Praxis. Es baut auf meine Erfahrung als Leiterin Diversity & Inclusion (D&I) von Philips auf, als ich für die Entwicklung und Implementierung der weltweiten Strategie für mehr Vielfalt und Chancengleichheit verantwortlich war, ebenso wie auf meine Arbeit als selbstständige Unternehmensberaterin. In zahlreichen Gesprächen mit meinen Kundinnen und Kunden ebenso wie auf Konferenzen, Kongressen und bei meiner Lehrtätigkeit an einer Akademie für D&I-Verantwortliche stelle ich immer wieder fest, wie schwierig der Einstieg in die Funktion ist und wie händeringend auch erfahrene Verantwortliche nach Ansätzen suchen, ihre Strategien zu optimieren: weil die Ergebnisse hinter den Erwartungen zurückbleiben, weil Ansprechpartnerinnen und Ansprechpartner wechseln und sie das auf „Null" zurückwirft oder weil sie einfach der Ansicht sind, dass es noch besser und anders ginge.

Gleichzeitig ist die Literatur zum Thema – gerade in Deutsch – überschaubar, und ein praktischer Ratgeber, der auf die Situation in Unternehmen und die typischen Barrieren zugeschnitten ist, fehlt in den Regalen der Buchhandlungen gleich ganz.

Deshalb habe ich dieses Buch geschrieben und hatte dabei drei Zielgruppen im Sinn:

- Neue D&I-Verantwortliche, die praktische Hilfe suchen, um sich für ihre Rolle fit zu machen;
- Menschen, die parallel zu einer anderen Tätigkeit die Verantwortung für D&I übernehmen und gerne einen Leitfaden hätten, wie sie diese Aufgabe angehen sollen;
- Menschen, die schon länger für D&I verantwortlich sind und Interesse haben, quasi durch einen Schulterblick andere Arbeitsweisen und Ansätze kennenzulernen.

Damit das Buch einerseits einen umfassenden Überblick gibt und alle wichtigen Aspekte beinhaltet, andererseits aber als Referenz genutzt und zur Hand genommen werden kann, wenn jemanden eine ganz bestimmte Fragestellung umtreibt, ist es in drei Teile aufgebaut.

Der erste Teil – Kap. 1 bis 3 – gibt einen Überblick über die D&I-Disziplin.

Er enthält wichtige Begriffserklärungen – angefangen mit „Diversity" und „Inclusion" – und vermittelt einen Überblick, wie sich die Diskussion über die Jahre verändert hat. In einer

Zeitreise von der Bürgerrechtsbewegung bis hin zu „Unconscious Bias“, Verhaltensökonomie und „Nudging“ zeige ich, was man von den „alten“ Ansätzen lernen kann und wie Soziologie, Neurologie und Psychologie inzwischen nachhaltige Veränderungen unterstützen. Die folgenden Kapitel adressieren die globalen Trends, die Unternehmen zwingen, sich aktiv mit der Frage auseinanderzusetzen, ob die Demografie ihrer Belegschaft noch aktuellen und zukünftigen Anforderungen entspricht. Weil sich der Arbeitsmarkt und Absatzmärkte verändern und aufgrund des großen Einflusses, den die Vielfalt von Beschäftigten auf die Innovationskraft hat und auf die Fähigkeit eines Unternehmens, sich auf veränderte Rahmenbedingungen einzustellen. Zudem beleuchte ich maßgebliche Barrieren, die dazu führen, dass häufig eher die „Gleichsten“ als unbedingt die „Besten“ aufsteigen. Dieser Abschnitt bietet einen Überblick aktueller Daten und Forschung zum Thema und ist für all diejenigen besonders hilfreich, die in Organisationen tätig sind, in denen ohne eine klare, rationale und mit Quellen gut belegte Argumentation gar nichts läuft.

Im zweiten Teil – Kap. 4 bis 6 – adressiere ich drei der Hauptgründe, warum Veränderungen oft schleppender vonstattengehen als gewünscht: der Fokus auf die Unterstützung des Vorstands, von der Wohl und Wehe der Strategie abhängig gemacht werden; der Hang zu Aktionismus und dazu, den Erfolg eher an der Zahl der Maßnahmen als an klar definierten Zielen festzumachen – oft weil die Rolle und Schwierigkeit, Veränderungen zu erzielen, unterschätzt wird oder weil relevante Messkriterien schlicht fehlen; schließlich ein unzureichendes Stakeholder-Management, das die Interessen verschiedener Parteien nicht hinreichend berücksichtigt und sich auf Trennendes statt auf Gemeinsamkeiten konzentriert.

Im dritten Teil – Kap. 7 bis 14 – geht es dann in die Praxis. Ich starte mit einem Überblick über Change-Tools, die bei der Entwicklung und Umsetzung der D&I-Strategie hilfreich sind, und beschreibe dann – Stufe für Stufe –, wie sich mithilfe des Change-Management-Modells von John Kotter eine wirksame D&I-Strategie entwickeln und implementieren lässt.

Kolleginnen und Kollegen, Leserinnen und Leser

Ich habe mich bemüht, in diesem Buch konsequent die weibliche und männliche Form zu nutzen bzw. geschlechtsneutrale Bezeichnungen zu wählen – selbst wenn es zum Teil holpriger klingen mag als die gewohnte männliche Form. Ich hatte Alternativen ausprobiert – also z. B. in einem Kapitel nur die weibliche und in anderen Kapiteln ausschließlich die männliche Form zu nutzen. Ich hatte gehofft, dass das irritieren und damit Denkanstöße geben könnte. Passiert ist etwas Anderes. Die Texte waren missverständlich. Wohlgemerkt, nur die mit ausschließlicher Nutzung der weiblichen Form.

Viele von Ihnen kennen wahrscheinlich das Rätsel vom Mann und seinem Sohn, die einen Autounfall haben. Der schwer verletzte Sohn wird umgehend mit dem Hubschrauber ins Krankenhaus geflogen. Dort ist man erleichtert, dass eine der Top-Koryphäen für Notfallmedizin für die OP bereitsteht. Doch daraus wird nichts: „Ich kann ihn nicht operieren, er ist mein Sohn.“ Fragt man in einer größeren Runde, wer das ist, stößt man oft auf erstaunte Blicke. Bittet man darum, die Antwort auf einem Zettel zu notieren, gibt es die wildesten Spekulationen. Der Stiefvater oder schwule Eltern sind beliebte Optionen. Üblicherweise kommt mindestens die Hälfte der Beteiligten nicht auf die richtige Lösung[1].

In Reaktion auf die geringe Anzahl von Rollen in Hollywoodfilmen, die starke und qualifizierte Frauen darstellen, unterstrich US-Schauspielerin Geena Davis einmal „If girls can see it, they can be it" – was Mädchen sehen, können sie auch sein – und gründete das Institut für Gender in den Medien. Ich dagegen hatte kürzlich wieder eine Diskussion bezüglich eines Textes, in dem von weiblichen Entrepreneurinnen die Rede war. Das sei eine Dopplung wurde kritisiert und vorgeschlagen, einfach von weiblichen Entrepreneuren zu sprechen, was mich sofort an Gregor Gysi denken ließ. Er gibt an, dass er bei seinen Reden konsequent die männliche und weibliche Form durchhält, weil er schließlich auch nicht als „Herr Rechtsanwältin Gysi" angesprochen werden wolle.

Ich wünsche Ihnen eine interessante Lektüre und freue mich, wenn Sie Lust bekommen, neue Ideen und Ansätze auszuprobieren.

Frankfurt am Main
im Mai 2017

Veronika Hucke

[1]Es ist die Mutter.

Inhaltsverzeichnis

1 Vielfalt und Chancengleichheit: ein Über- und Rückblick

> In diesem Kapitel lernen Sie die wichtigsten Definitionen im Kontext „Vielfalt in Unternehmen kennen" und erfahren, warum eine wertschätzende Kultur die Voraussetzung dafür ist, dass Menschen Karriere machen, die potenziell nicht dem klassischen Rollenbild einer Führungskraft entsprechen. Wir werfen einen Blick auf die Zielgruppen, auf die sich viele Organisationen aktuell konzentrieren, und auf die Themen, die dabei im Fokus stehen.
>
> Im zweiten Teil geht es darum, wie sich Diskussion und Strategien für mehr Vielfalt seit der Mitte des letzten Jahrhunderts verändert haben, und um die wichtigsten Trends und Herangehensweisen, die die Disziplin heute prägen.

Die Diskussion um Vielfalt und Chancengleichheit – Diversity und Inclusion – hat spätestens mit der Einführung der Frauenquote in Deutschland nicht nur die Stammtische, sondern vor allem die Online-Foren erreicht. Hier wird heiß diskutiert und es werden besorgt Köpfe geschüttelt, denn angesichts der geforderten Besetzung von Spitzenämtern mit Frauen, steht der Niedergang der deutschen Wirtschaft offensichtlich unmittelbar bevor. Die lautesten Teilnehmer scheinen davon überzeugt, dass Frauen nicht die nötige Qualifikation mitbringen, um aus eigener Kraft Leitungsfunktionen zu erreichen, oder schlicht nicht wollen. Zudem glauben sie offensichtlich, dass jede Beförderung einer Frau zulasten eines üblicherweise besser qualifizierten Mannes geht. Grund genug, einen Schritt zurück zu machen und sich anzusehen, worum es bei Vielfalt und Chancengleichheit eigentlich geht.

V. Hucke, *Mit Vielfalt und Fairness zum Erfolg*,
DOI 10.1007/978-3-658-16878-0_1

1.1 Was bedeutet Diversity? Welche Bedeutung hat Inclusion bzw. Chancengleichheit?

Dafür ist es nötig, zunächst die Begriffe „Vielfalt“ und „Chancengleichheit“ bzw. „Diversity“ und „Inclusion“ zu klären – und was sie miteinander zu tun haben. Eine Reihe Analogien haben sich dabei bewährt: „Diversity ist die Mischung, Inclusion heißt dafür zu sorgen, dass sie funktioniert“, oder „Diversity ist die Einladung zur Party, Inclusion ist die Aufforderung zum Tanz“. Wichtig ist also nicht nur, unterschiedliche Menschen im Unternehmen zu beschäftigen (Diversity), sondern dafür zu sorgen, dass sie Wertschätzung erfahren, gleiche Möglichkeiten haben und erfolgreich zusammenarbeiten (Inclusion). Damit zeigt sich auch, dass der Begriff „Inclusion“ weiter gefasst ist als „Chancengleichheit“.

Vielfalt bzw. Diversity Vielfalt bzw. „Diversity“ betrachtet, wie groß innerhalb einer Gruppe die Unterschiede in Bezug auf sichtbare Merkmale wie Geschlecht, Alter oder Nationalität, aber auch bzgl. unsichtbarer Aspekte wie Überzeugungen und Erfahrungen sind.

Aber lassen Sie uns ein bisschen tiefer einsteigen:

Bei Vielfalt – bzw. international „Diversity“ – geht es um eine bunte Belegschaft. Das umfasst z. B. Männer und Frauen, Menschen unterschiedlicher Generation. Es geht aber auch um Herkunft und Sozialisation, verschiedene Religionszugehörigkeit und sexuelle Orientierung/Identität, Beschäftigte mit und ohne Behinderung, Menschen mit verschiedenen Erfahrungen und Denkweisen – also weit mehr als eine simple Debatte um Frauen in Führungspositionen. Dabei sind nur einige Aspekte wie Alter und Geschlecht üblicherweise sichtbar –, viele andere liegen entsprechend der Analogie vom Eisberg (siehe Abb. 1.1) unterhalb der Oberfläche.

In der Vergangenheit wurde oft vermutet, dass es an den Betroffenen oder an den äußeren Rahmenbedingungen liegt, wenn bestimmte Menschen in Führungspositionen unterrepräsentiert sind. Dass es z. B. an der Wahl des Studienganges oder mangelnder Kinderbetreuung liegt, wenn Frauen dort eine Rarität sind. Heute weiß man, dass die Dinge komplizierter sind und dass Faktoren wie traditionelle Rollenbilder und unbewusste Denkmuster (unconscious bias) ebenso wie Aspekte wie „Vitamin B“, also wen man kennt und wer wen unterstützt, eine gewaltige Rolle spielen.

Unconscious Bias „Unconscious Bias“ ist potenziell das im Kontext Diversity & Inclusion aktuell am häufigsten genutzte Schlagwort und steht für unbewusste Denkmuster oder Vorurteile, die die Wahrnehmung verzerren und unser Urteilsvermögen trüben.

Entsprechende Bedeutung wird heute im Rahmen der Strategieentwicklung dem Thema „Inclusion“/Chancengleichheit eingeräumt. Dabei geht es darum, ein Umfeld zu schaffen, in dem Unterschiede als Bereicherung gesehen werden und alle Menschen in ihrer

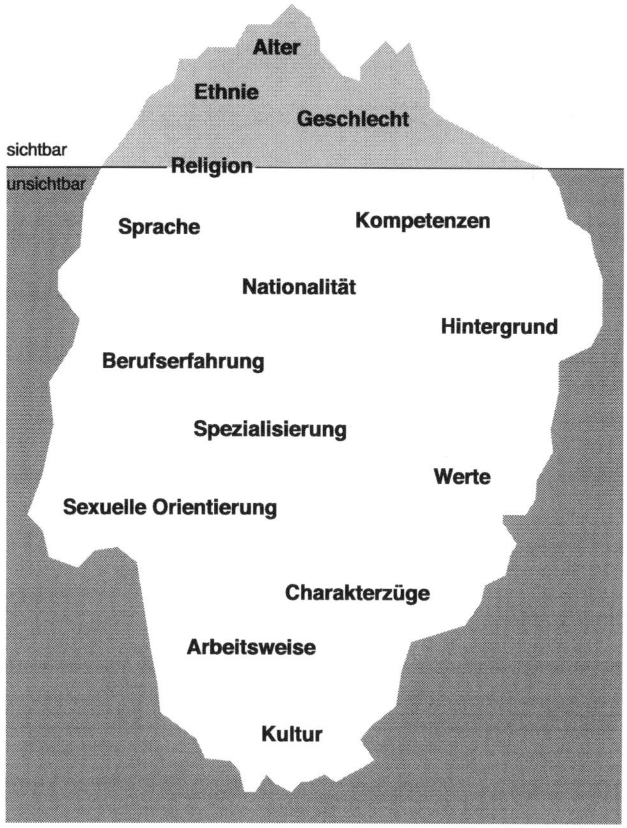

Abb. 1.1 Viele Aspekte, die Menschen unterscheiden, sind unsichtbar

Individualität gleiche Wertschätzung erleben. Es geht um eine Arbeitswelt, in der der Erfolg von den eigenen Fähigkeiten und dem persönlichen Engagement abhängt und nicht davon, dass man möglichst genau einem bestimmten Stereotyp entspricht und die richtigen Verbindungen hat.

▶ **Inklusion bzw. Inclusion** Inklusion – in der Fachwelt nutzt man die englische Schreibweise „Inclusion" – steht für ein Gefühl der Zugehörigkeit. Ziel ist dabei, ein Umfeld zu schaffen, indem Unterschiede begrüßt werden, alle Beteiligten Wertschätzung erleben und unterschiedliche Menschen gleiche Chancen haben.

Wie Diversity und Inclusion in Unternehmen zusammenwirken können, demonstriert das Modell in Abb. 1.2.

Vielfalt

Vielfältige Belegschaft ohne Fokus auf Inclusion

Trotz einer vielfältigen Belegschaft steigt die Homogenität von Ebene zu Ebene. Es herrscht eine eindimensionale Vorstellung davon, wie eine Führungskraft „auszusehen hat“. Beschäftigten, die „anders“ sind, werden weiterführende Aufgabe nicht zugetraut.

Um die Personalstruktur zu verändern, wird vor allem auf externe Einstellungen gesetzt. Allerdings werden auch die „Neuen“ selten den in sie gesetzten Erwartungen gerecht. Die Fluktuation ist entsprechend hoch.

Diejenigen, die nicht zum „Mainstream“ gehören, antworten kritisch auf Fragen wie „verschiedene Perspektiven werden geschätzt“ oder „es herrscht eine offene Zwei-Wege-Kommunikation“. Mitglieder der Mehrheitsgruppe fühlen sich immer gehört und können die Kritik nicht nachvollziehen.

Vielfältige Belegschaft mit Fokus auf Inclusion

Die Organisation ist vielfältig, und zwar auf allen Ebenen und in den unterschiedlichen Bereichen und Funktionen. Die Vorteile, die das mit sich bringt, sind dem Unternehmen klar bewusst. Es verfolgt eine aktive Strategie, um diese zu nutzen.

Die Führungskräfte-Pipeline ist heterogen. Das Unternehmen gilt bei unterschiedlichen Menschen als besonders attraktiver Arbeitgeber.

Vielfältige Beschäftigte arbeiten erfolgreich in Teams zusammen und haben eine offene und wertschätzende Kommunikation. Die Mitarbeiterbindung (Employee Engagement) ist hoch, die Fluktuation gering.

Geringe Vielfalt ohne Fokus auf Inclusion

Die Organisation ist auf allen Ebenen sehr homogen, das gilt auch für Nachwuchskräfte.

Wer anders ist, fühlt sich als Bewerber für offene Positionen nicht angesprochen oder wird spätestens im Vorstellungsgespräch ausgesiebt.

Als Problem wird das nicht wahrgenommen. Entweder, weil sich die Beteiligten dieses Umstands nicht einmal bewusst sind oder weil die Monokultur gewünscht ist. Dann herrscht oft eine klare „Wir gegen die“-Mentalität, in der andere Ideen und Perspektiven als Bedrohung empfunden werden.

Geringe Vielfalt mit Bemühungen um Inclusion

Die Organisation ist homogener, als ihr lieb ist. Neue (Markt-)Anforderungen gehen mit neuen Herausforderungen einher, ohne dass die Personalstruktur und Prozesse dem Rechnung tragen.

Es gibt aktive Bemühungen, um eine vielfältigere Führung, aber wenn es um die Besetzung offener Positionen geht, kommen Kandidaten, die „anders“ sind, selten zum Zug. Das Arbeitgeberimage ist in der Vergangenheit verhaftet und die meisten Bewerber entsprechen dem „Mainstream“ des Unternehmens.

Die Beschäftigten stehen Bemühungen um mehr Vielfalt mit einem gewissem Misstrauen gegenüber, weil es nach ihrer Wahrnehmung die Realitäten im Unternehmen nicht widerspiegelt oder weil sie ihre Felle davonschwimmen sehen. In der Unternehmenskultur ist das Thema noch nicht angekommen.

Inclusion

Abb. 1.2 Das Zusammenspiel von Vielfalt und Inclusion in Unternehmen

Faktoren jenseits der persönlichen Eignung beeinflussen den Aufstieg
Was für gewaltige Auswirkungen heute Faktoren jenseits der Qualifikation haben, sieht man daran, wie stark selbst Aspekte wie beispielsweise Größe und Gewicht den beruflichen Erfolg beeinflussen.

Beispiel

30 % der Vorstandsvorsitzenden von „Fortune Global 500"-Unternehmen sind größer als 1,88 m – aber nur vier Prozent aller Männer [1]. Und auch beim Gehalt rechnet sich Größe. Laut einer aktuellen Untersuchung der Universität Exeter, die bei fast 120.000 Befragten den Einfluss von Größe und Gewicht auf den sozioökonomischen Status untersucht hatte, zeigte sich, dass bei gleicher Erfahrung und Qualifikation größere Männer mehr verdienen. Wer zwei Inch – gut 6 cm – größer ist, bringt im Schnitt jährlich fast 1600 £ mehr nach Hause [2]. Solange sie nicht stark übergewichtig sind, können sich zumindest für Männer auch ein paar Kilo extra auszahlen, erfährt man aus einem Artikel im US-amerikanischen Journal of Applied Psychology [3] – ihre Meinung hat dann einfach „mehr Gewicht".

Bei Frauen ist das ganz anders. Übergewicht – bzw. ein höherer BMI (Body Mass Index) – resultiert für sie in einem geringeren Gehalt. Schon bei einem um einen Punkt höheren BMI sinkt ihr Jahreseinkommen laut der Exeter-Untersuchung durchschnittlich um 2940 £. Etwa 14.000 US$ weniger als die normalgewichtige Kollegin verdient, wer rund 11 kg (25 lb) mehr auf die Waage bringt. Noch dünner ist aber noch besser: Frauen, die 25 lb weniger wiegen als der Durchschnitt, haben ein mehr als 15.500 US$ höheres Jahresgehalt. Für Männer dagegen ist Untergewicht nicht zu empfehlen: sie verdienen im Schnitt rund 8500 US$ weniger als die Kollegen.

Groß und schlank – aber nicht mager – wird bei Männern unbewusst mit Führungsstärke und Leistungsfähigkeit assoziiert. Damit steigen die Chancen für eine Beförderung, obwohl sicherlich niemand ernstlich annimmt, dass es einen Zusammenhang zwischen Körpermaßen und Qualifikation für eine Führungsposition gibt. Es zeigt gleichzeitig, dass nicht nur „Minderheiten" unter Benachteiligung leiden, sondern dass sie jeden treffen kann, der nicht dem Idealbild – bzw. dem gängigen Stereotyp – für eine bestimmte Rolle entspricht.

Selbst wenn es unfair ist: Statt auch dicke und dünne Menschen auf die Liste der Mitarbeitergruppen zu setzen, die im Rahmen der D&I-Strategie besondere Aufmerksamkeit genießen, lohnt die Konzentration auf Kriterien, in denen man Fortschritte tatsächlich messen kann. Das erleichtert es, besonders erfolgversprechende Aktivitäten zu priorisieren, Ergebnisse systematisch zu verfolgen und die Agenda anzupassen, wo Maßnahmen hinter den Erwartungen zurückbleiben. Zudem bewahrt es die Beteiligten davor, in Aktionismus zu verfallen.

Das Gute: Davon profitieren auch diejenigen Mitarbeiterinnen und Mitarbeiter, die eigentlich nicht im Fokus der entsprechenden Aktionen stehen. Denn in einer Organisation, die Unterschiede würdigt und alle Beschäftigten mit Wertschätzung behandelt, entsteht eine bessere Atmosphäre für jeden, der sonst potenziell mit Nachteilen zu kämpfen hätte.

1.2 Schwerpunkte der Bemühungen von Unternehmen

Entsprechend haben sich einige Schwerpunktthemen herausgebildet, auf die sich viele Unternehmen konzentrieren. Ähnlich wie bei der Großwildjagd wird dabei zuweilen von den „Big 5“ gesprochen. Hierbei geht es jeweils um besonders große Bevölkerungsgruppen, die ein bestimmtes demografisches Merkmal teilen, das häufig dazu führt, dass Menschen im Beruf Nachteile entstehen, die ihre Aufstiegschancen mindern:

Geschlecht: Üblicherweise geht es hier um Frauen, wobei zunehmend in besonders frauenlastigen Beschäftigungsfeldern – wie in Kindergärten und Grundschulen oder in Pflegeberufen – auch gezielt Maßnahmen ergriffen werden, um den Männeranteil zu erhöhen.

Generation: Hier geht es um die Zusammenarbeit von Menschen unterschiedlicher Altersgruppen bzw. darum, wie sich ihre Erwartungen und Anforderungen unterscheiden. Ein Schwerpunkt liegt auf der Frage, wie die Arbeitswelt gestaltet sein muss, damit ältere Mitarbeiterinnen und Mitarbeiter möglichst lange produktiv und erfolgreich tätig sein können. Gleichzeitig geht es darum, junge Beschäftigte erfolgreich anzusprechen und zu integrieren.

Ethnie und/oder Nationalität: In Deutschland liegt der Schwerpunkt zumeist auf Menschen mit Migrationshintergrund. Bei international tätigen Organisationen ist es allerdings ebenso wichtig zu überprüfen, ob Vertreter der bedeutendsten (geografischen) Märkte im Unternehmen in relevanten Funktionen vertreten sind, wie also die Verteilung unterschiedlicher Nationalitäten – insbesondere in Führungspositionen – aussieht.

Menschen mit Behinderungen: Ein Thema, das absehbar an Bedeutung gewinnt, wenn man berücksichtigt, dass 80 % der Behinderungen erst im Laufe des Lebens erworben werden. Mit einer älteren Belegschaft steigt also auch die Zahl der Beschäftigten mit Einschränkungen, die häufig nicht sichtbar sind.

Sexuelle Orientierung: Ein übliches Schlagwort ist hier LGBT, d. h. Lesbian, Gay, Bisexual & Transgender, also Schwule, Lesben, Bisexuelle und Transsexuelle. Zahlreiche Untersuchungen belegen, dass viele nichtheterosexuelle Menschen im Beruf entweder offene Vorbehalte und Diskriminierung erfahren oder einen hohen Konfirmationsdruck [4] verspüren. Beides stört eine reibungslose Zusammenarbeit und hindert die Betroffenen daran, ihre Fähigkeiten voll zu entfalten.

▶ **LGBT bzw. LSBT und LGBTA** Die Abkürzung LGBT wird im internationalen D&I-Kontext häufig genutzt und steht für Lesbian, Gay, Bisexual und Transgender, d. h. Schwule, Lesben, Bisexuelle und Transsexuelle – in Deutsch LSBT. LGBTA ergänzt diese um „Allies“, d. h. Unterstützer.

Zunehmend werden Gruppenmerkmale weiter differenziert. So wird beispielsweise im aktuellen Koalitionsvertrag der Berliner Landesregierung der Begriff LSBTTIQ verwandt, um „Lesben, Schwule, Bi- und Transsexuelle, Transgender, Intersexuelle bzw. Menschen zu beschreiben, die sich als Queer verstehen“ [5].

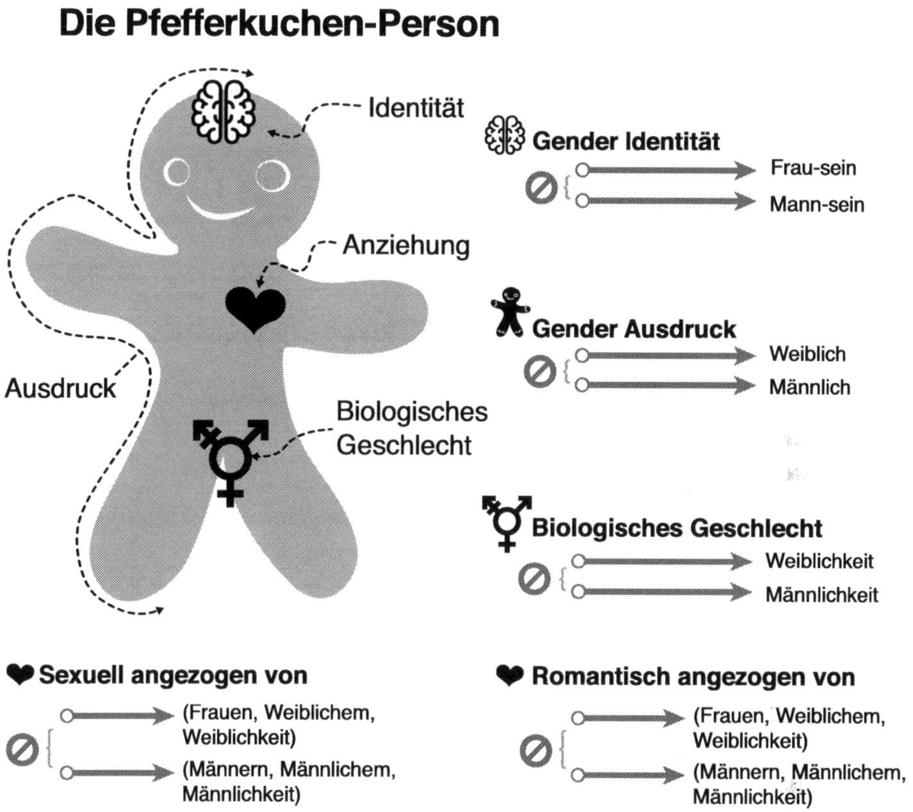

Abb. 1.3 Die Pfefferkuchen-Person. (Nach Sam Killermannn, „A Guide to Gender", itspronouncedmetrosexual.com)

Größere Geschlechtervielfalt
Diese größere Vielfalt wird zuweilen als verwirrend wahrgenommen und führt dazu, dass sich Menschen unsicher fühlen, unter anderem in Bezug darauf, ob sie die richtige Terminologie kennen und nutzen. Sam Killermann, Autor von „A Guide to Gender" erklärt dazu: „Geschlecht ist eine der Sachen, bei denen jeder glaubt sie zu verstehen, aber die meisten Menschen tun das nicht. Wie „Anfangen" ist Geschlecht nicht binär oder entweder/oder. In vielen Fällen ist es beides/und. Ein bisschen hiervon, ein bisschen davon." Um das zu illustrieren hat er – angelehnt an den „Gingerbread Man", also einen Pfefferkuchenmann – die „Genderbread-Person" (siehe Abb. 1.3) entwickelt. Das Modell zeigt sehr anschaulich, welche unterschiedlichen Aspekte bei der Geschlechterdefinition eine Rolle spielen und dass es nicht ausschließlich durch biologische Faktoren bestimmt wird. Andere Aspekte sind

- Identität, also wie man selbst sein Geschlecht definiert und wie stark man sich einem zugehörig fühlt;

- Ausdruck, d. h. wie man sich durch Verhalten, Bekleidung präsentiert und wie diese persönliche Darstellung aufgrund von Geschlechternormen interpretiert wird;
- Anziehung, d. h. zu wem man sich hingezogen fühlt.

Andere Anforderungen werden längst in der Unternehmenspraxis adressiert
Ohne jede Frage ist „Religion" eine weitere Dimension, die das Arbeitsleben beeinflusst. Große Aufmerksamkeit erhalten entsprechende Konflikte, wenn die Auswirkungen des Ramadans auf Fußballprofis während der WM diskutiert werden [6], ein Aufschrei durch die Republik geht, da angeblich Schweinefleisch aus den Kantinen verschwinden soll [7] oder sich Supermarktmitarbeiter aufgrund religiöser Bedenken weigern, Alkohol über ihren Scanner an der Kasse zu ziehen [8].

Viele dieser Herausforderungen stellen sich allerdings schon deutlich länger, als es gerade in Deutschland eine D&I-Funktion gibt. Die meisten Unternehmen haben dafür bereits in der Vergangenheit pragmatische Lösungen gefunden und, wo erforderlich, beispielsweise die Religionszugehörigkeit in ihren Schichtmodellen berücksichtigt. Während also den unterschiedlichen Anforderungen bei Bedarf Rechnung getragen wird, adressieren die wenigsten Unternehmen das Thema aktiv im Rahmen ihrer D&I-Strategie.

1.3 Wie hat sich die Disziplin entwickelt – und was lässt sich davon lernen?

In den letzten Jahrzehnten hat sich die Diskussion um Diversity und Inclusion in Organisationen und in der Fachwelt stark verändert. Der Grund: Die Ergebnisse der Bemühungen um mehr Vielfalt sind massiv hinter den Erwartungen zurückgeblieben und haben die Verantwortlichen dazu getrieben, neue Vorgehensweisen auszuprobieren und in verwandten Disziplinen nach relevanten Lösungsansätzen zu suchen.

Grundsätzlich bin ich der Ansicht, dass alle Ansätze wichtige Erkenntnisse geliefert haben, die es auch heute noch zu bedenken gilt. Deshalb möchte ich einen kurzen Überblick geben, was die unterschiedlichen Angänge ausmacht, welcher Logik sie folgen und wie Veränderungen jeweils erreicht werden sollen bzw. sollten. Auch wichtig zu beachten: Mit der wachsenden Anzahl an Untersuchungen, die den Wert von Vielfalt für Organisationen demonstrieren, hat sich die Motivation verändert. Statt des Wunsches nach mehr Gerechtigkeit steht zunehmend ein klar formulierter Business Case im Fokus. Einen Überblick dieser Veränderungen vermittelt Abb. 1.4. und hilft dabei, die Lehren der Vergangenheit für die eigene Strategie zu nutzen.

1.3.1 Erste strukturierte Bemühungen in den USA der 1960er

Strukturierte Bemühungen um mehr Chancengleichheit und eine gezielte Förderung unterrepräsentierter Gruppen, also von Mitarbeiterinnen und Mitarbeitern, die in Unternehmen

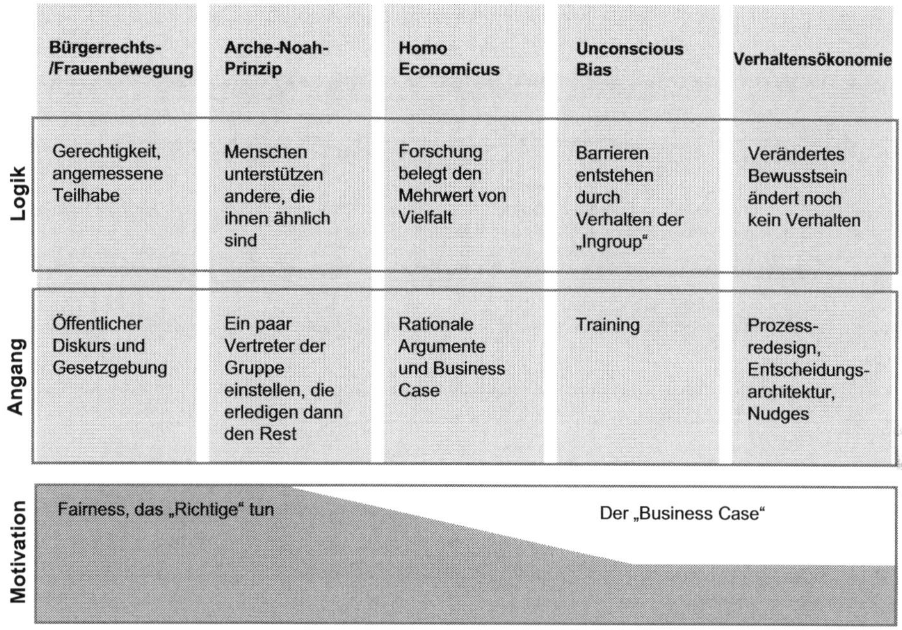

Abb. 1.4 Die Diskussion um D&I und die Lösungsansätze haben sich verändert

weniger stark repräsentiert sind, als es ihr Anteil an der Bevölkerung erwarten ließe, gibt es in den USA seit den 60er Jahren des vergangenen Jahrhunderts; sie sind aus der Bürgerrechts- und Frauenbewegung entstanden. Im Zentrum der Auseinandersetzung stand entsprechend die Forderung nach mehr Gerechtigkeit und neuen gesetzlichen Regelungen, um Diskriminierung aufzuheben.

Klare Regelungen für Unternehmen und Organisationen wurden 1961 zunächst für Staatsbedienstete eingeführt. Die von John F. Kennedy unterschriebene Executive Order 10925 regelte, dass Beschäftigte nicht aufgrund der Rasse, Herkunft, Hautfarbe oder Religion diskriminiert werden dürfen und dass Unternehmen gezielte Maßnahmen implementieren müssen, um entsprechende Bewerberinnen und Bewerber zu unterstützen und eine faire Behandlung zu gewährleisten. Mit dem Civil Rights Act wurde 1964 die Rassentrennung aufgehoben und Diskriminierung auf Basis des Geschlechts, der Hautfarbe, Herkunft oder Religionszugehörigkeit verboten.

Erst durch diese Gesetzesinitiativen wurde anerkannt, dass es eine Ungleichbehandlung gibt, dass sie nicht akzeptabel ist und dass unterschiedliche Akteure die Verantwortung haben, aktiv an einem Wandel mitzuwirken.

Ein maßgeblicher Bestandteil der Strategien von Unternehmen, um Veränderungen voranzutreiben, war die Gründung von Mitarbeiternetzwerken – insbesondere für Afroamerikaner und Frauen – mit dem Ziel, eine Infrastruktur zu schaffen, in der sich Beschäftigte gegenseitig unterstützen. Während damit ihr Anteil in Einstiegsfunktionen stieg, bleiben die Auswirkungen auf Führungspositionen gering.

Beispiel

Einen spannenden Einblick in diese frühen Jahre gibt McDonalds Chief Diversity Officer, Patricia Sowell Harris, in ihrem Buch „None of us is as good as all of us" [9]. Sie beschreibt eindrucksvoll die frühen Jahre der D&I-Aktivitäten der Burger-Kette, die massiv durch gesellschaftliche und politische Entwicklungen geprägt wurden.

Sie berichtet, dass Frauen 1958 als Angestellte aus den Restaurants verbannt wurden und nur mit ausdrücklicher Genehmigung der Zentrale beschäftigt werden durften. Damit sollte eine familienfreundliche Atmosphäre geschaffen werden, die nicht von flirtenden Mitarbeitern gestört wurde. Die Serviererinnen, die vorher auf Rollschuhen die Bestellungen entgegennahmen, zogen zudem junge Männer als Kunden an, die dieser Atmosphäre ebenso abträglich waren. Erst Mitte der 60er wurde die Regelung aufgebogen, nicht etwa um Frauenrechte zu stärken, sondern weil durch den Vietnamkrieg nicht genug junge Männer verfügbar waren, um mit dem rasanten Wachstum Schritt zu halten.

Sowell Harris berichtet zudem, wie erst die Rassenunruhen und die Ermordung von Martin Luther King der Bürgerrechtsbewegung breite Aufmerksamkeit brachten. Zuvor sei sie vor allem als „Südstaaten- Phänomen" gesehen worden. Erst jetzt nahmen viele Unternehmen die dramatische Situation in vielen Innenstädten und die fundamentalen Ungleichheiten bewusst war und realisierten, dass es einer drastischen Strategieänderung bedurfte, um auch zukünftig unterschiedliche Zielgruppen zu bedienen. Die Belagerung und Zerstörung von Restaurants und der Umstand, dass diejenigen verschont blieben, die gut in der Nachbarschaft integriert waren, schafften dabei eine zusätzliche Motivation, aktiv zu werden.

Dazu galt es auch, Strategien und Prozesse komplett zu überdenken, weil es beispielsweise für Schwarze völlig unmöglich war, die rund 150.000 US$ aufzubringen, die erforderlich waren, um Franchise-Nehmer zu werden.

In dem Kontext berichtet die Autorin auch, welche große Bedeutung die ersten Mitarbeiternetzwerke und Trainingsmaßnahmen hatten und wie wichtig die Vernetzung von Beschäftigten war, die den gleichen Herausforderungen gegenüberstanden „Was McDonalds am Anfang nicht verstand, war die Isolation, die man spürte und welche Auswirkungen das hatte, seinen Job geregelt zu bekommen[1]", zitiert sie Annis Aliston, eine der ersten afroamerikanischen Managerinnen. Die Gruppen boten die Möglichkeit, sich gegenseitig zu unterstützen, eine gemeinsame Stimme zu finden und seine Wut zu artikulieren. „Als [McDonalds] diese Kurse startete, bist Du voller Wut reingekommen. Wut, weil Dir nur die Führung weniger Restaurants übertragen wurde, weil andere Leute an Dir vorbei befördert wurden und Du niemals ein richtiges Stück vom Kuchen bekamst", so Aliston weiter. „Eine Gruppe zu bilden gab uns Stärke, weil wir einander wirklich unterstützen konnten. Es war eine

[1]Originaltext: „The thing McDonalds didn't understand in the early days was the isolation you felt and what that meant in trying to get your job done" (Eigene Übersetzung der Autorin).

Möglichkeit, unseren Weg im Unternehmen zu finden und dabei einen gesunden Verstand zu bewahren.[2]"

Das rund 70 Jahre alte Beispiel ist in vieler Hinsicht auch heute noch brandaktuell: Stereotype, die potenzielle Beschäftigte ausschlossen. Der Arbeitskräftemangel, der das Unternehmen zwang, einige Glaubenssätze über Bord zu schmeißen und sich neue Zielgruppen zu erschließen. Aufstiegsbarrieren, für „andere" Beschäftigte, die es zu adressieren galt. Konformitätsdruck, der auf die „Neuen" wirkte, und die Notwendigkeit, sich zu solidarisieren, um Dinge zu verändern. Die wirtschaftlichen Vorteile, einer vielfältigen Belegschaft und die damit einhergehende Kundennähe.

Natürlich handelt es sich insgesamt um ein klassisches Beispiel Corporate Publishings, aber wer sich dafür interessiert, wie Rassentrennung und Bürgerrechtsbewegung die Realität innerhalb von Unternehmen beeinflussten, gewinnt spannende Einblicke anhand eines prominenten Beispiels.

1.3.2 Das Arche-Noah-Prinzip

Der schleppende Verlauf des Veränderungsprozesses schärfte das Augenmerk für einen wesentlichen Trend: Menschen tendieren dazu, andere zu unterstützen, die ihnen ähnlich sind. Um diese Spirale zu durchbrechen, verfielen viele Organisationen daher auf eine einfache Idee: Warum nicht eine Repräsentantin oder einen Repräsentanten der entsprechenden Gruppe befördern und darauf hoffen, dass sie oder er das gleiche Verhalten an den Tag legt? Dank dieser Sogwirkung sollte dann der Anteil der entsprechenden Gruppe – z. B. Frauen in Führungspositionen – automatisch steigen und sich die Situation über die Zeit ausgleichen.

Leider erwies sich auch beim Arche-Noah-Prinzip, dass die Ergebnisse hinter den Erwartungen zurückblieben und dass starke In- und Outgroup-Effekte die Hoffnungen auf eine schnelle Veränderung zunichtemachten.

▶ **In- und Outgroup bzw. Eigen- und Fremdgruppe** Unter der „Ingroup" versteht man in der Sozialpsychologie die Gruppe, der wir – aufgrund persönlicher Beziehungen bzw. demografischer Merkmale – selbst angehören. Die Outgroup besteht aus Menschen, mit denen wir weniger gemeinsam haben oder uns nicht verbunden fühlen.

Im D&I-Kontext wird unter der Ingroup üblicherweise die Gruppe bezeichnet, die wichtige Machtpositionen innehat und damit – auch unbewusst – anderen Mitgliedern

---

[2]Originaltext: „When they started those classes, you came in with anger – anger because you were getting fewer stores to run and others were getting promoted over you and you were never getting a piece of the real pie. Being in a group was our strength because we really supported each other. It was a way to help us navigate through the waters and come out sane" (Eigene Übersetzung der Autorin).

ihrer Gruppe Vorteile verschaffen kann. Sie definiert die „dominante Kultur", also die Werte, Normen und Regeln, die in einer Organisation herrschen.

Als Outgroup werden Menschen bezeichnet, die – häufig aufgrund persönlicher Merkmale, durch die sie zu einer Minderheit gehören – keinen Zugang zum Zirkel der Macht haben.

Das Beharrungsvermögen der Mehrheitsgruppe wurde deutlich unterschätzt, und Minderheitsrepräsentanten scheiterten regelmäßig bei dem Versuch, Veränderung von innen zu treiben. Die Konsequenz war häufig nicht nur eine Stagnation der entsprechenden Personalzahlen, oft strich auch der Minderheitenvertreter selbst nach einiger Zeit frustriert die Segel.

Beispiel

Unabhängig von der Bürde, die bei einem solchen Ansatz auf einzelne Individuen gelegt wird, ignoriert der Ansatz den hohen Konformitätsdruck, dem die Betroffenen unterliegen. Viele fühlen sich gezwungen, sich von ihrer „Gruppe" abzugrenzen. Schließlich können sie um sich herum leicht erkennen, dass „jemand wie sie" selten erfolgreich ist.

Das bringt sie in eine Zwickmühle. Sie werden oft mit der klaren Erwartung konfrontiert, sich für eine bestimmte Zielgruppe ganz besonders einzusetzen. Gleichzeitig stellen sie in den täglichen Interaktionen fest, dass für sie der Preis dafür – z. B. das politische Kapital, dass sie einsetzen müssen, die Auswirkung auf ihre Position und Glaubwürdigkeit – viel höher ist als für Mitglieder der Ingroup.

Das führt zu dem Versuch, die Assoziation zu „covern", also zu überdecken. Entsprechendes Verhalten kann laut Kenji Yoshino, Professor an der juristischen Fakultät der Universität New York, auf vier Ebenen stattfinden.

- Auftreten: Bei Bekleidung, Aussehen und im Verhalten bemüht man sich, dem Mainstream zu entsprechen.
- Affiliation: Es werden Verhaltensweisen vermieden, die mit einer bestimmten Gruppe assoziiert sind und Stereotype aktivieren – z. B. vermeidet es eine Mutter, ihre Kinder bei der Arbeit zu erwähnen.
- Unterstützung: Es wird abgewogen, wie stark und wann man sich für „seine Gruppe" einsetzt und beispielsweise darauf verzichtet, einen rassistischen oder sexistischen Witz zu kommentieren.
- Assoziation: Kontakte mit anderen Gruppenmitgliedern werden vermieden, um der Gruppe nicht zu eindeutig zugeordnet zu werden.

Durch diese Zurückhaltung hoffen die Betroffenen, weniger stark in eine Ecke gedrängt zu werden. Wie häufig dieses Verhalten auftritt, hat das Deloitte Leadership Center for Inclusion untersucht [10]: 61 % der Befragten gaben an, dass sie bei der Arbeit mindestens in Bezug auf eine Ebene „covern". Das galt – mit 83 % – am häufigsten für Schwule, Lesben und Bisexuelle, aber auch für 45 % der heterosexuellen weißen Männer.

Mit wachsender Verbreitung und steigendem Selbstbewusstsein sinkt dann der Konformitätsdruck auf eine Gruppe im Unternehmen. Das sieht man beispielsweise daran, dass Frauen nicht mehr grundsätzlich gedeckte Kostüme oder Hosenanzüge im Büro und auf Konferenzen tragen. Wie stark Stereotype allerdings weiterhin wirken, illustriert das berühmt berüchtigte Zitat von Deutsche-Bank-Chef Josef Ackermann. Er verkündete 2011, dass es zwar bisher nicht gelungen sei, eine Frau für das Group Executive Committee zu finden, „aber ich hoffe, dass das irgendwann dann farbiger sein wird und schöner auch [11]". Auch die Diskussionen um die Schuhe der britischen Premierministerin Theresa May oder das Dekolleté von Angela Merkel zeigen eindrücklich, dass die Demonstration stereotypischer Merkmale eine weit höhere Aufmerksamkeit erzielen kann, als dies mit Sachthemen gelingt.

Dessen ungeachtet wird auch heute noch regelmäßig versucht, die Verantwortlichkeit dafür, Ungleichheiten abzustellen, Vertretern der betroffenen „Gruppe" zu übertragen, wie man auch daran erkennen kann, dass die allergrößte Mehrheit der D&I-Verantwortlichen in Unternehmen Frauen oder Schwule sind – bzw. in den USA zusätzlich Afro- oder Lateinamerikaner.

Das bringt die Betroffenen in eine schwierige Position, weil leicht der Eindruck entsteht, sie betrieben „Klientelpolitik", statt sich um die Lösung eines strategischen Anliegens des Unternehmens zu bemühen. Ihre Position wird häufig zusätzlich durch Stereotype beeinflusst, die es ihnen noch schwerer machen, Veränderungen zu erzielen; so werden Frauen leicht als „emotional" statt „engagiert" wahrgenommen, bei Schwarzen heißt das dann „aggressiv".

1.3.3 Homo Economicus

Mindestens ebenso große Hoffnungen setzte man anschließend auf den Homo Economicus. Auf Basis der wachsenden Datenlage zum Vorteil vielfältiger Teams und des Beitrags, den sie zum Geschäftserfolg leisten können, sollte es doch gelingen, mit einem schlüssigen Business Case – wie er auch die Grundlage für andere strategische Projekte eines Unternehmens bildet – die Notwendigkeit für Veränderungen zwingend darzustellen und breite Unterstützung zu aktivieren.

Die Argumentation basierte dabei zumeist auf mindestens einer von drei Säulen, auf die ich in Kap. 2 im Detail eingehe:

1. Dem Arbeitsmarkt, d. h. dem Umstand, dass es sich nur bei einem verschwindend geringen Anteil potenzieller Beschäftigter um kerngesunde, heterosexuelle, weiße Männer unter 40 handelt und dass es daher dringend zu empfehlen ist, qualifizierte und talentierte Mitarbeiterinnen und Mitarbeiter auch jenseits dieser Zielgruppe zu identifizieren.

2. Dem Absatzmarkt, d. h. der großen und wachsenden Bedeutung von Marktsegmenten, in denen Kaufentscheidungen von Menschen getroffen werden, die ganz anders aussehen und ganz andere Erfahrungen gemacht haben als die Mehrzahl der Führungskräfte in Mittelstand und global tätigen Konzernen.
3. Der höheren Innovationskraft vielfältiger Teams, die mehr unterschiedliche Ideen und Erfahrungen in die Diskussion einbringen und ein besseres Regulativ haben.

Statt Vielfalt und Chancengleichheit weit nach oben auf die Prioritätenliste zu katapultieren, zwang und zwingt dieser Angang viele D&I-Verantwortlichen allerdings quasi in eine Endlosschleife der Datenbeschaffung, um ihre Argumentation weiter zu stützen und zu belegen, dass sie tatsächlich, wirklich und ganz ehrlich auch im vorliegenden Fall Relevanz haben könnte.

Der Versuch, sich der Forderung nach weiteren Analysen grundsätzlich zu verschließen, ist nach meiner Erfahrung wenig hilfreich. Stattdessen gilt es, Nachfragen in geordnete Bahnen zu lenken, zu ermitteln, warum es weiteren Klärungsbedarf gibt, und ggf. zu vereinbaren, diesen zu einem späteren Zeitpunkt zu adressieren.

Die Strategie, damit zu argumentieren, dass es keinen Business Case für homogene Teams und Exklusion gebe, sodass sich auch die Frage nach dem gegenteiligen Case nicht stelle, ist selten zielführend. Im unternehmerischen Kontext ist es unüblich, für die Fortsetzung einer – als erfolgreich wahrgenommenen – Strategie einen Business Case zu erstellen. Für ein „Weiter-so" braucht man keine Argumente. Für Veränderung ist das anders. Zudem hilft der Business Case, zu entscheiden, was, wann und warum zu tun ist.

Insgesamt zeigt sich allerdings auch hier, was Sozialpsychologen längst bekannt ist: Menschen handeln weit weniger rational als häufig vermutet.

1.3.4 Unconscious Bias

Diese Erkenntnis läutete den Siegeszug des aktuell vermutlich am häufigsten verwendeten Schlagworts in der D&I-Diskussion ein: Unconscious Bias, also unbewusste (Vor-) Urteile. Der Begriff trägt dem Umstand Rechnung, dass viele Entscheidungen maßgeblich von Faktoren außerhalb unserer bewussten Wahrnehmung beeinflusst werden. (Mehr zum Thema in Kap. 3).

Entsprechend liegt der Schwerpunkt von D&I-Maßnahmen in diesem Kontext nicht auf der unterrepräsentierten Gruppe – nicht auf Schwarzen, Alten oder Frauen – und darauf, was sie tun sollten, um ihre Karriereaussichten zu steigern. Stattdessen liegt der Fokus auf denjenigen, die im Unternehmen oder in Entscheidungspositionen die Mehrheit bilden, Kultur und Regeln definieren und durch ihr Verhalten den Status quo bewahren.

Nach Jahrzehnten der Stagnation wurde dieser Perspektivenwechsel mit Begeisterung aufgenommen und zunächst quasi als „Stein der Weisen" gefeiert. Statt Trainings durchzuführen, in denen Führungsfrauen lernen sollten, entschlossener aufzutreten, mehr

Selbstbewusstsein an den Tag zu legen oder ihr Netzwerk strategisch auszubauen, ging es jetzt darum, zunächst Top-Führungskräften und anschließend nach Möglichkeit der ganzen Organisation beizubringen, dass sie blinde Flecken haben und warum das ein Problem ist.

„Unconscious Bias": Trotz neuem Hype ein „alter Hut"
Interessanterweise ist diese Erkenntnis nicht annähernd so neu, wie es die Begeisterung der Akteure vermuten lässt. Bereits in den frühen 70er Jahren stellten Daniel Kahneman – der 2002 für seine Arbeit mit dem Wirtschaftsnobelpreis ausgezeichnet wurde – und Amos Tversky ihre Idee vor, dass Menschen mentale Abkürzungen bei der Lösung von Problemen nehmen [12]. Was heute als „Unconscious Bias" eine Renaissance feiert, sind die damals weniger aussagekräftig bezeichneten „Heuristiken".

Die Psychologen bauten mit ihrer Arbeit auf der Forschung von Herbert A. Simon auf, der in den 50er Jahren den Begriff der „begrenzten Rationalität" prägte. Der steht dafür, dass Menschen – statt völlig rational zu handeln – Entscheidungsprozesse aufgrund von Nebenbedingungen optimieren. Das können beispielsweise die Verfügbarkeit von Informationen oder Kosten ihrer Beschaffung sein.

Das Bewusstsein für die Existenz kognitiver Verzerrungen, die unsere Urteilskraft beeinflussen, ist noch weit älter. Sehr schön schildert Leo Tolstoi ein Beispiel in seinem Essay „Was ist Kunst" (1898) [13].

> Ich weiß, dass die meisten Menschen – nicht nur diejenigen, die als klug gelten, sondern sogar diejenigen die tatsächlich sehr klug und in der Lage sind, die kompliziertesten wissenschaftlichen, mathematischen oder philosophischen Probleme zu lösen –, sehr selten selbst die einfachsten und offensichtlichsten Wahrheiten erkennen, die sie zwingen würden zuzugeben, dass sie sich eine falsche Meinung gebildet haben […].[3]

Auch die Wissenschaft hatte bereits früh Interesse an Aspekten, die das Urteil über Menschen trüben. Einen der bekannteren hat Edward Lee Thorndike bereits 1920 empirisch untersucht und für ihn den Begriff Halo-Effekt (Halo = Heiligenschein) eingeführt. Er bewirkt, dass uns bei einem Menschen, von dem wir einen positiven Eindruck haben, auch andere positive Dinge auffallen und wir Korrelationen zu Attributen bilden, die völlig unabhängig sind. In einer der bekanntesten Studien zum Halo-Effekt von Solomon Asch, dem wir später noch mal begegnen werden, mussten Versuchsteilnehmer 1946 eine Person bewerten, die als intelligent, fähig,

[3]Übersetzung aus dem Englischen: „I know that most men – not only those considered clever, but even those who are very clever, an d capable of understanding most difficult scientific, mathematical, or philosophic problems – can very seldom discern even the simplest and most obvious truth if it be such as to oblige them to admit the falsity of conclusions they have formed […]" (Eigene Übersetzung der Autorin).

fleißig, entschlossen, praktisch und vorsichtig beschrieben wurde. Einer Teilnehmergruppe wurde zusätzlich gesagt, sie sei „warmherzig", der anderen, sie sei „kühl". Die „warmherzige" fiktive Person wurde als weise, humorvoll, beliebt, fantasievoll usw. eingeschätzt, ihr „kühles" Alter Ego wurde negativ beurteilt [14].

Der Überbegriff „Confirmation Bias" – einer der maßgeblichen „Unconscious Biases", der heute oft diskutiert wird – wurde dann von Peter Wason 1960 für den Umstand geprägt, dass Menschen Informationen, die ihre Annahme bestätigen, aktiv suchen bzw. bevorzugt wahrnehmen und es versäumen, Informationen zu überprüfen, die ihre Annahme infrage stellen könnten [15].

Während Heuristiken bzw. Bias in verschiedenen Bereichen der Personalarbeit – wie in der Personalauswahl und -entwicklung – schon lange eine Rolle spielen, gewannen sie durch Wissenschaftsbestseller wie „Thinking Fast and Slow" („schnelles Denken, langsames Denken") von Daniel Kahneman Anfang des Jahrtausends breite Bekanntheit.

Wenig überraschend, dass dieser Ansatz von Beratungs- und Trainingsunternehmen mit Freude aufgenommen wurde – schon allein, weil sich dadurch die Anzahl potenzieller Teilnehmer vervielfacht hatte. Als Resultat werden heute allein in den USA rund 8 Mrd. US-Dollar jährlich für Diversity-Trainings ausgegeben [16]. Die Ergebnisse sind weit weniger spektakulär als die Ausgaben, denn ob dieser Ansatz etwas bringt, ist bestenfalls fraglich. Das herausstechende Ergebnis einer Meta-Untersuchung von fast 1000 Studien zum Thema, die Elizabeth Levy Paluck von der Princeton University und Donald Green von der Yale University durchgeführt haben, war der fehlende Nachweis, dass entsprechende Trainings tatsächlich eine Wirkung haben [17].

Unterschiedliche Aspekte helfen zu erklären, warum die mit Begeisterung implementierten Trainingsmaßnahmen – die auch von Teilnehmern üblicherweise als interessant und intellektuell stimulierend beschrieben werden – hinter den Erwartungen zurückbleiben.

- Der Umstand, dass es sich um „unbewusste" Vorurteile handelt, die „jeder" hat, wie in der Kommunikation zumeist klar hervorgehoben wird, schürt den Eindruck, **man könne selbst wenig tun** und eigentlich sei das **alles auch nicht so schlimm**. Verhaltensökonome haben festgestellt, dass Menschen gerne dem Verhalten anderer folgen, egal ob richtig oder falsch. Das merken z. B. Anbieter von Blumen zum Selberpflücken. Wenn am Stand darauf hingewiesen wird, dass über 90 % der Kunden ihre Blumen bezahlen, erhöht sich die Zahlungsmoral. Wer sich beklagt, dass nur 40 % ehrlich sind, senkt seine Einkünfte noch weiter, weil keiner einsieht, der „Dumme" zu sein [18].

- Zudem tendieren Menschen dazu, sich nach getaner Arbeit **Rabatt auf zukünftiges Verhalten** zu geben. Dieser Aspekt wurde u. a. von Wissenschaftlern in Taiwan in einer Studie untersucht. Dabei zeigte sich, dass Menschen, denen mitgeteilt wurde, sie hätten Vitamintabletten genommen, anschließend mehr Zigaretten rauchten, als Teilnehmer, die dachten, sie hätten nur ein Placebo erhalten [19]. Noch ernüchternder ist in diesem Kontext eine Untersuchung, die an der kalifornischen Stanford Universität durchgeführt wurde. Hier zeigte sich, dass Teilnehmer, die Obama bei der Wahl 2008 unterstützt hatten, anschließend eher dazu tendierten, weiße Kandidaten für einen Job zu bevorzugen. Die Unterstützung des schwarzen Präsidentschaftskandidaten diente als moralische Rechtfertigung für eine spätere Diskriminierung – insbesondere für diejenigen mit rassistischen Vorurteilen [20]. Wer also Zeit in ein „Unconscious Bias"-Training investiert, hat es sich anschließend auch „verdient", einmal seinen – unbewussten – Vorurteilen nachzugeben.
- Grundsätzlich gilt: **Ein geändertes Bewusstsein reicht nicht für eine Verhaltensänderung.** Die meisten Menschen können zahlreiche Beispiele benennen, in denen sie Entscheidungen wider besseres Wissen treffen, einfach aus Gewohnheit, weil es praktisch ist bzw. weil die Kosten für die „richtige" Entscheidung zu hoch erscheinen. Schließlich handhabt es der Nachbar genauso, ist es mühsam, die erforderlichen Informationen für einen qualifizierten Vergleich zu beschaffen, oder weil die Torte lecker aussieht und man mit dem Abnehmen dann doch auch morgen anfangen kann.

Ohne jede Frage ist es wichtig zu verstehen, dass Entscheidungen nicht unbedingt rational getroffen werden und dass (unbewusste) Vorurteile einen Einfluss auf die Personalauswahl und -arbeit in Organisationen haben. Um Veränderungen zu erzielen, reicht diese Erkenntnis jedoch nicht aus. Anstatt nur Bewusstsein zu schaffen, gilt es, Maßnahmen zu implementieren, die gewährleisten, dass der gewünschte Wandel auch tatsächlich stattfindet.

1.3.5 Verhaltensökonomische Ansätze und systemische Veränderung

Die Verhaltensökonomie ist ein Teilgebiet der Wirtschaftswissenschaften und der „Versuch, das Menschenbild der Ökonomie mit dem Menschenbild der Psychologie wieder zu versöhnen". Sie „sucht im Verhalten von Menschen nach psychologischen Motiven und versucht zu zeigen, wo diese im ökonomischen Kontext relevant sind" [12].

Dabei unterscheiden sich einige „Glaubenssätze" gegenüber dem klassischen „Modell-Menschen" der Wirtschaftswissenschaftler ganz grundsätzlich (Tab. 1.1).

Tab. 1.1 Der Homo Economicus und seine Grenzen

Homo Economicus/traditionelle Ökonomie	Verhaltensökonomie/Behavioral Economics
Unbegrenzte Rationalität Menschen treffen rationale Entscheidungen und streben nach dem Optimum	*Begrenzte Rationalität* Menschen machen Fehler bei Informationsbeschaffung und -verarbeitung. Sie nutzen Erfahrungswerte und „Abkürzungen"/Heuristiken
Unbegrenzte Willenskraft Eine sinnvolle und rationale Entscheidung wird dann auch konsequent umgesetzt	*Begrenzte Willenskraft* Menschen vertagen unbequeme Entscheidungen. Kurzfristiger Nutzen ist wichtiger bzw. „schlägt" langfristige Ziele und Konsequenzen
Unbegrenztes Eigennutzstreben Menschen handeln ausschließlich im eigenen Interesse und sind bemüht, den Nutzen für sich selbst zu maximieren	*Begrenzter Eigennutz* Menschen sind auf Fairness bedacht. Ungerechtes Verhalten anderer wird bestraft – selbst zu eigenen Lasten

Beispiel

Ein Standardexperiment, um den begrenzten Eigennutz zu demonstrieren, ist das „Ultimatum-Spiel". Darin erhält ein Spieler 10 US$ und soll sie nach eigenen Vorstellungen mit einem unbekannten Mitspieler teilen. Nimmt dieser das Angebot an, erhalten beide den Betrag, der ihnen vom ersten zugedacht wurde. Lehnt der Mitspieler das Angebot ab, erhält keiner etwas. Aber während es für den Mitspieler theoretisch sinnvoll wäre, jedes Angebot anzunehmen – schließlich stellt er sich damit finanziell besser, als wenn er gar nichts erhält –, passiert das nicht. Angebote unter 2 US$ lehnt die Hälfte der Spieler ab. Die Möglichkeit, ein als unfair wahrgenommenes Verhalten zu bestrafen, ist offensichtlich mehr wert als das verlorene Geld [21], [22].

Bei einer Untersuchung, die auf diesem Konzept basiert, haben Wissenschaftler der UCLA festgestellt, dass es das „Belohnungs-Zentrum" des Hirns aktiviert, wenn Menschen fair behandelt werden. Es zeigt sich die gleiche Wirkung wie beispielsweise beim Schokoladeessen. Bei Versuchsteilnehmern, die ein unfaires Angebot annahmen, waren dagegen die Hirnregionen besonders aktiv, die die Selbstbeherrschung steuern, die offensichtlich erforderlich war, um es trotzdem zu akzeptieren [23].

Im D&I-Kontext sind verhaltensökonomische Ansätze besonders relevant, weil sie helfen, einige ganz maßgebliche Barrieren für Veränderungen zu verstehen und Maßnahmen zu entwickeln, die dieser Realität Rechnung tragen.

Es erklärt auch, warum beispielsweise eine begrenzte Willenskraft Menschen davon abhält, die aus dem interessanten „Unconscious Bias"-Training mitgenommenen Erkenntnisse im täglichen Leben umzusetzen und endlich bessere, fairere oder rationalere Entscheidungen zu treffen.

Wie nicht anders zu erwarten, sind in diesem Kontext eine Reihe neuer Schlagwörter dabei, die Branche zu begeistern. „Choice Architecture" – Entscheidungsarchitektur –, ein

Begriff, der von Richard Thaler und Cass Sunstein in ihrem Buch „Nudge" [24] geprägt wurde, ist – ebenso wie „Nudge" selbst – quasi das „neue Black" und wird ein zunehmend beliebteres Thema auf Kongressen und Konferenzen.

Das Konzept beschrieben die Autoren als „liberalen Paternalismus". Danach stehen jedem Einzelnen bei einer anstehenden Entscheidung alle Optionen offen, allerdings wird durch geeignetes Design die gewünschte Wahl gefördert.

Wer z. B. die Anzahl der Organspender steigern will, tut gut daran, ein „Opt-out"-Modell zu wählen, in dem Menschen sich als Nichtspender registrieren müssen, statt dass sie sich einen Organspenderausweis beschaffen müssen (= „opt-in"). Damit trägt man dem Umstand Rechnung, dass Menschen, die im Prinzip zu einer Organspende bereit sind, es zu kompliziert finden oder zu faul sind, sich einen Ausweis zu beschaffen. In beiden Varianten haben alle eine freie Wahl, aber der Opt-out-Ansatz steigert die Wahrscheinlichkeit, dass eine Entscheidung getroffen wird, die dem Wohl der Allgemeinheit dient.

Entscheidungsarchitektur und Nudges Bei der Entscheidungsarchitektur geht es darum, unterschiedliche Entscheidungsoptionen so zu präsentieren, dass die Wahrscheinlichkeit der „gewünschten" Entscheidung möglichst hoch ist.

Ein „Nudge" (Stupser) soll dabei die Entscheidungsfindung unterstützen.

Beispiel

Die Begeisterung für diesen Ansatz hat auch die Politik erreicht, wie die Bild im August 2014 zu berichten wusste. Unter dem Titel „Merkel will Psycho-Trainer anheuern" berichtete das Blatt, dass das Bundeskanzleramt drei Wissenschaftler aus den Bereichen Psychologie, Anthropologie und Verhaltensökonomie einstellen wolle. Ein Regierungssprecher dämpfte laut FAZ die Fantasie: „Ich kann sie beruhigen: Es werden keine Sofas im Kanzleramt aufgestellt." Ziel sei es, neue Methoden für „wirksames Regieren" zu erproben. Aufgabe der Gruppe sei die „Entwicklung alternativer Designs von politischen Vorhaben" auf Grundlage verhaltenswissenschaftlicher Erkenntnisse [25]. Im Klartext bedeute das laut Welt [26], dass „Bundesministerien der Arbeitsgruppe Gesetzesvorhaben vorlegen, bei denen die Psychologen dabei helfen können, die Wirksamkeit zu erhöhen".

Verhaltensökonom Axel Ockenfels von der Universität Köln bewertet in dem Artikel den Angang positiv. Lange Zeit habe die Bundesregierung ignoriert, dass Menschen häufig Entscheidungen treffen, die nicht in ihrem besten Interesse sind und dass schon ein kleiner Anstoß sich positiv auswirkt. Eine Politik, die auf solche relevanten Erkenntnisse verzichte, mache sich anfällig für Manipulationen und Fehler. „Deshalb ist der Vorstoß der Bundesregierung ein vielversprechendes Experiment."

In ihrem Beitrag gehen die FAZ-Autoren auch auf die kontroversen Aspekte des Angangs ein: „Kritiker dieser Politik, die oft auch als ‚liberaler' oder ‚sanfter' Paternalismus bezeichnet wird, sehen darin eine Anmaßung des Staates, der über die Wünsche seiner Bürger entscheidet und diese dann mit psychologischen Tricks manipuliert".

Die Welt formuliert das noch krasser: „Kritiker sehen im Nudging eine besonders hinterhältige Form der Gängelei, bei der der Staat den Bürger ohne demokratische Kontrolle manipuliert, bevormundet und sich so letzten Endes seinen Musterbürger formt." Meines Erachtens übersehen Kritiker dabei, dass natürlich auch eine andere Entscheidungsarchitektur die Entscheidung beeinflusst, indem sie Menschen eher davon abhält, Organe zu spenden, Vorsorge fürs Alter zu treffen oder einmal den Nachtisch zugunsten eines Stück Obsts stehen zu lassen. Warum das demokratischer sein soll, erschließt sich mir nicht.

Ohnehin wurde im Kanzleramt laut Welt betont: „Wir wollen keinen sanften Paternalismus." Schwierige politische Entscheidungen sollten nicht durch Psychotricks umgesetzt werden. Der Deutsche soll nicht verändert werden, die Gesetze sollen es, damit sie besser funktionieren.

Als Referenz wird dabei Dänemark genannt, wo drei Ministerien gemeinsam das sogenannte „MindLab" gegründet haben, dessen Mitarbeiter versuchen zu verstehen, wie die Bürger mit staatlichen Regelungen zurechtkommen. Sie begleiten Bürger beispielsweise bei Behördengängen oder beobachten sie beim Ausfüllen von Formularen. Dabei fallen ihnen Probleme auf. Alternativ fragen sie Bürger danach, was verbessert werden kann. So wurde z. B. die geringe Akzeptanz der elektronischen Steuererklärung bei jüngeren Beschäftigten gesteigert, indem man eine wesentliche Hürde – die Sprache auf der Webseite war für Neu-Steuerzahler mit wenig Erfahrung praktisch unverständlich – behob. Auch die als zu bürokratisch wahrgenommenen Prozesse der staatlichen Betriebsunfallversicherung wurden entrümpelt und vereinfacht. Die Gruppe beschränkt sich aber nicht nur auf die eigenen Ideen und Beobachtungen: Auf Vorschlag von Verhaltensökonomen des „Danish Nudging Network" wurden auf Bürgersteige grüne Fußabdrücke gepinselt, die zu Mülleimern führen. Der Abfall auf den Straßen ging daraufhin um 40 % zurück.

Während es meines Erachtens hilfreich – und im D&I-Kontext sicherlich sinnvoll – ist, Menschen dabei zu helfen, „gute" Entscheidungen zu treffen, sind auch diese Ansätze nicht tatsächlich neu, sondern eine kluge Umsetzung von bekanntem Wissen aus verwandten Disziplinen. Wer schon einmal kurz vor Ladenschluss in den Supermarkt gesprintet ist und nach dem Irren durch die Gänge andere Produkte im Wagen hatte als eigentlich geplant, sich fürs Markenprodukt in Griffhöhe statt für das Billigprodukt im unteren Fach entschieden oder an der Kasse kurz vor Schluss dem quengelnden Nachwuchs doch noch nachgegeben hat, für den ist Choice Architecture eigentlich ein alter Bekannter – wenn auch in einer weniger wohltätigen Form.

Beispiel

Für den Einsatz im D&I-Umfeld, haben Lisa Kepinski und Tinna C. Nielsen, D&I-Profis mit langjähriger Erfahrung, den Begriff „Inclusion Nudges" geprägt und engagieren sich dafür, erfolgreiche Ansätze zu teilen. Ihr Konzept basiert auf dem Prinzip, dass jeder, der einen „Inclusion Nudge" zur Verfügung stellt, Zugriff auf alle anderen Lösungsansätze erhält, die von Kolleginnen und Kollegen entwickelt und bereitgestellt wurden. Selbst wenn sich natürlich nicht jeder Angang auf eine andere

Organisation oder Kultur übertragen lässt und ggf. auf die eigene Situation und Anforderungen angepasst werden muss, bieten sie damit Praktikern eine Vielzahl von Ideen und Impulsen. Mehr Informationen unter www.inclusion-nudges.org [27].

Grundsätzlich geht es bei einem verhaltensökonomischen Angang darum zu verstehen, wie es in einer Organisation „wirklich läuft". Wie Entscheidungen tatsächlich vorbereitet und getroffen werden, und zwar auch unabhängig von den offiziellen Verlautbarungen und formalen Prozessen. Wie die Kultur eines Unternehmens aussieht und wie sie sich auswirkt. Auf dieser Basis gilt es dann, strukturelle Veränderungen zu erzielen und Prozesse so zu gestalten, dass sie diese Realität nutzen, ändern oder aushebeln.

Nur so lässt sich dem Umstand Rechnung tragen, dass Organisationen Systeme sind, in denen unterschiedliche Elemente interagieren. „Rollen, Verantwortlichkeiten und Beziehungen werden durch organisatorische Strukturen, Prozesse, Führungsstile, durch den professionellen und kulturellen Hintergrund der Beschäftigten, durch Personalpolicen und -prozesse definiert. […] gemeinsam treiben diese unterschiedlichen Elemente Verhalten und Leistung innerhalb von Organisationen. Wenn sich das System nicht verändert, unterstützt und erhält es auch keine individuellen Verhaltensveränderungen – stattdessen bringt es Menschen dazu, zu scheitern[4]", fassen das die Autoren des Beitrags „Why Leadership Programms Fail" im Harvard Business Review zusammen [28].

Mit einem systemischen Angang verschiebt sich entsprechend der Fokus der Bemühungen um Vielfalt und Chancengleichheit in Unternehmen (Tab. 1.2).

Tab. 1.2 Schwerpunkte eines systemischen D&I-Angangs im Vergleich zu traditionellen Ansätzen

Traditionelle Ansätze	Systemischer D&I-Angang
Fokus auf das Individuum, aktuelle und potenzielle Beschäftigte von Unternehmen	Fokus auf das „System", die gesamte Organisation oder definierte Teile
Entwicklung gezielter Interventionen für unterschiedliche Zielgruppen, die häufig Symptome adressieren	Entwicklung von Interventionen, die Barrieren adressieren, die aus der Unternehmenskultur und etablierten Praktiken erwachsen
Steigerung der persönlichen Kompetenz, also z. B. Trainingsmaßnahmen, um die Aufstiegschancen zu erhöhen, die Anpassung an die Mehrheitskultur und ihre Regeln zu unterstützen oder Bewusstsein für unbewusste Vorurteile zu schaffen	Veränderung der Umgangs- und Arbeitsweisen, um ein „ebenes Spielfeld" – ein „level playing field" zu schaffen, das allen gleiche Chancen bietet

[4]Originaltext: „Roles, responsibilities, and relationships are defined by organizational structure, process, leadership styles, people's professional and cultural background, and HR policies and practices. […] all those elements together drive organizational behavior and performance. If the system does not change, it will not support and sustain individual behavior change – indeed, it will set people up to fail" (Eigene Übersetzung der Autorin).

1.4 Der Blick über den Tellerrand treibt Innovation

Den Umstand, dass viele der im D&I-Kontext gehypten Ansätze nicht gar so neu sind, wie uns einige Akteure vermuten lassen wollen, sehe ich nicht kritisch. Ganz im Gegenteil. Schließlich sind viele der Herausforderungen, mit denen D&I-Praktiker ringen, auch nicht einmalig, sondern aus einem anderen Kontext absolut vertraut. Die Fragestellungen, mit denen sich D&I beschäftigt – was sind meine Optionen, wie treffe ich die richtige Wahl, wie erziele ich Veränderung –, sind nicht einzigartig, sondern stellen sich jeden Tag auch anderswo im Leben und in Unternehmen. Da ist es sinnvoll, nach Lösungen zu suchen, die bereits getestet und erprobt sind und die anderswo Ergebnisse liefern.

Aus meiner Sicht ist es problematischer, dass regelmäßig die unterschiedlichen Vorgehensweisen als Alternativen betrachtet werden und ein Ansatz, dessen Ergebnisse nicht befriedigend waren, über Bord geschmissen wird, sobald eine neue Idee auftaucht. Dass Verantwortliche – fast trotzig – davon abrücken, ihren Business Case zu erstellen, wenn es mit diesem nicht gelungen ist, eine angemessene Unterstützung der Geschäftsführung zu gewinnen. Dass Aktivitäten rund um Unconscious Bias verteufelt werden, nur weil der auf Training angelegte Lösungsansatz hinter den Erwartungen zurückblieb.

Der Umstand, dass im Laufe der Zeit neue Ansätze die Diskussion beherrschen, bedeutet nicht, dass die alten obsolet sind und keine Berechtigung mehr hätten. Wer sich in Mathe mit Kurvendiskussionen und Stochastik beschäftigt, denkt auch nicht, dass sich damit die Grundrechenarten erledigt haben. So ist es auch bei D&I. Die Ansätze ergänzen sich. Sie bauen aufeinander auf, sie lösen sich nicht gegenseitig ab.

- Wie zu den Hochzeiten der **Bürgerrechtsbewegung** wirken gesetzliche und gesellschaftliche Rahmenbedingungen auch heute auf D&I- und HR-Strategien. Weil Menschen später in Rente gehen, weil Väter Elternzeit nehmen oder weil es ein Recht auf einen Kindergartenplatz gibt – der dann potenziell doch nicht zu Verfügung steht. Oder weil sie die Rahmenbedingungen dafür setzen, unter welchen Umständen Menschen in Deutschland eine Arbeit aufnehmen dürfen. Damit beeinflussen sie unmittelbar, wer dem Arbeitsmarkt wann und wie lange zur Verfügung steht. Aber auch Steuergesetzgebung und beispielsweise das Ehegattensplitting haben selbstverständlich Auswirkungen, ebenso wie Kultur, öffentliche Debatten darüber, was erstrebenswert und was akzeptabel erscheint, die Arbeitswelt und D&I-Strategien beeinflussen.
- Ganz im Sinne des **Arche-Noah-Prinzips** spielen Vorbilder und „Leuchttürme" im Rahmen der D&I-Strategie eine große Rolle. Menschen, die es geschafft haben, den Widerständen zu trotzen. Die Ideen und Erfahrungen haben, wie man Herausforderungen begegnet, und die bereit sind, ihre persönliche Geschichte zu teilen. Natürlich ist es falsch, sie verantwortlich zu machen. Sie zu nutzen – als Unterstützer, als Ideengeber und Motivator – hat oft große Wirkung.
- Selbst wer auf den nicht ganz so rationalen Menschen, statt auf den **Homo Economicus** vertraut, braucht einen Business Case. Den benötigt man auch anderswo im Unternehmen, um sich auf etwas Neues einzulassen, um Produkte einzuführen oder andere

Geschäftsfelder zu erschließen. Bei D&I ist das nicht anders und es hilft, Prioritäten zu setzen, Erfolge – und Misserfolge – zu erkennen und die Strategie weiterzuentwickeln.

- Es ist wichtig zu verstehen, dass man blinde Flecken und Vorbehalte – **Unconscious Bias** – hat. Dieses Wissen ermöglicht eine andere Diskussion und es bildet die Basis für Interventionen, die neue Kandidatinnen und Kandidaten sichtbar machen.
- Entscheidungen sind selten völlig rational, Menschen sind bequem und opfern potenziell langfristigen Erfolg der Erfüllung kurzfristiger Wünsche. Sie nehmen Ungerechtigkeiten nicht einfach hin, sondern möchten, dass sie Konsequenzen haben – selbst wenn sie das selbst etwas kostet. Diese Erkenntnisse aus der **Verhaltensökonomie** sind entscheidend, um Kultur zu verstehen und wirksame Prozesse zu gestalten.

Stakeholder-Management – das nächste große Ding

Ein wichtiger Aspekt kommt meines Erachtens in den aktuellen Diskussionen häufig zu kurz und hat das Zeug als Nächstes in den Fokus der Aufmerksamkeit zu rücken: Stakeholder-Management. Aus meiner Sicht ist es dafür höchste Zeit.

In der modernen Marketingtheorie wird der Bezugsrahmen einer Organisation zunehmend weiter gefasst. Als „Stakeholder" werden die unterschiedlichen Anspruchsgruppen bezeichnet, die Einfluss auf eine nachhaltig erfolgreiche Geschäftstätigkeit nehmen. Dabei geht es längst nicht mehr darum, ausschließlich Kundinnen und Kunden, Beschäftigte oder Aktionärinnen und Aktionäre im Fokus zu haben, sondern auch die Anforderungen und Beweggründe anderer Gesellschaftsgruppen zu verstehen. Das gilt etwa für Fans, die in den sozialen Medien begeistert ihre Erfahrungen teilen. Es können Partnerschaften sein, durch die sich andere, bessere Lösungen entwickeln lassen. Es sind aber auch Nachbarn oder Bürgerinitiativen, die mit einer einstweiligen Verfügung sehr schnell das Lieblingsbauprojekt bis auf Weiteres auf Eis legen können. Die Liste von Menschen und Organisationen, die einen Erfolg befeuern oder behindern können, ist lang.

Stakeholder Stakeholder sind im Marketing die wichtigen Anspruchsgruppen eines Unternehmens. Damit sind neben Kundinnen und Kunden auch Beschäftigte, Lieferantinnen und Lieferanten, Anwohnerinnen und Anwohner am Firmensitz, Medien, Politik, Aktionärinnen und Aktionäre usw. gemeint, die „aus gesellschaftlichen oder marktbezogenen Ansprüchen mehr oder weniger konkrete Erwartungen an das Unternehmen stellen oder durch Dritte auf die Unternehmensziele oder die Art und Weise der Zielerreichung Einfluss ausüben [29]."

Im D&I-Kontext ist aus meiner Erfahrung die Sicht darauf, wessen Unterstützung erforderlich ist, um Veränderungen erfolgreich voranzutreiben, häufig sehr eingeschränkt. Ohne Vorstandsunterstützung ist angeblich wenig zu erreichen und entsprechend viel Zeit wird in diese sehr spitze Zielgruppe investiert. Warum sich das meines Erachtens nicht lohnt, erfahren Sie in Kap. 4.

Aber auch wer breiter denkt, ist dabei selten originell. „Väter von Töchtern" sind zuverlässig die alternativen Kandidaten, die auf jeder Veranstaltung mit überrascht-begeisterter

Stimme von mindestens einer Referentin oder einem Zuhörer als das Nonplusultra in Sachen Allianzen präsentiert werden. Vor 10 Jahren fand ich den Gedanken noch interessant. Inzwischen führt dieses Statement jedes Mal dazu, dass ich den Raum verlassen will. Schließlich könnte man doch mittlerweile ein wenig mehr Bewegung erwarten, wenn sie den in sie gesetzten Hoffnungen gerecht würden. Warum die Hoffnung auf Väter vergebens ist, beleuchte ich in Kap. 6 und gebe im Praxisteil einen Überblick, wie sich diejenigen Menschen identifizieren lassen, die tatsächlich Einfluss auf meinen Plan haben und nehmen wollen.

Hier nur so viel: Für eine erfolgreiche Strategie ist es wichtig, weiterzudenken und wegzukommen von der klassischen Top-down-Sicht. Es ist längst nicht nur die Führungsriege, die Veränderungen unterstützen kann – und auch Blockierer, die es zu neutralisieren gilt, findet man ebenso anderswo in der Organisation. Auch der ergänzende Bottom-up-Ansatz, der auf sogenannte Diversity Days, auf Mitarbeiterveranstaltungen oder -netzwerke setzt und so im Schwerpunkt auf „Betroffene" vertraut, greift zu kurz. Im Rahmen der Planung gilt es, einen klaren Blick des Umfelds zu gewinnen, in dem die Veränderungen vorangetrieben werden sollen. Wer ist dafür und dagegen? Wer sind Sponsoren, wo gibt es mögliche Koalitionen, Gegnerinnen und Gegner bzw. Feinde? Was treibt sie an? Welche Hoffnungen haben sie und welche Bedenken? Welche davon sind begründet und welche grundlos? Wie kann ich ggf. kritische Argumente entkräften und Menschen, die mich unterstützen, stärken? Was sind meine Kommunikationskanäle? Um meine „Truppen" zu identifizieren und vernünftig aufzustellen, ist Klarheit bezüglich dieser Fragen von entscheidender Bedeutung.

D&I ist Change-Management

Nach der sehr segmentierten Darstellung, möchte ich einen Punkt jedoch ganz klar hervorheben: D&I ist Change-Management. Während Innovation vor allem dort entsteht, wo sich zeigt, dass es in anderen, in verwandten Disziplinen Lösungen gibt, die sich auch auf die klassischen „D&I-Probleme" übertragen lassen, setzt ein nachhaltiger Erfolg eine schlüssige Gesamtstrategie voraus. All die neuen, interessanten, vielversprechenden Ansätze ändern nichts daran, dass es schließlich darum geht, ein schlüssiges, strukturiertes Konzept mit all seinen langweiligen, aber notwendigen Bestandteilen aufzusetzen, konsequent zu implementieren und weiterzuentwickeln. Andernfalls verstrickt man sich in einer Vielzahl – potenziell spannender – Einzelinitiativen, deren Wirkung verpufft.

Was Sie aus diesem Kapitel mitnehmen sollten

- Vielfalt/Diversity steht für eine bunte Arbeitswelt mit Beschäftigten, die sich durch eine Vielzahl von sichtbaren (z. B. Alter, Geschlecht, Hautfarbe) und unsichtbaren (Kultur, Erfahrungen, Herkunft) Merkmalen unterscheiden. Inklusion/Inclusion bedeutet, dass diese Unterschiede geschätzt und genutzt werden, dass Menschen Wertschätzung erfahren und gleiche Chancen haben.
- Viele Unternehmen haben im Rahmen ihrer D&I-Strategie ein besonderes Augenmerk auf ein oder mehrere der folgenden fünf demografischen Merkmale,

aufgrund derer Menschen häufig Nachteile entstehen: Geschlecht (im Schwerpunkt Frauen), Alter/Generation, Ethnie oder Nationalität, sexuelle Orientierung, Behinderungen.

- Die Diskussion und die Angänge, um mehr Vielfalt und eine wertschätzende Kultur in Unternehmen zu erreichen, haben sich in den vergangenen Jahrzehnten massiv gewandelt. In den letzten Jahren gewinnen dabei Ansätze an Bedeutung, die Erfahrungen und Erfolge aus verwandten Disziplinen nutzen. Trotz des aktuellen Hypes um Unconscious Bias und Verhaltensökonomie haben ein schlüssiger Business Case, Vorbilder sowie gesellschaftliche Rahmenbedingungen und gesetzliche Regelungen nicht an Relevanz verloren.
- Die Bedeutung von Stakeholder-Management wird in den aktuellen Bemühungen häufig noch unterschätzt. Ein guter Plan hilft dabei, eine maximale Unterstützung zu aktivieren und Blockierer zu neutralisieren.
- D&I ist Change-Management. Um eine erfolgreiche Strategie aufzusetzen und zu implementieren, ist ein schlüssiger, strukturierter Plan erforderlich, der die unterschiedlichen Aspekte berücksichtigt.

Wichtige Fragen in Bezug auf Ihre eigene Strategie

Hat Ihre Strategie sowohl einen Fokus auf Diversity als auch auf Inclusion? Wie wirkt sich das aus?	
Welche Zielgruppen haben Sie im Rahmen Ihrer Strategie im Blick?	
Welche Motivation gibt es, um Veränderungen voranzutreiben? Unterscheidet sie sich bei verschiedenen Ansprechpartnerinnen und Ansprechpartnern? Sind allen die Vorteile einer größeren Vielfalt und einer wertschätzenden Kultur bewusst?	
Welche Bedeutung haben die verschiedenen Ansätze, die in Abb. 1.3 dargestellt sind?	
Wie zufrieden sind Sie mit der bisherigen Vorgehensweise und den Ergebnissen? Was läuft gut? Was macht Ihnen Gedanken? Worauf basiert Ihre Einschätzung?	

Literatur

1. Gladwell, Malcom. 2005. *Blink*. London: Penguin.
2. BMJ. 2016. Height, body mass index, and socioeconomic status: Mendelian randomisation study in UK Biobank. https://www.ncbi.nlm.nih.gov/pmc/articles/PMC4783516/. Zugegriffen: 14. Dez. 2016.
3. Judge, Timothy A., und Daniel M. Cable. 2011. When it comes to pay, do the thin win? The effect of weight on pay for men and women. *Journal of Applied Psychology* 96:95–112. https://www.ncbi.nlm.nih.gov/pubmed/20853946, Zugegriffen: 14. Dez. 2016.
4. Yoshino, Kenji. 2007. *Covering*. New York: Random House.
5. Koalitionsvereinbarung 2016 – 2012. Berlin gemeinsam gestalten. Solidarisch. Nachhaltig. Weltoffen. https://www.spd.berlin/w/files/wahl2016/161116-koalitionsvertrag-final.pdf. Zugegriffen: 14. Dez. 2016.
6. Hecking, Claus. 2014. Algerien streitet über Fastenpflicht bei der WM. *Spiegel Online,* 28. Juni. http://www.spiegel.de/sport/fussball/islamischer-ramadan-algerien-streitet-ueber-fastenpflicht-bei-der-wm-a-977957.html, Zugegriffen: 14. Dez. 2016.
7. Kmieciak, Juliane, und Denise Carstensen. 2016. Die Wahrheit über Schweinefleisch in Schule und Kita. *Hamburger Abendblatt,* 9. März. http://www.abendblatt.de/ratgeber/gesundheit/article207142067/Die-Wahrheit-ueber-Schweinefleisch-in-Schule-und-Kita.html, Zugegriffen: 14. Dez. 2016.
8. *Daily Mail.* 2016. Furious Tesco shopper is ordered to ‚go and join another queue' by Muslim cashier who refused to sell him a bottle of wine because it was ‚against her religion'. 29. Dezember. http://www.dailymail.co.uk/news/article-4070144/Muslim-Tesco-cashier-refuses-sell-bottle-wine-shopper-against-religion.html. Zugegriffen: 14. Dez. 2016.
9. Harris, Patricia Sowell. 2009. *None of us is as good as all of us*. Hoboken: Wiley.
10. Yoshino, Kenji, und Christie Smith. 2013. *Uncovering talent: A new model of inclusion.* Deloitte LLP: Deloitte University. 06.12.2013. https://www2.deloitte.com/content/dam/Deloitte/us/Documents/about-deloitte/us-inclusion-uncovering-talent-paper.pdf. Zugegriffen: 14. Dez. 2016.
11. *Handelsblatt.* 2011. Ackermann schürt die Diskussion um die Frauenquote. 7. Februar. http://www.handelsblatt.com/unternehmen/management/kritik-an-deutsche-bank-chef-ackermann-schuert-die-diskussion-um-die-frauenquote/3824928.html. Zugegriffen: 14. Dez. 2016.
12. Beck, Hanno. 2014. *Behavioral Economics, Eine Einführung*. Wiesbaden: Springer Gabler.
13. Tolstoy, Leo. 1904. Englischer Text: What is Art. https://archive.org/stream/whatisart00tolsuoft#page/n5/mode/2up. Zugegriffen: 14. Dez. 2016.
14. Wert, Lioba. 2004. *Psychologie für die Wirtschaft*. Berlin: Springer.
15. Werth, Lioba, und Jennifer Mayer. 2008. *Sozialpsychologie*. Berlin: Springer.
16. Huet, Ellen. 2015. Rise of the bias busters: How unconscious bias became silicon valley's newest target. *Forbes,* 2. November. http://www.forbes.com/sites/ellenhuet/2015/11/02/rise-of-the-bias-busters-how-unconscious-bias-became-silicon-valleys-newest-target/#407cb06e7cb1, Zugegriffen: 14. Dez. 2016.
17. Bohnet, Iris. 2016. *What works: Gender equality by design*. Cambridge: The Belknap Press of Harvard University Press.
18. Hampel, Lea. 2017. Wer zahlt, wenn keiner hinschaut? *Süddeutsche Zeitung,* 17. Februar. http://www.sueddeutsche.de/wirtschaft/ehrliches-bezahlen-wer-zahlt-wenn-keiner-hinschaut-1.3380010. Zugegriffen: 14. Dez. 2016.
19. Chiou, Wen-Bin, Chao-Chin Yang, Chin-Sheng Wan. 2011. Ironic effects of dietary supplementation: Illusory invulnerability created by taking dietary supplements licenses health-risk behaviors. http://journals.sagepub.com/doi/abs/10.1177/0956797611416253. Zugegriffen: 14. Dez. 2016.

20. Effron, Daniel A., Jessica S. Cameron, und Benoit Monin. 2009. Endorsing Obama licenses favoring Whites. http://faculty.haas.berkeley.edu/jesss/Effron,%20Cameron,%20&%20Monin,%202009.pdf. Zugegriffen: 14. Dez. 2016.
21. Kahneman, Daniel, Jack L. Knetsch, und Richard H. Thaler. 1986. Fairness and the assumptions of economics. http://faculty.chicagobooth.edu/richard.thaler/research/pdf/Fairness%20and%20the%20Assumptions%20of%20Economics.pdf.
22. Kamerer, Colin. 1999. Behavioral economics: Reunifying psychology and economics. http://europepmc.org/articles/PMC33745. Zugegriffen: 14. Dez. 2016.
23. Lieberman, Matthew D., und Golnaz Tabibnia. 2008. Brain reacts to fairness as it does to money and chocolate, study shows. http://newsroom.ucla.edu/releases/brain-reacts-to-fairness-as-it-49042. Zugegriffen: 14. Dez. 2016.
24. Thaler, Richard H., und Cass R. Sunstein. 2009. *Nudge: Improving decisions about health, wealth and happiness – revised and expanded edition*. New York: Penguin.
25. Plickert, Philip, und Hanno Beck. 2014. Kanzlerin sucht Verhaltensforscher. *Frankfurter Allgemeine Zeitung,* 26. September. http://www.faz.net/aktuell/wirtschaft/wirtschaftspolitik/kanzlerin-angela-merkel-sucht-verhaltensforscher-13118345.html. Zugegriffen: 14. Dez. 2016.
26. Dams, Jan, Anja Ettel, Martin Greive, und Holger Zschäpitz. 2015. Merkel will die Deutschen durch Nudging erziehen. *Welt,* 12. März. https://www.welt.de/wirtschaft/article138326984/Merkel-will-die-Deutschen-durch-Nudging-erziehen.html. Zugegriffen: 14. Dez. 2016.
27. Nielsen, Tinna C., und Lisa Kepinski. Januar 2016. Inclusion Nudges Guidebook.
28. Beer, Michael, Magnus Finnström, und Derek Schrader. 2016. Why leadership trainings fails – and what to do about it. *Harvard Business Review* (Oktober 2016) https://hbr.org/2016/10/why-leadership-training-fails-and-what-to-do-about-it. Zugegriffen: 14. Dez. 2016.
29. Meffert, Heribert, Christoph Burmann, und Manfred Kirchgeorg. 2015. *Marketing: Grundlagen marktorientierter Unternehmensführung*. Wiesbaden: Springer Gabler.

2 Der Business Case bzw. „Case for Change": Warum sich Organisationen verändern müssen

Die Welt verändert sich und damit die Demografie der Stakeholder von Organisationen. Welche Entwicklungen dabei besonderen Einfluss auf die Strategien von Unternehmen haben, ist Schwerpunkt dieses Kapitels. Durch den Blick auf Menschen als Beschäftigte, Konsumentinnen und Konsumenten und als Mitglieder von Teams wird deutlich, dass Veränderungen im Arbeits- und in Absatzmärkten einen maßgeblichen Einfluss auf die Unternehmensstrategie haben. Diese Aspekte müssen berücksichtigt werden, um den langfristigen Erfolg eines Unternehmens zu sichern. Gleichzeitig bedeutet das, dass eine erfolgreiche D&I-Strategie keine alleinstehende Agenda sein kann, sondern dass Veränderungen der Unternehmensstrategie berücksichtigt werden müssen. Um Unternehmen unter Vielfaltsgesichtspunkten zukunftsfit zu machen, gilt es, relevante Prozesse und Aktivitäten an eine veränderte Realität anzupassen.

Warnhinweis: Je nach Typ macht Ihnen dieses Kapitel evtl. jetzt wenig Spaß – aber hoffentlich bei Gelegenheit viel Freude. Es ist sehr zahlenlastig und bietet einen Überblick der – während ich dies Ende 2016 schreibe – aktuellen Zahlen und Daten zum Thema. Ich habe sehr häufig mit technisch orientierten Organisationen zu tun und mit Ansprechpartnern, die viel Wert auf Fakten und saubere Quellenangaben legen. Gleichzeitig habe ich es in Diskussionen und bei der eigenen Recherche regelmäßig erlebt, dass – angebliche – Erkenntnisse anekdotisch nacherzählt werden und viele Angaben nicht sauber belegt sind. In diesem Kapitel habe ich Daten und Fakten mit ihren Quellen zusammengestellt, die ich mir in den ersten Jahren meiner Tätigkeit gewünscht hätte und auf die ich heute noch regelmäßig zurückgreife.

Wenn man Ihnen auch so aufs Wort glaubt, sind Sie ein glücklicher Mensch und werden von der Lektüre potenziell weniger profitieren. Allen anderen mache ich hoffentlich das Leben ein bisschen leichter.

V. Hucke, *Mit Vielfalt und Fairness zum Erfolg*,
DOI 10.1007/978-3-658-16878-0_2

Es war ein Gespräch mit einem leitenden Konzernstrategen, das mir die Augen für ein ganz grundsätzliches Missverständnis geöffnet hat, das viele Organisationen in ihren D&I-Bemühungen bremst. Ich hatte mich mit ihm getroffen, um die strategische Neuausrichtung des Konzerns zu besprechen, welchen Einfluss sie auf personelle Anforderungen hat und wie D&I die Veränderungen unterstützen kann. Wir sprachen über das Wachstum in Schwellenländern, über neue Kundenanforderungen, die ein differenzierteres Portfolio erforderlich machten und wir diskutierten, wie sich diese Aspekte auf Innovationsprozesse und auch auf die Profile von Beschäftigten auswirken mussten.

Er war voll bei der Sache, erläuterte mit großer Leidenschaft seine Sicht der Dinge und adressierte auch ganz offen wichtige Herausforderungen. Eines seiner größten Probleme: mehr Mitarbeiterinnen und Mitarbeiter, die die neuen Märkte gut kennen und ein tiefes Verständnis für die Anforderungen der dortigen Kunden mitbringen. Es war ein wirklich offenes, angenehmes und konstruktives Gespräch. Ich war begeistert von der breiten gemeinsamen Basis und hatte gleich eine ganze Reihe Ideen, wie wir unsere Zusammenarbeit gestalten könnten. Aber als ich ihn fragte, wie ich aus seiner Sicht am besten weiterhelfen kann, erntete ich nur einen erstaunten Blick.

Ich war von seiner Reaktion ebenso überrascht wie er von meiner und fasste leicht irritiert die Schwerpunkte der D&I-Agenda kurz zusammen. Größere Vielfalt in der Belegschaft erzielen. Maßnahmen identifizieren und implementieren, damit mehr unterschiedliche Menschen in Führungsränge aufsteigen. Ein Umfeld und eine Kultur schaffen, in der Unterschiede Wertschätzung erfahren und aktiv genutzt werden. Den Anteil von Frauen und Menschen aus Wachstumsmärkten – insbesondere aus Asien und Afrika – in der Führungskräfte-Pipeline und in den oberen Führungsebenen erhöhen.

Die gemeinsame Basis war aus meiner Sicht klar zu erkennen. Ich dachte mir, wie dankbar er sein musste, dass er in mir so eine prächtige Partnerin gefunden hatte, um kritische Herausforderungen zu lösen. Er allerdings war definitiv noch nicht überzeugt: „Aber hier geht es doch nicht um Ihre Vielfalt", sagte er leicht irritiert und mir viel es plötzlich wie Schuppen von den Augen. Für ihn war D&I verbunden mit der sozialen Verantwortung eines Unternehmens. Es ging darum, auch den weniger „Glücklichen" eine Chance einzuräumen. Ob sie dabei einen positiven Beitrag zum Unternehmenserfolg leisten würden, war dabei zweitrangig. Völlig logisch, bei einem Ansatz der eher durch Mitleid als aus unternehmerischer Logik getrieben ist. Und während das auf den ersten Blick menschenfreundlich wirkt, machte es ihn gleichzeitig zum Bremser für einen strategischen Ansatz und echte Veränderung.

Wir haben das Missverständnis im Rahmen unserer Zusammenarbeit aufgeklärt und er wurde zu einem aktiven und engagierten Unterstützer. Allerdings ist er leider mit seiner ursprünglichen Überzeugung nicht allein. Die strategische Bedeutung von Vielfalt und Chancengleichheit erschließt sich auch heute noch vielen Führungskräften nicht. Stattdessen nehmen sie an, dass sich die Vielfaltsverantwortlichen ausschließlich um Randthemen und sehr spezifische Anforderungen einzelner Zielgruppen kümmern sollten: quasi um die Sorgenkinder des Konzerns – und natürlich Frauen.

2.1 D&I: eine unterschätzte Herausforderung

Viele Führungskräfte sind sich der tief greifenden Konsequenzen, die eine veränderte Demografie – also andere Profile – von aktuellen und potenziellen Beschäftigten, Kundinnen und Kunden ebenso wie anderen Stakeholdern für Unternehmenskultur und -prozesse hat, schlicht nicht bewusst und unterschätzen daher den Veränderungsbedarf.

Für mehr Vielfalt im Unternehmen ist es erforderlich, den gesamten Mitarbeiterlebenszyklus zu untersuchen und bei Bedarf anzupassen: Wie und wo erfolgt die Ansprache potenzieller Mitarbeiterinnen und Mitarbeiter? Wie läuft der Selektionsprozess? Welche Anforderungen haben Kandidatinnen und Kandidaten an ihren Arbeitgeber? Welche Verhaltensweisen von Beschäftigten werden geschätzt und belohnt? Auf welcher Basis und von wem wird über Beförderungen entscheiden? Wie wird gewährleistet, dass vielversprechende Talente die erforderlichen Erfahrungen sammeln können, um sie für den nächsten Karriereschritt fit zu machen? Die Aufzählung lässt sich beliebig fortsetzen und für externe Stakeholder ergänzen.

Um die Notwendigkeit so weitreichender Veränderungen zu akzeptieren, ist es erforderlich zu verstehen, dass es bei mehr Vielfalt im Unternehmen nicht darum geht, ein paar Frauen extra in den Aufsichtsrat oder die obere Führungsebene zu bringen, obwohl

Tab. 2.1 Nur zwei Top-Konzerne der 80er konnten ihre Bedeutung über eine Generation bewahren

	Die größten Konzerne 1980 [1]			Die größten Konzerne 2016 [2]	
Rang	Unternehmen	Branche	Rang 2010	Unternehmen	Branche
1	IBM	Technologie	16	Apple	Technologie
2	Exxon Mobile	Öl & Gas	1	Alphabet	Technologie
3	Schlumberger	Öl & Gas	45	Microsoft	Technologie
4	Chevron	Öl & Gas	21	Berkshire Hathaway	Finanzen
5	BP	Öl & Gas	36	Exxon Mobile	Öl & Gas
6	General Electric	Industrie	19	Facebook	Technologie
7	General Motors	Automobil	129	Johnson & Johnson	Gesundheit
8	Royal Dutch Shell	Öl & Gas	12	General Electric	Industrie
9	Eastman Kodak	Konsumgüter	<500	Amazon	Konsumenten-Services
10	Halliburton	Öl & Gas	229	Wells Fargo	Finanzen
11	Conoco Philips	Öl & Gas	58	AT&T	Telekommunikation
12	Union Pacific	Industrie	165	Nestlé	Konsumgüter
13	3M	Industrie	111	China Mobile	Telekommunikation
14	Toyota Motor	Automobil	28	ICBC	Finanzen
15	Merck & Co	Pharma	44	Proctor & Gamble	Konsumgüter

das ein guter Start ist. Diversity und Inclusion sind Voraussetzungen dafür, Unternehmen fit für eine veränderte Welt zu machen und den langfristigen Erfolg zu sichern.

Das unterstreicht auch Ross Ashbys „Gesetz von der erforderlichen Varietät". Der sperrige Titel beschreibt ein relativ einfaches Konzept: Die Komplexität des Umfelds – sei es z. B. aufgrund von Kundenstrukturen, Wettbewerbern oder unterschiedlicher Geschäftsmodelle – definiert, wie vielfältig und flexibel eine Organisation sein muss, um auf eine Herausforderung angemessen zu reagieren.

Ein Lehrstück dafür liefert der Blick auf die wertvollsten Konzerne der 80er Jahre. Innerhalb nur einer Generation – bis zum Jahr 2010 – sind fast alle von ihnen aus den Führungspositionen verschwunden oder sogar in Bedeutungslosigkeit versunken. Mit Exxon Mobile und General Electric brachten es 2016 nur noch zwei der ehemaligen Superstars auf eine Marktkapitalisierung, die ihnen eine Führungsposition unter den aktuell größten Unternehmen weltweit sichert (Tab. 2.1).

Ein neuer Blick auf die Welt

Angesichts einer Bevölkerung von sieben Milliarden Menschen, mit unendlich vielen Krisen und Herausforderungen, ist es für die meisten unfassbar schwer, sich einen Überblick über die Welt zu verschaffen, in der wir leben. Dieses Problem hat bereits Anfang der 1990er die Dartmouth-Professorin Donella Meadows umgetrieben. Sie hat daraufhin ein einfaches Modell entwickelt: „If the world were a village of 1000 people" („Wenn die Menschheit ein Dorf mit 1000 Bewohnern wäre") beschreibt die Weltbevölkerung anhand unterschiedlicher demografischer Merkmale und zeigt, welcher Anteil jeweils bestimmten Kriterien entspricht. Bekannt wurde das Konzept vor allem durch die Präsentation auf dem 1992er „Earth Summit" – der Klimarahmenkonvention der Vereinten Nationen – in Rio de Janeiro. Dieser Kontext erläutert auch den hohen Stellenwert, den entwicklungspolitische Dimensionen in der Darstellung haben.

Inzwischen wurde das Modell weiter vereinfacht und begegnet einem als „If the world were 100 people" [3]. Seine Stärke ist geblieben: Es verschafft einen vereinfachten Zugang zu unserer Welt, die ziemlich anders aussieht, als die meisten von uns vermutlich realisieren. Damit ist es extrem hilfreich, um zu begreifen, warum die Diskussion um Vielfalt und Chancengleichheit in einer globalisierten Welt einen so hohen Stellenwert hat. Für unseren Kontext habe ich das Modell in Abb. 2.1 um „Menschen mit Behinderung" ergänzt [4].

Selbstverständlich hätte ich auch den Aspekt sexuelle Orientierung/Identität gerne aufgenommen, aber die Datenlage ist unsicher. Das liegt nicht nur daran, dass entsprechende Informationen in vielen Ländern gar nicht erhoben werden, dass Homosexualität in vielen Regionen weiter gesellschaftlich geächtet oder sogar illegal ist. Auch in westlichen Ländern fällt auf, dass der Anteil junger Menschen, die angeben, schwul oder lesbisch zu sein, weit größer ist als bei anderen Kohorten. Während man das als Zeichen wachsender gesellschaftlicher Toleranz und Akzeptanz deuten kann, zeigt es auch, dass die Gesamtzahlen wenig aussagekräftig sind.

Laut Dalia Research geben im Rahmen eines repräsentativen Zensus knapp 6 % der Europäer an, schwul, lesbisch, bisexuell oder transgender zu sein [5]. Da die Zahlen in

50 sind Frauen **50** sind Männer	Als erste Sprache sprechen … **12** Chinesisch (Mandarin) **5** Spanisch **5** Englisch **3** Arabisch **3** Hindi **3** Bengali **3** Portugiesisch **2** Russisch **2** Japanisch **62** andere Sprachen	**48** leben von weniger als 2$ am Tag **50** Kinder leben in Armut **77** haben ein Dach über dem Kopf **87** haben sauberes Trinkwasser **78** haben Strom
33 Christen **22** Muslime **14** Hindus **7** Buddhisten **12** praktizieren andere Religionen **12** gehören keiner Religion an	**51** wohnen in Städten **49** wohnen auf dem Land	**83** können lesen und schreiben **7** haben einen Hochschulabschluss **22** besitzen oder haben Zugang zu einem PC **75** nutzen ein Mobiltelfon **30** nutzen das Internet
1 ist am verhungern **15** sind unterenährt **21** sind übergewichtig	**60** sind Asiaten und Australier **15** Afrikaner **9** Südamerikaner **5** Nordamerikaner **11** Europäer	**26** sind jünger als 15 **16** zwischen 15 und 24 **50** zwischen 25 und 64 **8** sind 65 und älter **15** haben eine Behinderung

Abb. 2.1 Die Welt als 100 Menschen. (Nach: „100 People: A World Portrait“)

eher liberalen Ländern um ein Vielfaches über denen konservativerer Staaten liegen – in Deutschland sind es 7,4, in Ungarn nur 1,5 % –, dürfte der Anteil insgesamt sogar höher liegen. Einen vergleichbaren Trend sieht man in den USA: Hier sind die Unterschiede zwischen den einzelnen Bundesstaaten sogar noch größer und variieren zwischen 1,7 und 10 %. Nicht überraschend: Die höheren Raten findet man in Staaten, die Diskriminierung auf Basis von sexueller Orientierung oder Identität verbieten [6].

Wer denkt, dass es zumindest in Europa längst keinen Grund mehr gäbe, sich über die Situation von Schwulen und Lesben Gedanken zu machen, der irrt. Es ist sicherlich ein Extremfall, dass ein katholischer Radiosender in Italien behauptete, die Erdbeben, die im Herbst 2016 das Land erschütterten, seien eine Strafe Gottes für die Möglichkeit eingetragener Lebensgemeinschaften. (Für alle Katholiken, denen das die Schamesröte ins Gesicht treibt: Der Vatikan hat die Äußerungen umgehend verurteilt und sie als beleidigend und skandalös bewertet [7].) Aber obwohl es mehr und mehr prominente Outings gibt, belegen viele, dass es längst noch nicht selbstverständlich ist, sich während der aktiven Karriere zu seiner Homosexualität zu bekennen. Das gilt beispielsweise für den früheren Vorstandsvorsitzenden von BP, Lord John Browne, Thomas Sattelberger, ehemaliger Personalvorstand der Deutschen Telekom, oder Thomas Hitzlsperger, Ex-Fußballnationalspieler.

Zum gleichen Ergebnis kommt auch das Center for Talent Innovation, das herausgefunden hat, dass sich in den USA 41 % der Beschäftigten nicht „outen" [8]. Das wirkt sich negativ auf die Ergebnisse von Unternehmen aus, denn auch vermeintlich „private" Aspekte beeinflussen selbstverständlich Produktivität und Fluktuationsrate. Wer sich jedes Mal unwohl fühlt oder eine Geschichte ausdenken muss, wenn die Kolleginnen und Kollegen nach Wochenendaktivitäten oder der Familie fragen, wird in seinem Job kaum aufblühen. Trotzdem sehen laut Charta der Vielfalt in Deutschland 60 % der Unternehmen keinen Handlungsbedarf [9].

2.2 Gesetzliche Vorgaben erfüllen

Ein Grund, warum sich Organisationen verändern müssen, sind selbstverständlich gesetzliche Vorgaben. Bereits im deutschen Grundgesetz ist festgelegt:

> Niemand darf wegen seines Geschlechtes, seiner Abstammung, seiner Rasse, seiner Sprache, seiner Heimat und Herkunft, seines Glaubens, seiner religiösen oder politischen Anschauungen benachteiligt oder bevorzugt werden. Niemand darf wegen seiner Behinderung benachteiligt werden.

Innerhalb der letzten zehn Jahre wurden dann zunehmend konkretere Regelungen eingeführt, um bestehende Ungleichheiten zu adressieren. Seit 2006 definiert in Deutschland das Allgemeine Gleichbehandlungsgesetz (AGG) quasi den Minimalanspruch an Unternehmen.

> Ziel des Gesetzes ist, Benachteiligungen aus Gründen der Rasse oder wegen der ethnischen Herkunft, des Geschlechts, der Religion oder Weltanschauung, einer Behinderung, des Alters oder der sexuellen Identität zu verhindern oder zu beseitigen [10].

Beispiel

Manfred Confurius, Fachanwalt für Arbeitsrecht und Partner in der Hamburger Kanzlei Jacobsen + Confurius, berät seit 26 Jahren vorwiegend Arbeitgeber aus unterschiedlichen Branchen in Fragen des individuellen und kollektiven Arbeitsrechts. Das AGG sieht er kritisch [11].

Schließt das AGG eine Gesetzeslücke, die dringend adressiert werden musste?

Nein. Nicht im deutschen Arbeitsrecht. Das AGG setzte im Jahr 2006 mehrere Antidiskriminierungsrichtlinien der EU um. Diskriminierung war im deutschen Arbeitsrecht allerdings schon vorher verboten. Der Gleichbehandlungsgrundsatz, der das gesamte Arbeitsrecht prägt und auf Artikel 3 des Grundgesetzes beruht, verbietet Diskriminierung jeglicher Art. Auch das Kündigungsschutzgesetz schützt Arbeitnehmer vor Willkür, ebenso das Maßregelungsverbot gemäß § 612a BGB, dem Bürgerlichen Gesetzbuch. In § 75 Betriebsverfassungsgesetz ist zudem verankert, dass die Betriebe die freie Entfaltung der Persönlichkeit zu schützen und zu fördern haben. Diese Gesetze zielen sogar auf einen breiteren Schutz.

Und das AGG?

Das AGG richtet sich nur gegen ganz bestimmte Tatbestände, nämlich eine Diskriminierung wegen ethnischer Herkunft, Geschlecht, Alter, Behinderung, Weltanschauung oder Sexualität. Diskriminierungen, die auf anderen Merkmalen oder Gründen beruhen, werden vom AGG nicht erfasst. Es kommt allerdings darauf an, dass die Menschenwürde im Betrieb umfassend geschützt ist. Die Körpergröße, das Gewicht oder die Mitgliedschaft in einer Gewerkschaft dürfen eben auch nicht zur Benachteiligung führen.

Also ein Gesetz ohne jegliche Konsequenz?

Das kann man so nicht sagen. Das AGG hat wieder mehr Aufmerksamkeit für ein ernstes Problem geschaffen. Im Guten, wie im Schlechten.

Das bedeutet?

Durch das Gesetz ist in vielen Unternehmen das Bewusstsein für alltägliche Diskriminierung gestiegen. Sie wissen und akzeptieren, dass der Arbeitgeber gemäß § 12 AGG eine aktive Rolle einnehmen und die Beschäftigten vor Diskriminierung schützen muss, dass dazu Mitarbeiter und Führungskräfte zu schulen sind und dass im Unternehmen eine Beschwerdestelle einzurichten ist. Das alles unterstützt die Bemühungen um mehr Vielfalt in den Unternehmen.

Und wo liegen die negativen Tendenzen?

Es ist eine neue Profession entstanden: der AGG-Hopper. Dieser verdient seinen Lebensunterhalt damit, dass er sich auf möglichst viele Stellenausschreibungen bewirbt, nicht um genommen zu werden, sondern um eine Absage des Unternehmens zu provozieren, gegen die er dann klagen kann. Schadensersatz von bis zu drei Monatsgehältern wird z. B. wegen Altersdiskriminierung verlangt, wenn die Stellenausschreibung eine Formulierung enthielt wie „junges Team sucht Verstärkung". Auch die Suche nach Bewerbern mit „sicheren Deutschkenntnissen in Wort und Schrift" kann als Ausländerdiskriminierung angegriffen und entsprechend teuer werden. Wehe dem Arbeitgeber, der dann nicht mit den sonstigen Angaben in dieser Stellenausschreibung belegen kann, dass es gerade auf diese Sprachkenntnisse ankommt. Inzwischen findet man in den einschlägigen Gerichtsurteilen immer häufiger auch längere Passagen dazu, warum die Bewerbung als ernst gemeint einzustufen ist oder nicht. Ein sicherer Hinweis darauf, dass es hier um einen Serienkläger ging.

Werden solche Fälle nicht einfach hochgespielt?

Der extremste Fall, der mir begegnet ist, ist eine Dame, die aus Russland stammt und sich seit über zehn Jahren in ganz Norddeutschland auf IT-Stellen bewirbt, um nach der Absage jeweils Schadensersatz in Höhe von 6000 bis 18.000 EUR wegen „Mehrfachdiskriminierung" (Alter, Geschlecht und Herkunft) einzuklagen. Sie hat inzwischen hunderte von Verfahren angestrengt. Nebeneffekt: Die Stellenausschreibungen werden heute sorgfältiger formuliert.

Aber es kann doch keiner behaupten, dass im Bewerbungsprozess tatsächlich alle fair behandelt werden. Menschen mit Behinderung, fremdländisch klingenden Namen usw. haben doch eindeutig geringere Chancen, zum Bewerbungsgespräch eingeladen zu werden.

In vielen Unternehmen ist das leider immer noch so. Aber die Erfahrung zeigt: Diese Fälle führen verhältnismäßig selten zu einer Klage. Das gilt übrigens auch für Diskriminierungen, die in einem bestehenden Arbeitsverhältnis stattfinden. Es liegt vor allem an der sehr kurzen Frist. Das AGG gibt vor, dass eine Klage wegen Diskriminierung nur zulässig ist, wenn der Anspruch innerhalb von zwei Monaten nach dem Vorfall schriftlich geltend gemacht wurde. Das ist extrem kurz. Die allgemeine Verjährungsfrist im Arbeitsrecht beträgt drei Jahre. Gerade die extremen Formen von Diskriminierung sind zumeist dadurch geprägt, dass sie sich über längere Zeit hinziehen. Da gibt es oft nicht den einen Vorfall, sondern eine ganze Leidensgeschichte. Das geht über Wochen, Monate, vielleicht sogar Jahre, bis die Situation für die Betroffenen schließlich so unerträglich wird, dass sie entweder aufgeben und selbst kündigen oder sich doch wehren. Die Entscheidung, sich zu wehren, fällt schwer, wird abgewogen, aufgeschoben. Der Mut dazu reift zumeist erst in langwierigen Gesprächen mit engen Vertrauten heran. Häufig passiert dies in Phasen, wenn der Diskriminierungsdruck weniger präsent ist, zum Beispiel im Urlaub oder weil er schon zu längeren Krankheitszeiten geführt hat. Dann ist der letzte Vorfall nicht selten länger als zwei Monate her. Solchen Situationen wird das AGG nicht gerecht. Dann helfen den Betroffenen, wenn überhaupt, nur noch die anderen Gesetze weiter.

Weitergehende Regelungen trifft das „Gesetz für die gleichberechtigte Teilhabe von Frauen und Männern an Führungspositionen in der Privatwirtschaft und im öffentlichen Dienst": Seit dem 1. Januar 2016 gilt die feste Geschlechterquote von 30 % für neu zu besetzende Aufsichtsratsposten in börsennotierten und voll mitbestimmten Unternehmen. Etwa 3500 weitere Unternehmen sind verpflichtet, sich eigene Zielgrößen zur Erhöhung des Frauenanteils in Aufsichtsräten, Vorständen und obersten Management-Ebenen zu setzen. Und auch für den öffentlichen Dienst gilt für die Besetzung von Aufsichtsgremien, in denen dem Bund mindestens drei Sitze zustehen, ab 2016 eine Geschlechterquote von mindestens 30 % für alle Neubesetzungen dieser Sitze [12]. Entsprechende Regelungen gibt es selbstverständlich nicht nur in Deutschland. Vorgaben zur Geschlechterverteilung in Aufsichtsräten oder auch in Führungspositionen wurden auch in Frankreich, Norwegen, den Niederlanden, Spanien und einer ganzen Reihe anderer Länder eingeführt.

Wichtig ist in diesem Kontext aber auch die EU-Direktive zur Offenlegung nicht finanzieller Informationen (non-financial reporting). Sie verpflichtet Unternehmen mit durchschnittlich mehr als 500 Beschäftigten, in ihrem Geschäftsbericht soziale Indikatoren zu adressieren:

> [...] der Lagebericht [muss] eine nichtfinanzielle Erklärung umfassen, in der Informationen in Bezug auf Umwelt-, Sozial- und Arbeitnehmerbelange, Achtung der Menschenrechte und die Bekämpfung von Korruption und Bestechung enthalten sind.
>
> Darüber hinaus müssen große kapitalmarktorientierte Unternehmen in der Erklärung zur Unternehmensführung deren Diversitätspolitik für die Leitungs- und Kontrollorgane beschreiben. Die Beschreibung soll Aspekte wie Alter, Geschlecht, Bildungs- und Berufshintergrund beinhalten. Ferner müssen die Ziele dieser Politik, die Art und Weise deren Umsetzung und deren Ergebnisse im Berichtszeitraum angegeben werden [13].

Die Richtlinie musste bis zum 6. Dezember 2016 in nationales Recht umgesetzt werden und gilt seit dem 1. Januar 2017.

Gesetzliche Vorgaben sind nicht auf Europa beschränkt und haben teilweise sehr unterschiedliche Schwerpunkte.

So gibt es beispielsweise in Ländern im Mittleren Osten und teilweise auch in Afrika klare Regelungen bezüglich der Beschäftigung einheimischer Beschäftigter und Führungskräfte. Bei einem Verstoß ziehen sie empfindliche Strafen nach sich. Das geht bis zum Entzug der sogenannten Betriebserlaubnis und sorgt dafür, dass insbesondere Öl-, Gas- und Bergbauunternehmen, die in rohstoffreichen Regionen keinesfalls ihre Tätigkeit einstellen wollen, das Thema hoch auf ihrer Prioritätenliste haben.

Auch die US-Regelungen unterscheiden sich deutlich von denen in Europa und berücksichtigen neben einem Fokus auf Geschlecht und Ethnie auch Kategorien wie beispielsweise Armee-Veteranen. Weil ich immer wieder erlebe, was für Konflikte insbesondere in europäischen Konzernen zwischen der Firmenzentrale und US-amerikanischen Töchtern bestehen, möchte ich auf einige maßgebliche Aspekte näher eingehen. Zudem möchte ich eine Lanze dafür brechen, ein gutes Verhältnis zu den US-amerikanischen Kolleginnen und Kollegen im Bereich Arbeitsrecht zu entwickeln.

Sinnvoll ist es aber auch, sich mit D&I-Spezialistinnen und -Spezialisten aus anderen – insbesondere amerikanischen – Organisationen auszutauschen, um festzustellen, wo sich die Rechtsabteilung des eigenen Unternehmens potenziell sturer stellt als erforderlich. Nach meiner persönlichen Erfahrung ist die allerdings meist zu einer lösungsorientierten Zusammenarbeit bereit, wenn nicht mehr der Eindruck besteht, man müsste den zuweilen als lax wahrgenommenen europäischen Umgang mit Daten zu demografischen Merkmalen von Beschäftigten abwehren, um das Unternehmen vor Millionenklagen zu schützen.

Sonderfall USA

Im Rahmen der D&I-Planung nehmen die USA – und die Erhebung von Daten US-amerikanischer Beschäftigter – definitiv einen Sonderfall ein. Das gilt nicht nur aufgrund des Streitwerts bei Diskriminierungsklagen, der lokalen Arbeitsrechtlern den Angstschweiß auf die Stirn treibt und sie gerne dazu veranlasst, keine Informationen zu erheben oder ein externes Expertengremium einzuberufen. Es gilt auch aufgrund der Anzahl und Charakteristiken der sogenannten „protected classes" – also der besonders schützenswerten aktuellen und potenziellen Mitarbeiter – und der detaillierten „Affirmative Action"-Pläne, der Maßnahmenkataloge, die definieren, wo ein Unternehmen besondere Aufmerksamkeit walten zu lassen hat.

Grundsätzlich kann Diskriminierung sowohl Beschäftigte, Kundinnen und Kunden als auch andere betreffen. Während ich in Kap. 4 auf einige Fälle im Außenverhältnis eines Unternehmens eingehe, die zeigen, wie gefährlich und kostspielig es sein kann, D&I-Aspekte im Geschäftsleben zu ignorieren, liegt im Folgenden der Schwerpunkt auf dem Umgang mit Mitarbeiterinnen und Mitarbeitern.

Diskriminierungsklagen sind in den USA potenziell richtig teuer

Gegen die US-amerikanische Antidiskriminierungsgesetzgebung ist das AGG – das deutsche Allgemeine Gleichstellungsgesetz – ein Waisenkind. Das liegt weniger am Anspruch, sondern ganz überwiegend an den potenziellen Konsequenzen eines Gesetzesverstoßes. Während Unternehmen es sich in Deutschland eventuell „leisten können", mit den Vorgaben lax umzugehen, ist das in den USA – angesichts des möglichen Streitwerts im Rahmen der sogenannten „class actions" – nicht wirklich geraten.

Allein die zehn teuersten Diskriminierungsfälle im Jahr 2013 kosteten Unternehmen insgesamt 638 Mio. US$. Spitzenreiter war dabei Merrill Lynch, die sich mit dem Vorwurf konfrontiert sahen, dass sie weißen Brokern lukrativere Accounts und bessere Aufstiegsmöglichkeiten boten als ihren schwarzen Beschäftigten. Das Unternehmen verglich sich schließlich und zahlte 700 Klägern insgesamt 160 Mio. US$.

39 Mio. US$ kostete es die Bank of America (BoA), einen weiteren Fall systematischer Diskriminierung aus der Welt zu schaffen: 2010 waren sie von einer Gruppe Beraterinnen verklagt worden, da Arbeitsweisen und Prozesse darauf ausgelegt seien, Frauen im Rahmen der beruflichen Entwicklung gezielt zu übergehen. Neben der Geldstrafe wurde BoA dazu verpflichtet, entsprechende Programme drei Jahre lang von einem externer Experten überprüfen zu lassen [14].

Noch kostspieliger war es für Novartis, als sie im Jahr 2010 der Diskriminierung von tausenden Vertriebsmitarbeiterinnen schuldig gesprochen wurden. Das Unternehmen wurde zu einem Schadensersatz von insgesamt 250 Mio. US$ verurteilt, 2,6 % Ihrer Umsätze aus dem Jahr 2009 [15]. Im Rahmen eines Vergleichs verständigten sich die Parteien schließlich auf eine Zahlung von 175 Mio. US$. Am lukrativsten war das übrigens für die Anwälte, die insgesamt 40 Mio. US$ einstrichen. Der Ausgleich, den die einzelnen Mitarbeiterinnen erhielten, war mit durchschnittlich 16.000 US$ bzw. 2000 US$ pro Jahr für den Zeitraum, um den sich der Prozess drehte, überschaubar [16].

Unternehmen, die von Aufträgen der öffentlichen Hand profitieren, unterliegen besonderen Vorgaben

Ganz besondere Aufmerksamkeit haben in den USA Unternehmen, die auf öffentliche Aufträge setzen. Für sie besteht die Verpflichtung darzustellen, dass ihr Unternehmen oder einzelne Unternehmensteile den Arbeitsmarkt widerspiegeln bzw. was sie tun, um diesem Anspruch gerecht zu werden. Die Basis dafür bilden die sogenannten „Affirmative Action"-Pläne. Sie legen detailliert dar, wie viele „Minderheiten-Vertreter" auf dem Arbeitsmarkt zu Verfügung stehen. Sind sie im Unternehmen unterrepräsentiert, gilt es Maßnahmen zu ergreifen und nachzuweisen, um ihren Anteil im Unternehmen zu erhöhen.

Entsprechende Bemühungen sind für verschiedene Zielgruppen vorgeschrieben, die mit speziellen Einstellungshindernissen zu ringen haben. Dabei handelt es sich beispielsweise um Frauen, nichtweiße Beschäftigte, aber – für Deutsche sicherlich ungewohnt – auch Veteranen der US-Streitkräfte. Während US-Unternehmen der Erfassung und Darstellung anderer persönlicher Daten tendenziell sehr misstrauisch gegenüberstehen, dürfen die Informationen zu diesen sogenannten „protected classes" zielgerichtet und freiwillig erhoben und erfasst werden. Der Nutzung der Daten sind jedoch gesetzlich sehr klare Grenzen gesetzt.

Wo Maßnahmen, die dazu dienen, den Anteil einer speziellen Zielgruppe im Unternehmen zu erhöhen, nicht durch gesetzliche Anforderungen gedeckt sind, handelt es sich potenziell um positive Diskriminierung und auch eine solche ist illegal.

Diese Kluft wird insbesondere im internationalen Kontext deutlich: Während viele Unternehmen beispielsweise in Indien gezielt Maßnahmen ergreifen, um die Sicherheit von Frauen zu erhöhen und damit ihre Beschäftigungsquote zu steigern, könnten die gleichen Aktionen in anderen Ländern illegal sein. Wenn Frauen in Delhi beispielsweise ein Taxi bezahlt bekommen, falls sie spät das Büro verlassen oder auf längere Distanzen fliegen dürfen, während Männer mit dem Zug fahren müssen, wird das oft – auch kulturell – akzeptiert. In vielen westlichen Ländern wäre eine solche Ungleichbehandlung undenkbar und ungesetzlich.

Ganz wichtig: Während klar definierte Gruppen in den USA einen besonderen Schutz genießen, kann es natürlich auch vorkommen, dass Mitarbeiterinnen und Mitarbeiter auf Basis anderer persönlicher Merkmale diskriminiert werden – im Beispiel aus Indien wären das Männer. Unternehmen, die das zulassen, müssen mit ebenso drakonischen Strafen rechnen.

Die meisten modernen Unternehmen möchten allerdings mehr tun, als bloß gesetzlichen Vorgaben gerecht zu werden – und sie haben dafür gute Gründe.

2.3 Vielfalt und eine wertschätzende Kultur rechnen sich

Das Engagement für mehr Vielfalt und eine wertschätzende Kultur ist kein billiger Slogan und keine Weltverbesserei. Es ist ein Erfolgsfaktor für Unternehmen, wie eine wachsende Anzahl an Studien demonstriert.

In einer aktuellen Untersuchung fand McKinsey einen klaren Zusammenhang zwischen einem vielfältigeren Führungsteam und besseren Ergebnissen. Eine um 10 % höhere Vielfalt in Bezug auf Geschlecht oder Ethnie brachte dabei in den USA, statistisch betrachtet, ein um 1,1 % höheres Betriebsergebnis (EBIT = Earnings before Interests and Taxes), in Großbritannien waren es sogar 5,8 % mehr. Gleichzeitig wurden Wettbewerbern häufiger Marktanteile abgejagt. Insgesamt lieferten diejenigen Unternehmen mit der größten ethnischen Vielfalt im Management mit 35 % höherer Wahrscheinlichkeit Ergebnisse über ihrem Industriedurchschnitt ab, bei Teams mit hohem Frauenanteil waren es 15 % [17].

Bereits 2009 wurde in einer groß angelegten statistischen Untersuchung der University of Illinois at Chicago nachgewiesen, dass sich die Vielfalt eines Teams unmittelbar auf seine Innovationskraft und damit auch auf das Ergebnis auswirkt. In einer Untersuchung, die hunderte Unternehmen umfasste, lieferten entsprechende Teams einen um 6 % höheren Umsatz, gewannen rund 15 % mehr Kunden und erzielten deutlich höhere Marktanteile [18].

Die Bedeutung unterschiedlicher Erfahrungen und persönlicher Hintergründe zeigte sich auch in einer Untersuchung von Ernst & Young (EY). Unternehmen, denen es gelang, einen bunteren Teammix zu gewährleisten, hatten tendenziell höhere Wachstumsraten beim EBITDA, also Ergebnis vor Zinsen, Steuern, und Abschreibungen auf Sachanlagen und immaterielle Vermögensgegenstände (EBITDA = Earnings Before Interest, Taxes, Depreciation and Amortization). Mit dieser Kennzahl wird das Betriebsergebnis ohne Verzerrungen dargestellt und sie bildet daher einen guten Indikator für die Leistungsfähigkeit einer Organisation. Vergleichbare Trends haben sich bei Firmen gezeigt, die die geografische Verteilung ihrer Teams erweitert haben [19].

Credit Suisse hat sich in unterschiedlichen Reports intensiv mit der Frage auseinandergesetzt, wie sich insbesondere ein höherer Frauenanteil in Führungspositionen für Unternehmen auswirkt. Die Antwort: durchweg positiv. Firmen mit einem höheren Frauenanteil im Aufsichtsrat und in Top-Führungspositionen haben eine höhere Eigenkapitalrendite, eine höhere Bewertung und eine höhere Ausschüttungsquote [20]. Das Credit Suisse Research Institute hat über sechs Jahre 2360 Unternehmen weltweit analysiert und stellt fest: „Unsere Analyse zeigt, dass es im Durchschnitt besser gewesen wäre, in Firmen mit Frauen im Vorstand zu investieren, als in solche ohne[1]" [21].

Auch Beth Brooke-Marciniak, Global Vice Chair of Policy von EY, hebt die hohe Bedeutung gemischter Teams hervor, um bessere Ergebnisse zu erzielen: „2012 hat EY die Ergebnisse von 22.000 Audits überprüft, die wir in vier Ländern auf drei Kontinenten durchgeführt haben. Wir haben festgestellt, dass Teams mit einem ausgewogenen Verhältnis von Männern und Frauen viel erfolgreicher als andere waren. Sie waren anderen Teams nicht nur bezüglich der Qualität überlegen, sie haben auch höhere Erlöse erzielt[2]" [22].

Was „ausgewogen" bedeutet, hat Sodexo untersucht und festgestellt, dass bei ihnen Teams am erfolgreichsten sind, wenn sich der Geschlechtermix innerhalb einer Spanne von jeweils 40 zu 60 % bewegt. Basierend auf den Daten von Managementteams in 80 Ländern, die insgesamt 50.000 Personen umfassten, haben sie festgestellt, dass Organisationen, die von entsprechende Teams geleitet werden, ein um vier Prozentpunkte höhere Mitarbeiterzufriedenheit hatten und ein um fünf Punkte besseres Markenimage. Zudem lag die Kundenbindung um 12 %, das organische Wachstum um 13 % und das Bruttoergebnis um 23 % höher [23].

Die Bedeutung der Mitarbeiterzufriedenheit hebt auch Gallup hervor: Das Beratungsunternehmen stellte fest, dass nur traurige 13 % der Beschäftigten weltweit eine echte Verbundenheit zum Arbeitgeber und ihrer Aufgabe verspüren – anerkanntermaßen ein wichtiger Indikator dafür, wie stark sie sich „reinknien", um erfolgreich zu sein. In einer

---

[1]Originaltext: „In testing the performance of 2,360 companies globally over the last six years, our analysis shows that it would on average have been better to have invested in corporates with women on their management boards than in those without" (Eigene Übersetzung der Autorin).

[2]Originaltext: „In 2012, Ernst & Young reviewed 22,000 audits that our member firms were performing in four countries on three continents. We found that gender-balanced teams were much more successful than other teams. They don't just outperform other teams in quality – they also bring back better returns" (Eigene Übersetzung der Autorin).

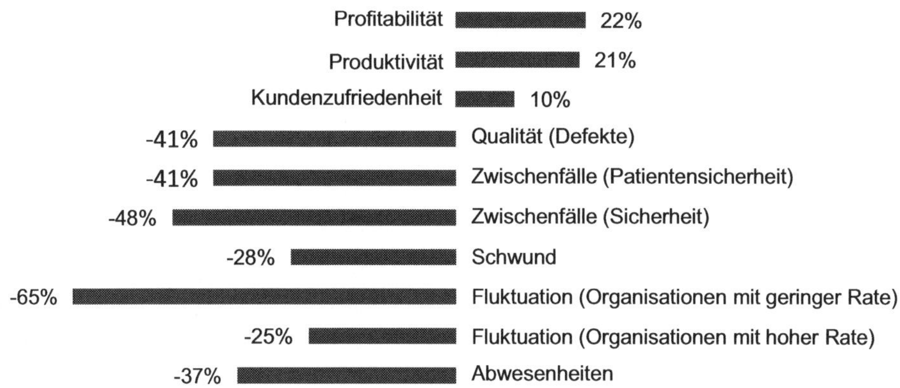

Abb. 2.2 Einfluss der Bindung von Beschäftigten (Employee Engagement) auf maßgebliche Geschäftsergebnisse

Metastudie mit Daten von 192 Unternehmen, die fast 1,44 Mio. Beschäftigte umfasste, konnte Gallup nachweisen, wie stark sich dieser Faktor auf Aspekte wie die Kundenzufriedenheit, auf Profitabilität und Produktivität, aber selbst auf die Unfallrate auswirkt [24] (siehe Abb. 2.2). Der wichtigste Treiber für dieses sogenannte „Employee Engagement" ist dabei, dass Führungskräfte „ein klares Bekenntnis zu Vielfalt demonstrieren". Und die Bedeutung eines entsprechenden Verhaltens wächst: Am niedrigsten waren die Werte für Beschäftigte, die nach 1980 geboren wurden, ein Hinweis darauf, dass für sie Vielfalt und Chancengleichheit einen noch höheren Stellenwert haben [25].

Wie entscheidend es für den Erfolg eines Unternehmens ist, diese Themen in der gesamten Personalarbeit zu berücksichtigen, weiß auch Deloitte. „Firmen, die Diversity und Inclusion in alle Aspekte ihrer Geschäftstätigkeit einbetten, schneiden statistisch gesehen besser ab als ihre Wettbewerber[3]", fassen sie die Ergebnisse einer zwei Jahre dauernden Studie zusammen, in der sie 128 verschiedene Unternehmenspraktiken untersucht haben. Dazu gelte es, D&I-Anforderungen im Rahmen von Einstellungen, Beurteilungssystemen, Nachfolgeplanung, Führungskräfteentwicklung und Weiterbildung zu berücksichtigen und dann natürlich Ergebnisse zu messen sowie Führungskräfte verantwortlich zu halten [26]. „Organisationen, die ergebnisorientierte D&I-Strategien und -Maßnahmen entwickeln, führen eine ‚Konversation' mit ihren Mitarbeiterinnen und Mitarbeitern bzw. bauen eine Beziehung auf. Sie zeigt den Beschäftigten, dass sie wirklich verstanden und geschätzt werden[4]", erläutert Stacia Sherman Garr, die bei Bersin

[3]Originaltext: „Companies that embrace diversity and inclusion in all aspects of their business statistically outperform their peers" (Eigene Übersetzung der Autorin).

[4]Originaltext: „Organizations that built these high-impact D&I strategies and practices strive to create a 'conversation' or relationship with employees, which communicates to them that they are fully understood and valued by the organization" (Eigene Übersetzung der Autorin).

by Deloitte die Forschung zu den Themen Talent Management, Personal, Führung und Nachfolgeplanung leitet [27]. Die meisten solcher „hochinklusiven Organisationen" generieren pro Beschäftigtem einen 2,3-mal höheren Cashflow, 1,4-mal mehr Umsatz und schätzen selbst ihre Innovationskraft um 170 % höher ein. Zudem sind sie laut Deloitte um 120 % besser darin, finanzielle Ziele zu erreichen, und haben eine um 180 % höhere Fähigkeit, sich an Veränderungen anzupassen [28].

Den letzten Punkt unterstreicht auch eine Untersuchung französischer Unternehmen. Dabei stießen die Forscher auf einen unmittelbaren Zusammenhang zwischen dem Ruf einer Führungskraft, „fair" zu sein, und der Fähigkeit, Veränderungen erfolgreich zu gestalten [29]. Für Polly Courtice, Direktorin des Instituts für „Sustainable Leadership" an der Cambridge Universität ist die Sache klar: „Fairness basiert auf der Annahme, dass grundsätzlich Gleichheit herrscht […] dass jemand nicht seine Position über die Interessen anderer Menschen stellt[5]" [30]. Fairness beeinflusst damit maßgeblich die Fähigkeit, auch während Transformationsprozessen Beschäftigte zu motivieren und an das Unternehmen zu binden.

2.4 Globale Trends treiben den Veränderungsbedarf

Selbstverständlich sollten entsprechende Studien eine gute Motivation sein, D&I einen hohen Stellenwert einzuräumen. Einen weiteren Grund liefern maßgebliche globale Trends, die die meisten Unternehmen bewegen. Dabei führen die Befürworter von mehr Vielfalt immer wieder die gleichen Gründe auf, warum die Dinge nicht bleiben können, wie sie sind:

1. **Den Arbeitsmarkt,** also Fachkräftemangel und die veränderte Demografie von Studierenden sowie Arbeitnehmerinnen und Arbeitnehmern.
2. **Den Absatzmarkt:** Die wachsende Bedeutung anderer Märkte und Kaufentscheidenden.
3. **Innovationskraft:** Vielfältige Teams liefern mehr neue, relevante Lösungen und Anwendungen.
4. **Fairness:** Weil es ethisch und richtig ist, wenn verschiedene Menschen gleiche Chancen haben.

Ein ganz wichtiger Punkt wird beim Business Case üblicherweise vergessen – wenn auch im Rahmen der Strategie für gewöhnlich adressiert: Unternehmen, in denen unterschiedliche Menschen nicht die gleichen Chancen haben, versäumen es, die Fähigkeiten und Talente ihrer Beschäftigten optimal zu nutzen. Die meisten Unternehmen werden

[5]Originaltext: „Fairness reflects an assumption about fundamental equality … about not putting your rank in front of other people's interests" (Eigene Übersetzung der Autorin).

von Ebene zu Ebene homogener. Das ist ein eindeutiges Indiz dafür, dass es nicht immer die besten, sondern zuweilen schlicht die „gleichsten“ nach oben schaffen. Mit der Frage, woran das liegt, werden wir uns in Kap. 3 beschäftigen.

Lassen Sie uns kurz die anderen Aspekte ein wenig näher untersuchen und beleuchten, warum sie für viele Organisationen von Bedeutung sind. Dabei ist es wichtig zu verstehen, dass nicht alle Themen für jeden Arbeitgeber das gleiche Gewicht haben und dass sich die tatsächlichen Herausforderungen deutlich unterscheiden. So ist es z. B. für einen global tätigen Konzern wichtig zu realisieren, wenn sich Umsatzpotenziale geografisch verschieben und neue Abnehmerinnen und Abnehmer aus anderen Regionen und mit anderen Anforderungen an Bedeutung gewinnen. Für einen Anbieter lokaler Dienstleistungen spielt der globale Blick natürlich keine große Rolle. Stattdessen hat zumeist das Thema Fachkräftemangel eine höhere Relevanz. Wo sich für die bekannte Marke und die beliebtesten Arbeitgeber noch vergleichsweise leicht gute Bewerberinnen und Bewerber finden lassen, wird sich die Firma Schmidt aus Posemuckel mehr Gedanken machen müssen, wie offene Positionen besetzt werden können.

Das bedeutet auch, dass ein Business Case für Vielfalt und Chancengleichheit selbst bei gleichen Überschriften für verschiedene Organisationen sehr unterschiedlich aussehen wird. Diese Differenzierung ist wichtig, denn nur wer die Herausforderung klar versteht und beschreibt, kann anschließend die richtigen Maßnahmen ergreifen, um Veränderung erfolgreich voranzutreiben. Gleichzeitig hilft ein überzeugender und relevanter Business Case dabei, die erforderlichen Partner an Bord zu holen.

2.4.1 Fachkräftemangel und demografische Entwicklungen

Neun von zehn Unternehmen gehen heute davon aus, dass der Wettbewerb um qualifizierte Mitarbeiterinnen und Mitarbeitern weiter zunehmen wird, jeder Dritte erwartet einen deutlich härteren Wettbewerb. Damit sind der Arbeitskräftemangel, der Wettbewerb um Talente aus Wachstumsmärkten und die Fähigkeit, einen zunehmend vielfältigeren Talent-Pool zu nutzen, laut Mercer die drei wichtigsten Arbeitsmarkttrends, mit denen Unternehmen konfrontiert sind [31].

Das sieht man auch in Deutschland, wo der Arbeitsmarkt blüht und gedeiht. „Mit gut 43 Mio. Erwerbstätigen im Jahr 2015, mehr als 24 Mio. Vollzeitbeschäftigten sowie einem Allzeithoch im Arbeitsvolumen ist die Entwicklung auf dem Arbeitsmarkt zuletzt überaus positiv verlaufen“, so das Institut für Arbeitsmarkt- und Berufsforschung der Bundesagentur für Arbeit (IAB). Laut IAB-Stellenerhebung gab es im Laufe des Jahres 2015 insgesamt rund 3,4 Mio. Einstellungen neuer Mitarbeiter in ungeförderte sozialversicherungspflichtige Beschäftigungsverhältnisse. Im Jahr 2016 geht die Arbeitslosigkeit um 110.000 Personen auf 2,69 Mio. zurück. Im Jahresvergleich wird für 2017 eine weitere Abnahme der Arbeitslosigkeit um 70.000 Personen erwartet [32].

Dieser Trend zeigt sich auch deutlich in der Besetzungsdauer bei offenen Positionen (siehe Abb. 2.3). 2015 nahm die durchschnittliche Stellenbesetzung 85 Tage in

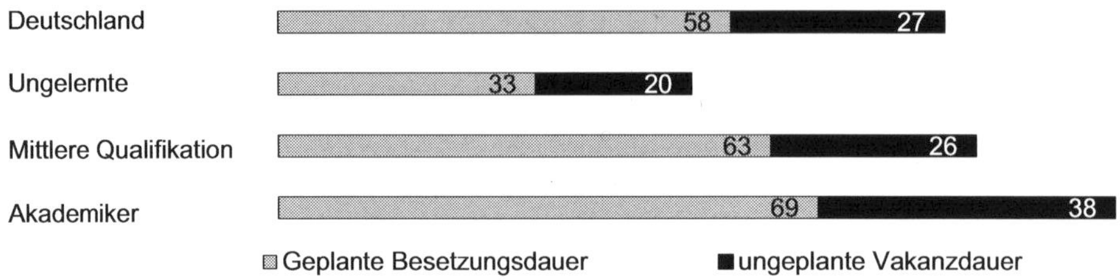

Abb. 2.3 Such- und Besetzungszeiten bei Neueinstellungen 2015 (in Tagen). (Nach [33])

Anspruch, Höchststand seit 2010. Auf neue Akademikerinnen und Akademiker mussten Unternehmen dabei nochmals deutlich länger warten: 107 Tage dauert es im Schnitt, den neuen Kollegen oder die neue Kollegin an Bord zu begrüßen, und auch bei Menschen mit „mittlerer Qualifikation“ – also einer Berufsausbildung und entsprechendem Abschluss – waren rund drei Monate Wartezeit fällig [33].

Inzwischen schlägt auch der Deutsche Industrie- und Handelskammertag (DIHK) Alarm. „Die Sorgen der Betriebe um die Fachkräftesicherung steigen“, erklärt DIHK-Chefvolkswirt Volker Treier in der FAZ. „40 Prozent der Unternehmen beklagen mittlerweile einen Fachkräftemangel.“ Das Risiko, keine passenden Arbeitskräfte zu finden, sei binnen Jahresfrist deutlich gewachsen. Beinahe jeder zweite Betrieb sehe darin „eines der Hauptrisiken für seine zukünftige Geschäftstätigkeit“ [34].

Damit hat sich in den letzten Jahren der Arbeitsmarkt in Deutschland zum Bewerbermarkt entwickelt – zumindest für diejenigen, die keine Einstellungshindernisse mitbringen, wie z. B. gering Qualifizierte, ältere Semester, Menschen mit Migrationshintergrund, Alleinerziehende oder Schwerbehinderte.

Beispiel

Wie massiv Herkunft oder Geschlecht die Chancen – völlig unabhängig von der Qualifikation – beeinflussen, zeigt eine ganze Reihe Experimente.

Der Fall von Howard und Heidi ist nicht mehr neu, an der Aktualität der Untersuchung hat das nichts geändert: Heidi Roizen hatte eine herausragende Karriere im Silicon Valley hingelegt, als sie Basis für ein Experiment zum Thema Geschlechter-Stereotype wurde. An der Columbia Universität wurden an Studierende zwei Fassungen ihres Lebenslaufs verteilt, einer unter dem Namen „Heidi“, einer als „Howard“. Andere Unterschiede gab es im Dokument nicht.

In der Beurteilung der Person war das anders: Während viele Howard als echten Gewinn für ein Unternehmen sahen, weil er Dinge vorantriebe und als netter Kollege eingeschätzt wurde, war Heidi weit weniger beliebt. Sie wurde als machthungrig, zu wenig bescheiden und zu sehr auf ihr eigenes Fortkommen bedacht beschrieben und war den Befragten schlicht zu aggressiv. Wie gesagt: der genau gleiche Lebenslauf einer erfolgreichen Unternehmerin. Das Einzige, was die Einschätzung beeinflusste, war die – unbewusste – Vorstellung über angemessenes Verhalten von Männern und Frauen [35, 36].

Nächster Aspekt, gleiches Ergebnis: Barrieren, die im Bewerbungsprozess allein aufgrund des Namens – und Vorbehalten bzgl. unterschiedlicher Kulturen – entstehen, untersuchte 2014 der Sachverständigenrat deutscher Stiftungen für Integration und Migration. An rund 1800 Unternehmen wurden Bewerbungen verschickt, bei denen sich nur der Name unterschied.

Das Ergebnis: Egal ob als Bürokaufmann oder Mechatroniker, Tim Schultheiß und Lukas Heumann wurden häufiger zum Vorstellungsgespräch eingeladen als Hakan Yilmaz oder Ahmet Aydin. Um zu einem Vorstellungsgespräch als Mechatroniker eingeladen zu werden, mussten die Kandidaten mit türkisch klingenden Namen durchschnittlich sieben Bewerbungen schreiben, bei Tim und Lukas waren es nur fünf. Dabei war bei kleinen Unternehmen – vermutlich aufgrund weniger strukturierter Prozesse und mehr Vertrauen auf das „Bauchgefühl" – die Ungleichbehandlung größer [37].

Zu ähnlichen Ergebnissen kam eine Untersuchung der Universität Konstanz im Auftrag des Instituts zur Zukunft der Arbeit (IZA). 1000 Bewerbungen um eine BWL-Praktikumsstelle wurden per Zufall Namen eindeutig deutscher oder türkischer Herkunft zugeordnet. Die fiktiven Bewerber hatten vergleichbare Qualifikationen und es handelte sich ausnahmslos um deutsche Staatsbürger mit Deutsch als Muttersprache. Ergebnis: Die Bewerber mit türkischen Namen erhielten 14 % weniger positive Antworten. In kleineren Unternehmen war die Chance auf ein Vorstellungsgespräch sogar um 24 % geringer [38].

Mit Kopftuch kann man die Bewerbung quasi gleich ganz vergessen, fand das Institut zur Zukunft der Arbeit (IZA) im September 2016 heraus [39]. An fast 1500 Unternehmen in Deutschland wurden wiederum gleiche fiktive Bewerbungen mit deutschen bzw. türkischen Namen verschickt. Zusätzlich trug die angeblich türkischstämmige Bewerberin auf einem Teil der Fotos ein Kopftuch. Um jeden Verdacht tiefer Religiosität zu vermeiden, aufgrund derer es zu Reibereien am Arbeitsplatz kommen könnte, wurde dabei eine sehr moderne Bindevariante gewählt.

Während Sandra Bauer auf 19 % der Bewerbungen eine Einladung bekam, waren es bei Meryem Öztürk nur 13,5 %. Die Kandidatin mit Kopftuch wurde noch viel kritischer beurteilt. Sie erhielt nur in 4,2 % der Fälle eine positive Rückmeldung. Trotz gleicher Qualifikation, Deutsch als Muttersprache und offensichtlich „deutschem Bildungsweg" waren also 4,5-mal so viele Bewerbungen nötig, um eine Einladung zum Bewerbungsgespräch zu erhalten, wie bei der angeblich deutschen Kandidatin.

Die vorliegenden Beispiele zeigen deutlich, wie stark Unternehmen ihren Bewerberpool durch unbewusste – oder auch bewusste – Vorbehalte und Vorurteile einschränken. Wenn es gelingt, diese im Rahmen der Personalsuche zu überwinden, wächst gleichzeitig die Anzahl potenzieller Kandidatinnen und Kandidaten für offene Funktionen immens. Für Unternehmen wird es dabei wichtig sein, schnell umzudenken: Bis 2030 sollen weltweit 40 Mio. hoch qualifizierte Arbeitskräfte fehlen [40]. Eine Erwerbstätigenquote von Frauen, die in etwa der von Männern entspricht, könnte diese Lücke übrigens weitestgehend schließen [41].

2.4.1.1 Die Bedeutung „globaler" Talente wächst

Vielleicht erinnert sich der eine oder die andere noch an die „Green Card", mit der die Bundesregierung im Jahr 2000 in Abstimmung mit den Wirtschaftsverbänden ein Sofortprogramm zum Abbau des IT-Fachkräftemangels verabschiedet hatte. Von August 2000 bis zum Jahresende 2004 wurden insgesamt 17.931 ausländischen IT-Fachkräften Arbeits- und Aufenthaltserlaubnisse zugesichert [42]. Mit seiner „Kinder statt Inder"-Kampagne versuchte Jürgen Rüttgers vehement dagegen vorzugehen. Auf den Vorwurf, Ausländerfeindlichkeit im Wahlkampf zu instrumentalisieren, sagte der CDU-Politiker laut Spiegel, es sei „schlichtweg unmoralisch", sogar „ausländerfeindlich", die Computer-Elite aus Indien abzuziehen [43].

Angesichts der Datenlage hätte er sich diesbezüglich um den Subkontinent wenig Sorgen machen müssen. Während in Deutschland Ingenieurinnen und Ingenieure ebenso wie ITler weiter Mangelware sind, werden sie – nicht nur in Indien, sondern auch in anderen Wachstumsmärkten und Schwellenländern – massenweise ausgebildet. In Indien waren Anfang des Jahrtausends laut World Bank mehr als 1 Mio. Menschen in technischen Studiengängen eingeschrieben [44]. Im Studienjahr 2010/2011 waren es dann fast 2,9 Mio., darunter mehr als 800.000 Frauen [45].

Das weltweit größte Bildungssystem gibt es jedoch in China, wo 2011 über 31 Mio. Studierende in Hochschulen eingeschrieben waren [46]. Zum Vergleich: In der EU waren es 2013 insgesamt 19,6 Mio., 2,8 Mio. von ihnen in Deutschland [47].

Selbstverständlich haben entsprechende Entwicklungen Auswirkungen darauf, wo Wertschöpfung erbracht wird, und sie beeinflussen die Personalstrategien und die Führungskräfte-Pipeline großer Unternehmen – insbesondere, da viele der Absolventen nicht nur hoch qualifiziert, sondern auch global mobil sind: So studierten 2011 laut UNESCO 650.000 Chinesen im Ausland, rund 180.000 allein in den USA, das entspricht in etwa der Anzahl der Studierenden in Irland (199.000).

Jenseits der Themen „Ethnie" und „Nationalität" beeinflussen natürlich weitere globale Trends und „Diversity-Dimensionen", wer zukünftig in Unternehmen tätig ist und wie sich die Anforderungen an Arbeitgeber verändern:

2.4.1.2 Generation

Die Lebensarbeitszeit steigt, zum Beispiel in Europa: Zwischen 2006 und 2015 ist sie in der Europäischen Union um 1,9 auf 35,4 Jahre gestiegen. In Deutschland nahm die Zeitspanne mit 2,4 Jahren überdurchschnittlich zu und lag 2015 bei 38,0 Jahren. An der europäischen Spitze liegt Schweden mit einer Lebensarbeitszeit von 41,2 Jahren [48]. Das führt dazu, dass in den nächsten Jahren erstmalig vier oder potenziell sogar fünf verschiedene Generationen in Unternehmen beschäftigt sein werden, deren Wertvorstellungen und Weltbild sich aufgrund unterschiedlicher Erfahrungen stark voneinander unterscheiden. Was sind die Anforderungen, um eine erfolgreiche Zusammenarbeit zu unterstützen, und wie gehen Unternehmen damit um, dass Beschäftigte das Unternehmen und die Position schneller wechseln, dass sie mehr Flexibilität und eine bessere Work-Life-Balance verlangen. Dass Firmenwagen und Eckbüro nicht mehr ausreichen, um sie zu Überstunden und einer steilen Karriere anzustacheln [49]?

- Die Wirksamkeit unterschiedlicher Instrumente des Personalmanagements – wie Gehaltserhöhungen und Weiterbildungsmaßnahmen – unterscheidet sich je nach dem Alter der Beschäftigten. Das verlangt Flexibilität von Unternehmen, um Ressourcen optimal zu nutzen [50].
- In den USA wird intensiv über die Generation der Babyboomer diskutiert, die aktuell ins Rentenalter kommen. Kein Wunder: Bis 2029 feiern täglich 10.000 Amerikaner ihren 65. Geburtstag [51]. An den Ruhestand denken viele von ihnen dennoch nicht. Fast die Hälfte geht davon aus, dass sie erst mit 66 oder später in Rente gehen, 10 % sagen, sie werden das niemals tun [52]. Einer der Gründe dafür sei der Wunsch nach einer sinnvollen Beschäftigung, erklärt Joseph Coughlin, Direktor des AgeLab des Massachusetts Institute of Technology (MIT). „Jetzt, wo wir so viel länger leben, wissen wir nicht, was wir mit all der Zeit anfangen sollen." Ebenso wichtig ist jedoch die finanzielle Absicherung, die ein Problem für alle Geringverdienenden darstellt und für alle ohne große Rücklagen bzw. großzügigen Pensionsplan. Schlüssige Konzepte für die Beschäftigung nach dem klassischen Ruhestandsalter gibt es bisher allerdings nicht [53].
- In China gehören 40 % der Beschäftigten der sogenannten Millennial-Generation an, sind also zwischen 1981 und 2000 geboren [54]. Wie schafft man angesichts dieser Zahlen attraktive Aufstiegs- und Entwicklungsmöglichkeiten, um talentierte Kräfte ans Unternehmen zu binden? Gleichzeitig verändern sich die Erwartungen an Führungskräfte radikal. So sehen viele jüngere Chinesinnen und Chinesen sie nicht länger als Autoritätsperson, sondern ihre Vorstellungen nähern sich an die westlicher Beschäftigten an, die einen partizipativen Führungsstil bevorzugen. Damit gewinnt statt der traditionellen „Ansage" die Fähigkeit, Mitarbeiterinnen und Mitarbeiter zu motivieren, an Bedeutung [55]. Was muss getan werden, um Führungskräften neue Fähigkeiten zu vermitteln, die z. T. auch noch mit ihren kulturellen Erwartungen im Konflikt stehen?
- Im Rahmen einer globalen Untersuchung hat PWC festgestellt, das 86 % ihrer Millennial-Mitarbeiterinnen, die in einer Partnerschaft leben, Teil eines sogenannten „Dual Career"-Paars sind, in der beide eine Karriere anstreben. 66 % von ihnen verdienen das Gleiche oder mehr als ihr Partner. Das macht es für beide weit schwieriger, einfach die Zelte abzubrechen und dem oder der anderen ins Ausland zu folgen [56]. Welche Auswirkungen haben daher veränderte Paarbeziehungen auf Karrierewege, -planung und Mobilität? Wie unterstützen Unternehmen parallele Karrieren, gestalten Pausen oder einen Aus- und Wiedereinstieg?
- Die „Generation Praktikum" musste sich zu Beginn ihrer Berufstätigkeit häufig von einem schlecht bezahlten Job zur nächsten befristeten Stelle retten. Diese frühen beruflichen Erfahrungen sind vermutlich ein Auslöser dafür, dass sie schnellere Rückmeldungen – auch finanziell – erwarten und nicht davon überzeugt sind, dass sich Loyalität lohnt [57]. Welche Auswirkungen hat eine solche veränderte Einstellung auf Anreiz- und Vergütungssysteme? Und was lässt sich tun, um Beschäftigte trotzdem ans Unternehmen zu binden?

2.4.1.3 Geschlecht

- Weltweit sind inzwischen mehr als die Hälfte der Menschen, die ein Studium abschließen, weiblich [58]. Wie unterscheiden sich ihre Vorstellungen von Berufstätigkeit von denen der männlichen Kommilitonen und welche Kriterien katapultieren ein Unternehmen auf der Liste der beliebten Arbeitgeber weit nach oben?
- Das Ende der klassischen männlichen Alleinverdiener beeinflusst nicht nur – zu wenig – die Arbeitsteilung zu Hause, sondern wirkt sich selbstverständlich auch auf die Erwerbsarbeit und Anforderungen an den Arbeitsplatz aus. Selbst in Deutschland sinkt der Anteil der Haushalte mit männlichem Hauptverdiener rasant, im Westen zwischen 1991 und 2006 um 9 Punkte auf 55 %, im Osten sind es nur noch 36 (statt 42) % [59]. Wie müssen sich Unternehmen, Arbeitsmodelle und ggf. Sozialleistungen verändern, wenn sich Beschäftigte nicht mehr darauf verlassen können, dass ihnen zu Hause jemand „den Rücken freihält"?
- Welche Bedeutung haben sich verändernde Rollenmodelle und der wachsende Wunsch von Vätern, eine aktive Rolle in der Familie zu übernehmen? Laut einer aktuellen Untersuchung von A. T. Kearney erlebt jeder zweite Mann aufgrund entsprechender Verpflichtungen Beeinträchtigungen im Job. Jeder Vierte fürchtet, dass sich das auf seine Karriere auswirkt. Insgesamt sind laut der Untersuchung Väter mit der Vereinbarkeit von Familie und Beruf noch unzufriedener (18 %) als Mütter (8 %). Wenig Vertrauen hatten die Befragten in die Unterstützung ihrer Arbeitgeber und fürchteten bei Angeboten wie Elternzeit finanzielle Einbußen (38 %) bzw. einen negativen Einfluss auf die Bewertung ihrer Leistung (jeder Dritte) [60].

2.4.1.4 Menschen mit Behinderungen

- Beschäftigte mit einer Behinderung bringen eine hohe Motivation, Leistungsbereitschaft und Identifikation mit dem Unternehmen mit, darin sind sich Personalverantwortliche einig. Und auch von ihren Kolleginnen und Kollegen erleben sie eine hohe Akzeptanz: 93 % geben an, dass sie voll akzeptiert und integriert seien [61]. Woran liegt es also, dass die Arbeitslosenquote von Schwerbehinderten in Deutschland mit 13,9 % fast doppelt so hoch ist wie die Vergleichsquote von Menschen ohne Behinderung [62]?
- Einer der Aktionspunkte ist die Korrektur falscher Vorstellungen, die dazu führen, dass Menschen mit Behinderungen bei der Stellenbesetzung unberücksichtigt bleiben und dass ihnen Organisationen angeblich „aufgrund der betrieblichen Tätigkeiten" keine Arbeitsplätze anbieten können. 2013 gaben 39 % der im Rahmen des Inklusionsbarometers Befragten an, sie würden spontan mit einer Behinderung eine geistige Einschränkung verbinden, 54 % fiel dazu eine körperliche Einschränkung ein [61]. Dabei basieren die allermeisten Behinderungen auf einer von außen nichtsichtbaren Erkrankung wie Bandscheibenvorfällen, starken Knieproblemen oder Krebserkrankungen.

- Spätestens die demografische Entwicklung wird Unternehmen schließlich zum Handeln zwingen: In über 80 % der Fälle entsteht eine Behinderung aus einer im Lebenslauf erworbenen Erkrankung. Es gilt also, Vorkehrungen für die – auch angesichts der Rentenreform – im Durchschnitt älter werdenden Beschäftigten zu treffen.

„Die Zeiten ändern Dich": Beschäftigungsfähigkeit erhalten

Während ihrer Zeit als D&I-Verantwortliche bei einem global tätigen Automobilzulieferer hat sich Christina Gottschau intensiv damit auseinandergesetzt, welchen Einfluss die demografische Entwicklung für einen Produktionsstandort haben kann und was für Möglichkeiten es gibt, die Beschäftigungsfähigkeit von Mitarbeiterinnen und Mitarbeitern zu erhalten [63].

Wie kam es zu dem Projekt?

Im Rahmen der turnusmäßigen Erfassung der Altersstruktur in unseren Werken haben wir festgestellt, dass in einigen die Belegschaft kontinuierlich altert. Gerade im Bereich der Automobilzulieferung wird oft auch harte körperliche Arbeit geleistet. Das kann zum Problem werden, wenn man keine intelligenten Lösungen findet, um die Beschäftigungsfähigkeit der Industriearbeiter möglichst lang zu erhalten.

Und dann?

Wir haben uns mit der iqpr zusammengetan, dem Institut für Qualitätssicherung in Prävention und Rehabilitation an der Deutschen Sporthochschule Köln. Das Institut realisiert viele Projekte mit Industriekunden – insbesondere im Bereich der Rehabilitation – und unterstützt Unternehmen dabei, Beschäftigte wieder in die Betriebsabläufe zu integrieren. Wir wollten bereits früher ansetzen und haben in ihnen einen guten Partner gefunden.

Warum?

Uns ging es darum zu verstehen, welche Aufgaben Mitarbeiter übernehmen können, wenn sie aufgrund körperlicher Einschränkungen an ihrem aktuellen Arbeitsplatz nicht mehr zurechtkommen. Hierzu haben wir ein Projektteam, bestehend aus der Werksleitung, dem Betriebsarzt, der Personalabteilung und dem Betriebsrat, gebildet. Initiiert und begleitet wurde das Projekt durch den D&I-Bereich. Zunächst dachte ich, ehrlich gesagt, dass dieser Personenkreis doch wohl alle Arbeitsplätze bereits genauestens beschreiben kann. Inzwischen weiß ich, dass ich die Komplexität einer solchen Arbeitsplatzbewertung komplett unterschätzt hatte. Jeder Arbeitsplatz wurde anhand eines von der iqpr entwickelten Kriterienkatalogs bewertet. Hierzu wurden an die 75 verschiedene Aspekte abgefragt. Muss man stehen, sitzen, greifen? Wenn ja, wie lange? Was für Wege sind zurückzulegen? Welche psychischen Belastungen bestehen? Zu diesem sogenannten Profiling gehörte es auch, neben der Befragung die tatsächlichen Arbeitsabläufe zu beobachten.

Was ist mit den Erkenntnissen passiert?

Im ersten Schritt hat es dazu geführt, dass Prozesse kritisch hinterfragt und optimiert wurden. Einiges war schlicht nicht nötig. Anderswo hatten sich Fehler eingeschlichen. Die strukturierte Vorgehensweise hat das glasklar offengelegt und damit eine neutrale Basis für eine Diskussion geschaffen, wie sich Abläufe verbessern lassen. Im zweiten Schritt fand dann das „Matching" statt, d. h., Mitarbeiter wurden geeigneten Arbeitsplätzen zugeordnet, die anhand des Profilvergleichsverfahrens und der dazugehörigen Software ermittelt wurden. Es reichten aber oftmals auch einfache Arbeitsplatzanpassungen. Manchmal war das so simpel, wie irgendwo einen Stuhl hinzustellen

Und wenn der Stuhl nicht reichte? Wie lief das Matching ab?

Vor allem: auf freiwilliger Basis. Die Mitarbeiter wurden vom Betriebsarzt untersucht, um festzustellen, welche Arbeitsplätze für sie infrage kommen – ggf. auch mit Anpassungen und zusätzlichen Hilfsmitteln –, und bei Bedarf wurde dann unter den Kollegen getauscht.

War außer der Freiwilligkeit und dem strukturierten Angang aus Ihrer Sicht noch etwas besonders wichtig?

Eine der großen Sorgen des Betriebsrats war es zunächst, dass es sich tatsächlich um einen Ansatz handeln könnte, um Mitarbeiter mit Einschränkungen „auszusortieren". Hier war es ganz wichtig, auf eine offene Kommunikation zu setzen und die Bedenken ernst zu nehmen. Kommunikation hat überhaupt eine ganz große Rolle gespielt – auch mit den Beschäftigten. Die Kampagne lief unter dem Titel „Die Zeiten ändern Dich" und hat über das Projekt informiert, aber auch ganz stark auf Dialog gesetzt. Das hat dafür gesorgt, dass wir nachher alle an einem Strang gezogen haben.

- Besonders gering sind auf dem ersten Arbeitsmarkt die Chancen für Menschen mit einer psychischen und/oder geistigen Behinderung. Diese werden deutlich negativer als körperliche Behinderungen gewertet und es wird generell davon ausgegangen, dass sie schlechter kompensierbar sind und größere Auswirkungen auf den Betriebsablauf haben [64]. Interessanterweise, gibt es gerade hier einige vorbildliche Projekte, die demonstrieren, dass Menschen mit einer Behinderung gerade deswegen herausragende Fähigkeiten in anderen Bereichen mitbringen können. Der Stellenwert entsprechender Maßnahmen kann kaum hoch genug eingeschätzt werden, da sie nicht nur die berufliche Integration des Einzelnen ermöglichen, sondern gleichzeitig helfen, Vorurteile hinsichtlich Leistungsfähigkeit und Produktivität abzubauen.

Beispiel

Die Firma auticon setzt autistische IT-Spezialistinnen und -Spezialisten in großen und mittelständischen Unternehmen ein. Denn während Menschen mit Autismus Schwierigkeiten mit den sogenannten „Soft Skills" haben – der Grund, warum sie auf dem Arbeitsmarkt als schwer vermittelbar gelten und unabhängig von IQ und Ausbildungsstand nur etwa 20 % von ihnen berufstätig sind –, haben sie Spezialinteressen, die sehr weit reichen und sie zu 100 % fesseln. Sie sehen oft mehr und denken anders, erläutert Tilmann Höffken von auticon. Das kommt vor allem dem Bereich Test, der Qualitätssicherung, der Datenanalyse und dem Reporting zugute [65].

Auch Softwareriese SAP will ihre besonderen Stärken nutzen und hunderte von Menschen mit Autismus zu Softwaretestern und Programmierern ausbilden, teilte das Unternehmen 2013 mit. Bis 2020 sollten ein Prozent der Beschäftigten von SAP Menschen mit einer autistischen Störung sein. Das entspricht Schätzungen zufolge ihrem Anteil an der Gesamtbevölkerung. Bis Ende 2015 hatte SAP in acht Ländern bereits 100 angestellt [66].

2.4.2 Andere Märkte, andere Kaufentscheider

Aber nicht nur der Arbeitsmarkt, auch die Absatzmärkte von Unternehmen verändern sich durch die demografische Entwicklung. Das gilt nicht nur im Export, auch in ihren Heimatmärkten sind die meisten Unternehmen mit gewaltigen Verschiebungen konfrontiert. Und dieser Trend wirkt sich natürlich nicht nur auf Konsumentenprodukte aus, sondern betrifft auch den Business-to-Business- und Business-to-Government-Bereich, also die Entscheiderinnen und Entscheider in Unternehmen und Organisationen. Wer mit einem sehr homogenen Team auf eine Gruppe trifft, die Vielfalt wertschätzt, wird vermutlich nicht nur irritierte Blicke ernten, sondern auch seine Verhandlungsposition verschlechtern.

2.4.2.1 Bevölkerungswandel beeinflusst Kaufkraft in den USA

Beispiel USA: Im Jahr 2044 werden weiße Amerikanerinnen und Amerikaner – in den USA spricht man von „non-Hispanic White", um beide Gruppen, die unter der Ethnie „weiß" geführt werden, zu unterscheiden – nicht mehr die Mehrheit darstellen, 2060 sollen es nur noch 44 % sein. Damit werden die USA das, was sie als „majority-minority nation" beschreiben, also eine Nation, in der unterschiedliche Minderheiten die Mehrheit darstellen, auch wenn Weiße weiterhin die Mehrheit der Bevölkerung bilden.

Die größte Gruppe unter den Minderheiten sind Menschen mit hispanischer/lateinamerikanischer Abstammung, deren Zahl bis 2060 von 55 Mio. (2014) auf 119 Mio. steigen soll. Während sie heute 17 % der Bevölkerung stellen, werden es bis zum Jahr 2060 voraussichtlich 29 % sein [67].

Unabhängig davon, dass sie damit längst den Mainstream beeinflussen, stellen sie auch eine attraktive Zielgruppe dar, der US-Unternehmen immer mehr Aufmerksamkeit widmen und die eine gezielte und differenzierte Ansprache verdient. Dabei unterscheidet sich – bei allen Unterschieden innerhalb des Segmentes – das Konsumverhalten gegenüber anderen Bevölkerungsgruppen.

Beispiel

Auf die Marketingstrategien von Getränkeherstellern beispielsweise wirken sich natürlich unterschiedliche Präferenzen aus. So trinken gerade Erwachsene mexikanischer Herkunft mehr zuckerhaltige Getränke als andere Bevölkerungsgruppen [68]. Diätgetränke sind weniger ihr Ding: Während 27 % der „non-hispanic white"

Erwachsenen täglich entsprechende Getränke konsumieren, sind es bei denen lateinamerikanischer Herkunft nur 14,1 % [69]. Ebenso prägnante Unterschiede gibt es bei Kindern und Jugendlichen.

Auch in Deutschland gibt es selbstverständlich gezielte Marketingmaßnahmen für unterschiedliche Marktsegmente, die auch die Herkunft berücksichtigen. Eine weit größere Bedeutung für den Umsatz hat aber neben dem Export die Wirtschaftskraft von Frauen.

2.4.2.2 Der Einfluss von Frauen auf Kaufentscheidungen wächst kontinuierlich

„Forget China, India and the internet: economic growth is driven by women", titelte der Economist bereits im April 2006, um die immense wirtschaftliche Bedeutung der steigenden Berufstätigkeit von Frauen hervorzuheben [70].

Seit etwa 1970 ist die Anzahl der Studierenden schneller gewachsen als je zuvor. Dabei hat sich die Zahl der Studentinnen fast doppelt so schnell entwickelt wie die der Studenten. In Europa und Nordamerika gab es Anfang der 1980er gleich viele männliche und weibliche Studierende, seitdem sind die Frauen an den Männern vorbeigezogen. Dieser Trend hat sich in den 1990ern in Lateinamerika und der Karibik wiederholt und schließlich auch in Zentralasien. Nach Jahrzehnten starken Wachstums haben kürzlich zwei weitere Regionen einen Geschlechtergleichstand erreicht: die arabischen Staaten ebenso wie Ostasien und der Pazifikraum. Inzwischen schließen in 76 von 97 Ländern, für die Daten vorliegen, mehr Frauen als Männer ein Studium ab [58], obwohl sich das aufgrund kultureller und gesellschaftlicher Rahmenbedingungen in den Unternehmen heute oft noch nicht abbildet.

Auch wenn weltweit Frauen in technischen Berufen noch immer unterdurchschnittlich vertreten sind, sind Studentinnen in weit mehr als den klassischen „Frauenstudiengängen" stark repräsentiert (Tab. 2.2 und 2.3). Und als erstes Land verzeichnet Uruguay selbst in der Kategorie Ingenieurwissenschaften, Fertigung und Bauwesen annähernd einen Gleichstand der Geschlechter.

Steigende Qualifikationen – verbunden mit dem Strukturwandel – weichen auch die traditionelle Rollenverteilung auf. Das sieht man besonders in den USA, wo bereits 2004 in 25 % der Haushalte die Frau die Haupternährerin war. Auch von der Krise traditioneller Industrien – wie dem Bergbau oder der Automobilbranche – waren insbesondere Männer betroffen, während Frauen überwiegend im Gesundheitswesen und im Bereich Bildung tätig sind – Branchen, die nur geringen Schwankungen unterliegen. Das führt dazu, dass zudem mehr Männer als Frauen arbeitslos sind [71], ein Aspekt, der hilft zu verstehen, warum sich im Rahmen der Präsidentschaftswahl in den USA 2016 deutlich mehr Männer als Frauen für Donald Trump begeistern konnten.

Deutschland nimmt unter den Industrienationen in Sachen Berufstätigkeit von Frauen definitiv keine Führungsposition ein. Trotzdem leisten Frauen auch hier einen steigenden Anteil zum Familieneinkommen: Der relative Einkommensbeitrag von Männern ist in Westdeutschland zwischen 1990 und 2002 um 6 Prozentpunkte, in Ostdeutschland um

Tab. 2.2 Frauenanteil in naturwissenschaftlichen Studiengängen in Prozent (2008). (Quelle: Global Education Digest 2010, Unesco Institute for Statistics 2010 [58])

Region	Gesamt	Biowissenschaften	Medizin	Mathematik und Statistik	Computer-wissenschaften
Arabische Staaten	51	73	61	59	33
Zentral- und Ost-europa	47	70	54	53	29
Zentralasien	53	68	44	60	39
Ostasien und Pazifikraum	48	60	58	62	29
Lateinamerika und Karibik	41	67	51	53	31
Nordamerika und West-europa	40	60	43	48	21

Tab. 2.3 Frauenanteil in Geisteswissenschaften, Wirtschaftswissenschaften und Jura in Prozent (2008). (Quelle: Global Education Digest 2010, Unesco Institute for Statistics 2010 [58])

Region	Gesamt	Sozial- und Verhaltenswissenschaften	Journalismus und Information	Wirtschafts- und Verwaltungswissenschaften	Jura
Arabische Staaten	53	69	58	42	55
Zentral- und Ost-europa	61	62	69	61	58
Zentralasien	41	46	60	43	34
Ostasien und Pazifikraum	53	56	64	52	51
Lateinamerika und Karibik	57	70	61	56	52
Nordamerika und West-europa	57	64	63	53	59

11 Prozentpunkte zurückgegangen. Auch der Anteil der Frauen, die nicht nur „mitverdienen", wächst beständig. Bereits im Jahr 2006 waren Frauen in knapp jedem fünften Mehrpersonenerwerbshaushalt die Haupteinkommensbezieherinnen. Zusätzlich sind 7 % der Erwerbshaushalte Alleinerziehenden-Haushalte, von denen mehr als 6 von 7 von einer Frau geleitet werden [59]. Darüber hinaus lebten 2011 in Deutschland 21 % der Frauen in Single-Haushalten und sind damit automatisch Alleinentscheiderinnen [72].

> Es gibt eine perfekte Korrelation zwischen Ausbildung und Einkommen. Das hat dazu geführt, dass sich das Kräfteverhältnis zuhause verschoben hat und sich weiter verschieben wird. ‚Sie' entscheidet, wann die Familie zum Essen ausgeht, wann sie eine neue Küche

bestellen oder ein Bad, in Urlaub fahren, ein Auto kaufen[6]. Michael J. Silverstein, Senior Vice President, The Boston Consulting Group [73].

In einer breit angelegten Untersuchung hat The Boston Consulting Group (BCG) 2008 ermittelt, welchen Einfluss Frauen auf Kaufentscheidungen haben, und kommen zu einem eindeutigen Ergebnis: Er ist gewaltig und wird nach Einschätzung der Forscher weiter zunehmen.

- Weltweit sind 1 Mrd. Frauen berufstätig, in den USA allein sind es 75 Mio., doppelt so viele wie noch vor 20 Jahren.
- Allein in den USA generieren Frauen durch ihre Berufstätigkeit ein Einkommen von 4,3 Billionen US$. Einkommen aus anderen Quellen ist dabei unberücksichtigt.
- Frauen treffen oder beeinflussen weltweit mindestens 64 % der Kaufentscheidungen in den unterschiedlichsten Kategorien und in vielen Segmenten weit mehr [74].

Im Rahmen der Studie hat BCG zudem festgestellt, dass der Einfluss von Frauen sich längst nicht mehr auf „traditionelle" Kategorien beschränkt. Auch in vielen klassisch-„männlichen" Domänen haben Frauen das Sagen. So kontrollieren sie die Kaufentscheidungen zu

- 94 % bei der Wohnungseinrichtung,
- 92 % bei Urlauben,
- 91 % beim Erwerb eines Eigenheims,
- 60 % bei Autos und
- 51 % bei Konsumentenelektronik.

In Großbritannien werden laut aktueller Untersuchung von McKinsey sogar 80 % der Kaufentscheidungen von Frauen getroffen. Bis 2025 sollen Frauen 60 % der privaten Vermögen besitzen und pro Woche 400 Mio. Pfund mehr an Ausgaben kontrollieren als Männer [41].

Die Rolle von Frauen als Entscheiderinnen im Gesundheitsmarkt hat das Center for Talent Innovation 2015 im Rahmen einer breit angelegten Befragung in Brasilien, Deutschland, Großbritannien, Japan und den USA untersucht. Danach treffen nicht nur 94 % von ihnen – unabhängig vom Familienstand – Gesundheitsentscheidungen für sich selbst, 59 % treffen Entscheidungen für andere [75].

Den volkswirtschaftlichen Nutzen einer gleichberechtigten Teilhabe von Frauen auf dem Arbeitsmarkt hat McKinsey 2015 untersucht und kommt zu dem folgenden Ergebnis:

[6]Originaltext: „There is a perfect correlation between education and income. As a result the power at home has shifted and will shift further. 'She' decides when the family is going to eat out, when they will order the new kitchen or bath, go on vacation, buy a new car" (Eigene Übersetzung der Autorin).

Wir haben ein ‚Volles-Potenzial'-Szenario untersucht, in dem Frauen im gleichen Maß wie Männer an der Wirtschaft partizipieren. Verglichen mit einem ‚Weiter-so' würde dadurch bis 2025 das globale Bruttoinlandsprodukt um bis zu 28 Billionen US-Dollar – bzw. 26 Prozent – jährlich steigen. Das entspricht in etwa der heutigen Größe der US-amerikanischen und chinesischen Wirtschaft vereint. Wir haben auch ein alternatives ‚Bester-in-der-Region'-Szenario kalkuliert. Dabei würden alle Länder die Ergebnisse des sich am positivsten entwickelten Landes der Region erzielen. Das würde 2025 das globale Bruttoinlandsprodukt um bis zu 12 Billionen US-Dollar pro Jahr erhöhen – das entspricht der kombinierten Wirtschaft von Japan, Deutschland und Großbritannien bzw. ist doppelt so viel wie das Wachstum, das voraussichtlich von weiblichen Arbeitskräften zwischen 2014 und 2025 in einem ‚Business-as-usual'-Szenario beigetragen wird[7] [76].

2.4.2.3 Unternehmen wachsen vor allem in Übersee

Die Bedeutung der Globalisierung für europäische Unternehmen wird schnell deutlich, wenn man sich die rasante Verschiebung geografischer Märkte ansieht: Während 1950 rund 15 % der Weltbevölkerung in den aktuellen EU-Ländern – inklusive Großbritanniens – lebten, sollen es bis 2050 nur noch 4 % sein. Diese Kalkulation basiert auf dem Bevölkerungswachstum in anderen Regionen, nicht auf potenziellen EU-Austrittskandidaten.

Selbstverständlich gehört daher erfolgreiches Exportgeschäft für viele deutsche Unternehmen zum täglichen Brot. Nach Prognose des Ifo-Instituts löst Deutschland 2016 China wieder als Land mit dem weltweit größten Exportüberschuss ab. Der deutsche Leistungsbilanzüberschuss summiere sich 2016 voraussichtlich auf 310 Mrd. US$ [77]. Die größten Absatzmärkte sind derzeit Europa, die USA und China [78].

„Das Auslandsengagement der Dax-Konzerne war in den vergangenen Jahren eine Erfolgsgeschichte – auch für den Standort Deutschland", erklärt EY-Geschäftsführer Mathieu Meyer im Oktober 2016 im Handelsblatt. So sei der Auslandsumsatz der 30 größten deutschen börsennotierten Firmen seit 2011 um 28 % gestiegen. Trotz eines Beschäftigungsplus in Deutschland verzeichneten ausländische Töchter eine noch positivere Entwicklung – besonders in Konzernen, die hochgradig internationalisiert sind: Die 13 Dax-Konzerne, die mehr als 80 % ihres Umsatzes außerhalb Deutschlands erwirtschaften, erhöhten ihre Gesamtbelegschaft seit 2011 um 16 % – die Zahl der Mitarbeiter in Deutschland stieg dabei immerhin um 13 %. Bei den weniger international geprägten Dax-Unternehmen stieg die weltweite Beschäftigung nur um drei, in Deutschland um zwei Prozent [79].

[7]Originaltext: „We consider a 'full-potential' scenario in which women participate in the economy identically to men, and find that it would add up to $28 trillion, or 26 percent, to annual global GDP in 2025 compared with a business-as-usual scenario. This impact is roughly equivalent to the size of the combined US and Chinese economies today. We also analyzed an alternative 'best-in-region' scenario in which all countries match the rate of improvement of the best-performing country in their region. This would add as much as $12 trillion in annual 2025 GDP, equivalent in size to the current GDP of Japan, Germany, and the United Kingdom combined, or twice the likely growth in global GDP contributed by female workers between 2014 and 2025 in a business-as-usual scenario" (Eigene Übersetzung der Autorin).

Die wachsende Mittelschicht in einigen Wachstumsmärkten wird diese Entwicklung weiter befeuern. Während nicht alle BRIC-Märkte (Brasilien, Russland, Indien und China) den in sie gesetzten Erwartungen gerecht geworden sind, steigt das mittlere Wohlstandsniveau – das am besten reflektiert, wie es dem durchschnittlichen Menschen in einem Land geht – in China fast kontinuierlich. Inzwischen leben in China 36 % der Menschen weltweit, die über ein Eigentum von 10.000 bis 100.000 US$ verfügen, und ihre Zahl hat sich seit dem Jahr 2000 verdoppelt [80].

In den Führungsriegen spiegelt sich die steigende Bedeutung ausländischer Märkte allerdings nicht unbedingt wider. Dabei betrachten führende Unternehmen die Internationalität ihrer Belegschaft und des Führungsteams als Voraussetzung für langfristigen Erfolg.

Beispiel

Dr. Werner Haas war bis Sommer 2016 als General Manager weltweit für Forschung und Entwicklung für Patientenmonitore bei Philips verantwortlich. Zwei Aspekte spielen für ihn bei der Einführung neuer Lösungen eine herausragende Rolle: eine hohe Innovationskraft und ein konsequenter Fokus auf die Nutzer, der sich nicht ausschließlich auf das medizinische Personal konzentriert, sondern auch Patienten und ihre Angehörigen im Blick hat. Für den Konzern zahlt sich der Angang aus: Die Unternehmenssparte ist hochgradig profitabel und behauptet die Marktführerschaft unangefochten und mit deutlichem Abstand zum Wettbewerb [81].

Wieso ist für Sie Internationalität für den Unternehmenserfolg entscheidend?

Ein ganz wichtiges Argument für den Kauf unserer Produkte ist unser Ruf als Innovationsführer, und der basiert zu einem guten Teil auf der Leistung großartiger Ingenieurinnen und Ingenieure. Wir sind immer auf der Suche nach hoch qualifizierten Elektrotechnikern, Maschinenbauern und IT-Fachkräften. Aber wenn wir die Besten wollen, finden wir sie nicht ausschließlich in Deutschland – hier finden wir tatsächlich viel zu wenig. Schon allein um unseren Bedarf zu decken, müssen wir Talente aus aller Welt einstellen. Für unseren Standort in Böblingen – einem unserer wichtigsten Innovations- und Fertigungszentren weltweit – heißt das beispielsweise, dass unter rund 700 Mitarbeiterinnen und Mitarbeitern 37 Nationen vertreten sind. Aber natürlich ist diese Internationalität nicht bloß aus der Not geboren. Sie ist für uns ein Erfolgsfaktor.

Warum?

Zum einen steigert es die Kundennähe und hilft uns dabei, unsere Lösungen an unterschiedlichen Bedürfnissen auszurichten. Mit Kultur und Sprache unserer Kunden vertraut zu sein, hilft nicht nur im Verkaufsgespräch. Es ist auch die Voraussetzung dafür, ihre Anforderungen zu verstehen und entsprechende Rückmeldungen an Entwicklung und Marketing zu geben.

Spielt das nicht viel mehr bei Konsumgütern eine Rolle? Herzschlag ist doch Herzschlag.

Natürlich ändern wir nicht die Funktionalität unserer Monitore – schließlich ist das unsere Stärke, aber es gibt selbstverständlich gewaltige Unterschiede, wo die Produkte zum Einsatz kommen, in welchem Umfeld. Von wem und wie sie bedient werden. Wie die Benutzerschnittstelle aussehen muss, d. h. welche Anforderungen an die Bedienung gestellt werden. Manchmal sind das dann ganz triviale Aspekte, die aber über Erfolg oder Misserfolg entscheiden können. Zum Beispiel nutzen wir im Westen einen satten Klopfton, der dem Herzschlag nachempfunden ist, um die Vitalfunktionen abzubilden. Das schafft Vertrauen beim medizinischen Personal und es beruhigt die Angehörigen. In Japan erinnert das Geräusch an Totentrommeln und würde das glatte Gegenteil erreichen. Deshalb werden die Monitore für diesen Markt vorinstalliert mit einem Piepton ausgeliefert. Natürlich kann man einen solchen Fehler auch beheben, nachdem man beim ersten Kunden auf die Nase gefallen ist. Mir ist es lieber, wir wissen es vorher.

An einen anderen Beinahe-Fehler kann ich mich aus den Anfangsjahren meiner Karriere erinnern: In den 80ern war es plötzlich schick, in alles ein „X" einzufügen, um Kraft und Leistungsstärke zu suggerieren. Es war die Zeit von X-Men und XXL – und wir wollten natürlich ganz vorn dabei sein. 12XL sollte daher unser neues 12-Kanal-EKG heißen – 12L fanden wir schlicht langweilig, bis uns zum Glück ein chinesischer Kollege bei einer Präsentation zur Seite nahm. In China war das X nicht cool. Es stand dafür, dass das Gerät etwas nicht kann, also eben nicht 12 Kanäle schreiben.

Aber seitdem haben sich doch die Zeiten geändert. Mittlerweile gibt es massenweise Trainings, um die kulturelle Kompetenz zu steigern. Wäre das nicht eine Alternative?

Wo sollte man denn da anfangen? Es gibt einfach zu viele Sachen, die man falsch machen könnte – gerade wenn wir von Märkten sprechen, die sich sehr deutlich von deutschen oder westlichen Gepflogenheiten unterscheiden, wie weite Teile Asiens oder die arabischen Länder. Natürlich ist es wichtig, die kulturelle Kompetenz zu steigern, aber das kann eine internationale Belegschaft nicht ersetzen. Zudem würde man ja einen weiteren Vorteil verpassen.

Und der wäre?

Die andere Weltsicht, die man genießt, die neuen Impulse. Ohne einen externen Stimulus kommt man nicht weiter, sondern schmort im eigenen Saft. Wenn sehr unterschiedliche Menschen zusammenarbeiten, laufen ganz andere Prozesse ab und es entstehen tatsächlich neue Ideen.

Das kann aber auch extrem anstrengend werden.

Es gibt eine Reihe an Voraussetzungen für eine erfolgreiche Zusammenarbeit über Unterschiede hinweg. Es muss eine klare Verständigung darüber geben, dass alle ergebnis- und lösungsorientiert bleiben, eine gemeinsame Vision, ein Ziel und eine entsprechende Strategie. Und es gilt die Kompetenz der anderen anzuerkennen. Aus meiner Erfahrung ist es zudem wichtig, den Dingen auf den Grund zu gehen, wenn sich etwas nicht richtig anfühlt, und die Atmosphäre zu schaffen, damit das auch andere tun.

Letzte Frage: Zunehmend gibt es eine Diskussion darum, dass es bei der Vielfalt in Unternehmen und ihrer Führung weniger um sichtbare Unterschiede – wie Geschlecht, Nationalität oder Alter – geht bzw. gehen sollte, sondern das doch eigentlich die „Diversity of Thought" – also die Vielfalt des Denkens – entscheidend sei.

Es gibt ein Zitat: „Die Deutschen wären nie auf die Idee gekommen, auf den Mond zu fliegen, aber ohne sie wären die Amerikaner nie dort angekommen." Ich finde es logisch, dass Aspekte wie Herkunft, Kultur und Erfahrungen prägen, was wir für möglich halten und wie wir Herausforderungen angehen – einfach, weil man unterschiedliche Ansätze erlebt hat. Aus diesen verschiedenen Perspektiven entsteht dann ein ganzer Werkzeugkasten an Möglichkeiten, wie man Themen adressiert. Vielfalt des Denkens setzt Vielfalt voraus.

Globaler Mindset und lokale Kompetenzen verhindern teure Fehler

Gerade im Zuge der Globalisierung und in Zeiten von Social Media gibt es einen weiteren Grund, auf vielfältige Teams zu achten. Sie helfen schlicht, teure Fehler und Imageverlust zu vermeiden. Es ist längst nicht mehr möglich, den Nachrichtenfluss zu kontrollieren und Botschaften auf einzelne Märkte zu begrenzen. Was ein Konzern kommuniziert, muss global akzeptabel sein. Wer darum spitzen Witzen und tollen Pointen hinterhertrauert, sollte bedenken, dass für sie schon in der Vergangenheit die Begeisterung sehr unterschiedlich ausgeprägt war.

Beispiel

Das Pew Research Center hat gerade eine interessante Untersuchung veröffentlicht, nach der US-Amerikaner die größte Toleranz gegenüber Beleidigungen haben. So denken 67 %, es ist in Ordnung, öffentlich über Minderheiten herzuziehen. Diese sehen das verständlicherweise anders. Während sich nur jeder vierte Weiße wünscht, es gäbe gesetzliche Regelungen, um Beleidigungen zu verhindern, gilt das für knapp 40 % der nichtweißen Bevölkerung [82]. Es bleibt abzuwarten, welchen Einfluss die Wahl von Donald Trump in diesem Kontext mittelfristig hat, obwohl die ersten Zeichen besorgniserregend sind.

Wer befürchtet, dass die zunehmend weiter verbreitete „Political Correctness" (PC) jeglicher Kreativität zuwiderläuft, der irrt. Stattdessen zeigt ein aktuelles Projekt, dass die Kreativität, wenn es klare Verhaltensregeln gibt – zumindest in gemischten Teams mit Männern und Frauen – steigt. „Die Studie demonstriert eine paradoxe Konsequenz von PC", erläutern die Forscher. „Obwohl üblicherweise angenommen wird, dass sie den freien Austausch von Ideen behindert, haben wir festgestellt, dass entsprechende Regeln Sicherheit schaffen und damit Kreativität fördern[8]" [83].

---

[8]Originaltext: „The study highlights a paradoxical consequence of the PC norm. While PC behaviour is generally thought to threaten the free expression of ideas, we found that positioning PC as the office standard provides a layer of safety in the workplace that fosters creativity" (Eigene Übersetzung der Autorin).

Auch wenn Teams natürlich nicht jede denkbare Konstellation abbilden können, eine größere Vielfalt hilft zu gewährleisten, dass kritische Aspekte diskutiert und adressiert werden, bevor beispielsweise eine Kampagne „live" geht. Lokale Kompetenz für lokale Märkte ist zudem selbstverständlich ein „Muss".

Sicherlich haben Unternehmen in den vergangenen Jahrzenten viel gelernt. Und potenziell sind einige der Geschichten um interkulturelle Marketingflops bzw. Übersetzungskatastrophen tatsächlich „urbane Legenden" – egal, ob

- Pepsi beim Markteintritt in China seinen Slogan „Pepsi Brings You Back to Life" in „Pepsi Brings Your Ancestors Back from the Grave" übersetzt hat oder in Südostasien beim Umstieg auf hellblaue Getränkeautomaten Marktanteile verloren hat, weil die Farbe für Tod und Trauer steht;
- ein Babynahrungshersteller afrikanische Eltern in Angst und Schrecken versetzt hat, weil auf den Büchsen Säuglinge abgebildet waren, obwohl aufgrund hoher Analphabetenrate üblicherweise das Produkt abgebildet wird;
- Colgate sich in Frankreich blamierte, weil sie die Zahnpasta „Cue" auf den Markt brachten – ein Name, der dort mit einem notorischen Pornomagazin assoziiert wurde.

Genug Fehler sind nicht nur angeblich teuer, sondern auch gut dokumentiert:

Microsoft Executive Tom Edwards berichtete 2004 auf der „International Geographers Conference" in Glasgow von herben finanziellen Einbußen, die das Unternehmen aufgrund von unzureichenden Geografiekenntnissen bzw. mangelndem Verständnis für nationale Befindlichkeiten verzeichnete: In Windows 95 war eine Region Kaschmirs falsch farbcodiert und angeblich nicht Teil von Indien – in Indien war eine solche Darstellung illegal. Den Entwicklern war das unbekannt, in Indien weiß das quasi jedes Kind. Das führte dazu, dass das Betriebssystem hier verboten wurde und das Unternehmen für zigmillionen US-Dollar 200.000 Kopien zurückrufen musste [84, 85].

Noch schwerwiegender waren Versäumnisse im Rahmen des Nahkampf-Computerspiels „Kakuto Chojin". Als Soundtrack waren rhythmische Gesänge zu hören. Leider hatten die japanischen Entwickler sie genutzt, ohne zu realisieren, dass es sich um Suren aus dem Koran handelte. In der Annahme, dass der Fehler nicht auffallen würde, entschloss sich Microsoft zunächst, nicht zu handeln. Drei Monate später kam eine offizielle Beschwerde der Regierung Saudi-Arabiens, die in einer weltweiten Rückrufaktion resultierte [86, 87].

Unzureichendes Feingefühl kann man auch Groupon vorwerfen, einem US-amerikanischen Unternehmen, das Rabatt-Websites betreibt. Zum Superbowl 2011 fielen sie mit einem Spot negativ auf, in dem es über Tibet hieß: „Ihre Kultur ist in Gefahr, aber sie machen immer noch ein großartiges Fisch-Curry." Offensichtlich war der Spot ironisch gemeint – ebenso wie zwei weitere, die sich über die Bemühungen, Wale zu retten, und die Zerstörung des Regenwaldes lustig machten. Bei den Zuschauern kam das allerdings nicht so an und ein Sturm der Entrüstung brach los. Und auch die Tibet-Stiftung, die durch eine parallel anlaufende Spendenkampagne unterstützt werden sollte, fühlte sich außerstande, die ihnen offensichtlich unbekannten Spots zu kommentieren [88].

Heute unvorstellbar, aber schon 2006 problematisch war auch eine niederländische Plakatkampagne von Sony zur Einführung der „keramik-weißen“ Playstation Portable. Sie zeigte eine weiße Frau, die drohend das Gesicht einer schwarzen Frau packt, und erregte schnell mehr Aufmerksamkeit in den USA als in Benelux – dem Markt, für den sie eigentlich gedacht war. In den USA musste sich das Unternehmen den Vorwurf von Rassismus gefallen lassen und die Kampagne schließlich zurückziehen [89].

Einige Kampagnen sind allerdings so unfassbar dumm und geschmacklos, dass sie sich auch durch mangelnde kulturelle Kompetenz nicht erklären lassen. Eine Spitzenposition nimmt dabei ohne Zweifel eine von Ogilvy Indien aus dem Jahr 2014 ein: Für einen Matratzenhersteller entwickelte die Werbeagentur einen Spot, in dem Malala Yousafzai – die pakistanische Kinderrechtsaktivistin und Friedensnobelpreisträgerin – von den Taliban angeschossen wird, aber dank der Matratze, auf die sie fällt, wieder aufspringt, um eine Auszeichnung für ihre Verdienste entgegenzunehmen [90].

2.4.3 Vielfältige Teams finden bessere Lösungen und Reibereien machen produktiv

In seinem Buch „Die Weisheit der Vielen“ gibt James Surowiecki zahlreiche Beispiele für Probleme, bei denen eine bunt gemischte Gruppe Menschen – inklusive Laien – besser urteilt als die zusammengerufenen Experten. Egal ob es gilt, das Gewicht eines Ochsen zu schätzen oder den Grund für den Absturz der Raumfähre Challenger zu identifizieren, die „Vielen“ kommen zu einem besseren oder schnelleren Ergebnis. Oft liegt es daran, dass sie unvoreingenommener an ein Problem herangehen oder unterschiedliche Perspektiven beitragen. Zudem verfallen sie nicht dem sogenannten Group Think – dem Gruppendenken –, das abweichende Meinungen unterdrückt.

Gruppendenken/Group Think Gruppendenken entsteht dann, wenn in einer Gruppe das Konsensstreben stark dominiert bzw. sogar wichtiger wird, als die Aufgabe gut und effektiv zu bewältigen. Die Aufrechterhaltung von Kohäsion – dem Zusammenhalt und Wir-Gefühl – und Solidarität in der Gruppe besitzt einen höheren Stellenwert, als Fakten und Realität zu berücksichtigen. Das Ergebnis: viele Köpfe – eine Meinung [91].

> Vielfalt und Unabhängigkeit sind wichtig, weil die besten gemeinsamen Entscheidungen das Ergebnis von Widerspruch und Wettstreit sind, nicht Konsens und Kompromiss[9] James Surowiecki [92].

[9]Originaltext: „Diversity and Independence are important because the best collective decisions are the product of disagreement and contest, not consensus and compromise“ (Eigene Übersetzung der Autorin).

Die gegenteilige Situation beschreibt der Autor anhand der gescheiterten Invasion in der kubanischen Schweinebucht, die für die USA ein militärisches, vor allem aber ein politisches Debakel darstellte. In dieser Krisensituation eskalierten quasi die Nachteile, die eine sehr homogene Gruppe – Geschlecht, Generation, Hautfarbe, Bildungsstand, Herkunft und Hintergrund – mit sich bringt. Die gemeinsame Weltsicht definierte, welche Informationen und Aspekte in der Planung Berücksichtigung fanden, und gleichzeitig steigerte die Homogenität den Konformitätsdruck auf die Teilnehmer. „Unsere Treffen fanden in einer seltsamen Atmosphäre von vermeintlicher Einigkeit statt", berichtet Arthur Schlesinger Jr. über die Meetings der maßgeblichen Entscheider. Zudem unterlagen sie einer weiteren typischen Gefahr homogener Gruppen: In ihnen steigt der Zusammenhalt üblicherweise sehr schnell, wodurch eine „Wir-gegen-die"-Mentalität entsteht. Deswegen wurden externe Stellen, die relevante Aspekte besser hätten beleuchten können, nicht eingebunden, sodass der Gruppe maßgebliche Informationen schlicht fehlten. Das Ergebnis ist bekannt.

Konformitätsdruck Druck, sich gemäß der Gruppe zu äußern und zu verhalten bzw. sich der Gruppe anzupassen; massiver Druck der Gruppe auf Zweifler in den eigenen Reihen, wodurch diese dazu gebracht werden, die Gruppenmeinung nicht mehr infrage zu stellen [93].

Das Reaktorunglück in Tschernobyl gilt heute als ein weiteres typisches Beispiel für die verheerenden Konsequenzen von Gruppendenken. Statt auf technischem Versagen beruhte die unmittelbare Ursache der Katastrophe ausschließlich auf psychologischen Faktoren und einer Aneinanderreihung falscher Entscheidungen. Das Reaktorpersonal war ein gut eingespieltes Team und bestand aus angesehenen Fachleuten. Das führte offensichtlich zu einer hohen Selbstsicherheit und der Annahme, dass man die Situation im Griff habe. Zudem waren die Beteiligten anscheinend überzeugt, dass die bestehenden Sicherheitsvorschriften für Neulinge gemacht wären, aber für gestandene Experten ohne Bedeutung seien. Bedenken wurden wegrationalisiert bzw. einer Selbstzensur unterworfen. Es galt die Norm „was wir machen ist richtig" und Handlungsalternativen wurden nicht in Erwägung gezogen [94].

Mittlerweile belegt eine Vielzahl von Untersuchungen, dass nicht die individuelle Intelligenz der einzelnen Mitglieder einer Gruppe für die besten Ergebnisse sorgt, sondern ihre Vielfalt. Das ist – gerade in Bezug auf Gruppen mit Männern und Frauen – dank der anhaltenden Debatte um Frauen in Aufsichtsräten und Führungsgremien – gut untersucht. Dabei heben die Studien regelmäßig hervor, dass gemischtgeschlechtliche Teams verantwortungsvoller vorgehen bzw. eine bessere Corporate Governance gewährleisten. Zusätzlich richten sie üblicherweise ein stärkeres Augenmerk auf eine gute Kommunikation mit den Beschäftigten und Kundenzufriedenheit besitzt einen höheren Stellenwert.

Das Credit Suisse Research Institute wollte die Hintergründe verstehen und hat in einer Metastudie untersucht, warum gemischte Teams erfolgreicher sind. Dafür sind sie tief in die bestehende Forschung eingestiegen. Dabei hat sich bestätigt, dass der Erfolg natürlich nicht auf überlegenen Fähigkeiten oder Kenntnissen der „Neuen" basiert. Stattdessen liefern in heterogenen Gruppen alle Beteiligten bessere Ergebnisse, weil zusätzliche Aspekte bedacht und diskutiert werden. Und ein ganz trivialer Aspekt wirkt sich zusätzlich positiv aus: Die Beteiligten bereiten sich schlicht besser vor, weil es ihnen peinlicher ist, sich vor Menschen zu blamieren, die anders sind als sie selbst [95].

Einen vergleichbar simplen Punkt, der sich radikal auf die Fähigkeit eines Teams auswirkt, Innovationen auf den Markt zu bringen, macht das Center for Talent Innovation aus: Wenn mindestens ein Mitglied einer Gruppe maßgebliche Merkmale mit der Zielgruppe gemein hat, steigert das die Fähigkeit, relevante Produkte zu entwickeln ganz gewaltig. Scheitern können sie dennoch: an der Unternehmensführung. Fehlt dieser inhärente bzw. angeborene oder erworbene Vielfalt, haben es Ideen von unterrepräsentierten Gruppen schwer, sich durchzusetzen, weil über die Hälfte der Führungskräfte Ideen nicht unterstützen, wenn sie für die Lösung persönlich keine Notwendigkeit sehen [96].

▶ **Inhärente bzw. angeborene und erworbene Vielfalt** Von inhärenter Vielfalt spricht man in Bezug auf angeborene Faktoren wie Geschlecht, Ethnie bzw. Hautfarbe, sexuelle Orientierung, Kultur, aber auch der Zugehörigkeit zu einer Kaste oder Gesellschaftsschicht bzw. dem sozioökonomischen Hintergrund – selbst, wenn sich dieser natürlich im Verlauf des Lebens ändern kann.

Erworbene Vielfalt beschreibt ein flexibles Denken, das auf im Verlauf des Lebens erworbenen Erfahrungen beruht – wie z. B. das Arbeiten in verschiedenen Kulturkreisen, Sprachräumen oder auch in unterschiedlichen Branchen und Funktionen.

▶ **Minderheiten bzw. unterrepräsentierte Gruppen** Im D&I-Kontext wird oft sehr bewusst zwischen Minderheiten und unterrepräsentierten Gruppen unterschieden. Das ist wichtig, um Handlungsfelder zu definieren und Maßnahmen zu priorisieren.

Frauen beispielsweise stellen 50 % der Bevölkerung und sind daher keine Minderheit. Nichtsdestotrotz sind sie in den meisten Unternehmen in Führungspositionen deutlich unterrepräsentiert.

Auf der anderen Seite können bestimmte Gesellschaftsgruppen eine Minderheit darstellen, aber in Unternehmen deutlich überrepräsentiert sein, sodass sie im Rahmen der D&I-Planung logischerweise keiner weiteren Unterstützung bedürfen.

Vielfältige Teams nutzen vorhandene Informationen besser

In der Vergangenheit wurde regelmäßig hervorgehoben, dass vielfältige Teams besonders von den zusätzlichen Informationen und Perspektiven profitierten. In den letzten Jahren stößt jedoch ein anderer Punkt auf besonderes Interesse: der Umstand, dass unterschiedliche Teilnehmer die gesamte Dynamik in Teams verändern und allein ihre Anwesenheit dafür sorgt, dass bereits vorhandene Informationen besser genutzt werden.

Beispiel

Im US-amerikanischen Rechtssystem werden die Fälle von einer Geschworenen-Jury verhandelt, Wie sich Vielfalt auf die Chancen auf ein faires Verfahren auswirkt, belegt ein Experiment, in dem Fälle mit einem schwarzen Delinquenten vor einer rein weißen bzw. einer Jury mit weißen und schwarzen Geschworenen entscheiden wurden.

Die Zusammensetzung der Jury – ebenso wie die Frage, ob sie sich im Vorfeld mit dem möglichen Einfluss von Rassismus auf das Urteil auseinandergesetzt hatte – verringerte die Wahrscheinlichkeit deutlich, dass weiße Geschworene einen Verdächtigen vor Beginn der Beratungen für schuldig hielten. Die Forscher identifizierten dafür einen Grund, der auch in anderen Untersuchungen immer wieder zum Tragen kommt: Schon allein das Wissen, dass sie Teil einer gemischten Jury waren, reichte für die Beteiligten aus, um sich im Vorfeld mit möglichen Vorurteilen auseinanderzusetzen und zunächst vorsichtiger in ihrem Urteil zu sein.

Aber auch die Beratungen liefen deutlich anders ab. In den gemischten Jurys wurde länger beraten, es wurden deutlich mehr Fakten diskutiert und die Beteiligten machten weniger falsche Aussagen zum Fall [97].

Wie stark die Qualität von Entscheidungen durch die problematische Gruppendynamik homogener Teams beeinflusst wird, demonstriert auch eine Untersuchung zu Preisblasen im Investmentbanking. Dabei zeigte sich, dass Menschen sich viel stärker – häufig offensichtlich zu stark – auf die Urteilsfähigkeit von anderen verlassen, die ihnen ähnlich sind. Dieses quasi blinde Vertrauen hat negative Konsequenzen, die bei heterogenen Teams vermieden werden.

Beispiel

Preisblasen entstehen, wenn Händlerinnen und Händler kollektiv mit ihren Preisen falsch liegen und damit Marktpreis und tatsächlicher Wert eines Wirtschaftsguts auseinanderliegen. Der Grund für einen solchen Irrtum bleibt dabei unklar.

Um diesem Phänomen auf den Grund zu gehen, setzte das Forscherteam experimentelle Märkte in Südostasien und den USA auf, in denen Studienbeteiligte Aktien handelten, um Gewinne zu erzielen. Dazu wurden sie im Zufallsverfahren ethnisch vielfältigen oder homogenen Märkten zugeteilt. Die Ergebnisse waren frappierend: Über Märkte und Standorte hinweg stimmten die Preise in den vielfältigen Märkten um 58 % besser mit der Realität überein. Der Effekt war über die Standorte hinweg vergleichbar, unabhängig von den erheblichen Unterschieden in Bezug auf Kultur und ethnische Zusammensetzung. In homogenen Märkten waren zu hohe Bewertungen besonders ausgeprägt, da die Beteiligten eher bereit waren, spekulative Preise zu akzeptieren, und zwischen ihren Fehleinschätzungen gab es eine höhere Korrelation. Zudem wurden homogene Märkte härter getroffen, wenn die Blase platzte.

> Die Untersuchung lässt darauf schließen, dass Preisblasen nicht nur durch individuelle Fehleinschätzungen und finanzielle Rahmenbedingungen entstehen, sondern auch aufgrund des sozialen Kontexts, in dem Entscheidungen getroffen werden. „Homogene Märkte korrigieren individuelle Fehler nicht – sie bewahren oder verstärken sie sogar", fasst die Gruppe ihre Ergebnisse zusammen [98].

Dass Heterogenität sich nicht ausschließlich auf sichtbare Aspekte beschränkt, sondern auch andere Merkmale einen Gruppenteilnehmer zum „Außenseiter" machen können, belegt eine weitere Studie, die noch einen weiteren wichtigen Aspekt beleuchtet: Trotz besserer Ergebnisse sind vielfältige Gruppen mit ihrer Arbeit nicht zufriedener. Ganz im Gegenteil: Homogene Teams haben ein größeres sogenanntes „Sozialkapital", also eine reibungslose Zusammenarbeit, Vertrauen und Spaß bei der Arbeit.

Ein Team US-amerikanischer Forscherinnen hat untersucht, wie sich soziale Vielfalt in Gruppen auswirkt und wie Neuzugänge die Interaktion und damit auch das Problemlöseverhalten beeinflussen. Dabei wollten sie insbesondere verstehen, ob sich „andere" Mitglieder nur „lohnen", wenn sie neue Informationen oder Perspektiven mitbringen, oder ob sich ihre bloße Anwesenheit positiv auswirkt.

Beispiel

In ihrem Experiment arbeiteten die Forscherinnen mit Mitgliedern unterschiedlicher Studentenverbindungen, die Vierergruppen bildeten. Ein Start-Team aus drei Personen kam dabei stets aus der gleichen Verbindung, die oder der Vierte alternierend aus der gleichen (der Ingroup) oder war ein „Außenstehender" aus einer anderen Verbindung (Outgroup). Alle mussten in Einzelarbeit verschiedene Interviews zu einem Mordfall lesen und sich entscheiden, wer schuldig war. Anschließend bekamen die Dreier-Teams die Aufgabe, sich in 20 min auf einen Täter zu einigen. Nach 5 min kam der Neue dazu. Die Aufgabe blieb die gleiche, aber es galt nun, eine zusätzliche Meinung zu berücksichtigen.

Teams mit einem Außenstehenden waren deutlich besser darin, die Schuldigen zu identifizieren, und das galt besonders dann, wenn er oder sie keine von allen anderen abweichende Meinung hatte. In solchen Fällen verschoben die Neuzugänge die Meinungsallianzen innerhalb der Gruppe. Allein ihre Anwesenheit fühlte sich seltsam an, und die Notwendigkeit, die resultierende Spannung aufzulösen, belebte die Diskussion. Das entsprechende Team war sich allerdings seines Ergebnisses weit weniger sicher.

Neuzugänge aus der eigenen Verbindung wirkten sich dagegen negativ auf das Gruppenergebnis aus. Allerdings fühlten sich die Beteiligten wohler und waren auch von der Qualität ihrer Entscheidung stärker überzeugt.

Das Experiment illustriert ein typisches Verhalten homogener Gruppen: Um unangenehme Diskussionen zu vermeiden, kommen – bewusst oder unbewusst – abweichende Meinungen gleich gar nicht auf den Tisch. Das führt dazu, dass entsprechende Teams mit ihren Entscheidungen zwar häufiger danebenliegen, aber mit ihrer Arbeitsleistung sind sie zufrieden. Weil keiner in der Gruppe das Ergebnis hinterfragt, kommen sie nicht einmal auf die Idee, dass sie falsch liegen könnten.

„Grundsätzlich würden Menschen lieber Zeit mit anderen verbringen, die ihnen zustimmen als ihnen widersprechen", fasst Professorin Katherine W. Phillips zusammen. Aber genau daraus erwächst ihre Schwäche, denn grenzenlose Zustimmung führt nicht unbedingt zu den besten Ergebnissen. „Unterschiedliche Meinungen fordern uns heraus, erfordern mehr Nachdenken und Informationsaustausch. Sie fühlen sich aber auch konfliktreicher an[10]" [99].

Das Problem der Konformität – dass sich Menschen einer anderen Meinung anschließen, ohne sie zu teilen – hat Solomon Asch bereits in den 50er Jahren des letzten Jahrhunderts untersucht. Die Versuchsteilnehmer in seinen Konformitätsstudien geben regelmäßig offensichtlich falsche Antworten, wenn sie damit nur die Chance haben, mit den Aussagen anderer übereinzustimmen.

Beispiel

In dem Experiment sollten die Beteiligten die Länge unterschiedlicher Linien einschätzen und angeben, welche von drei Linien genauso lang war wie eine Referenzlinie (siehe Abb. 2.4). Sie gaben ihre Einschätzung einzeln bzw. in Gruppen von acht Personen ab, dabei war die Reihenfolge durch die Sitzordnung vorgegeben. Nur eine Person in der Gruppe war tatsächlich ein „Versuchskaninchen". Ziel war es zu untersuchen, wie sich die Antwort anderer Beteiligter auf dessen Angaben auswirkte. Dass die anderen Teil des Versuchsaufbaus waren, wurde logischerweise nicht kommuniziert.

Die „anderen" gaben in unterschiedlichen Runden zum Teil richtige, überwiegend jedoch falsche Antworten, die sich erheblich auf die Reaktion des „Versuchsobjekts" auswirkten. Er oder sie gab die Antwort immer als einer der letzten ab und war dadurch stets mit einer offensichtlich falschen, aber einmütigen Mehrheit konfrontiert. Die Auswirkungen waren eklatant: Nachdem die Probanden, allein befragt,

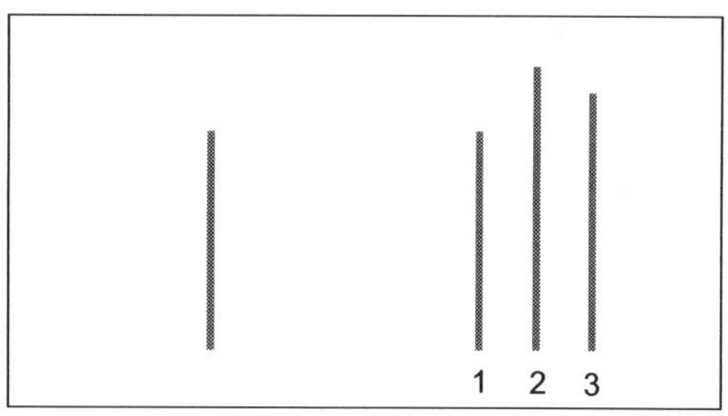

Abb. 2.4 Asch-Konformitätsexperiment

[10]Originaltext: „Generally speaking, people would prefer to spend time with others who agree with them rather than disagree with them. [...] When you think about diversity, it often comes with more cognitive processing and more exchange of information and more perceptions of conflict" (Eigene Übersetzung der Autorin).

in 95 % der Fälle eine richtige Antwort gegeben hatten, machten in der Gruppe nur noch 26 % keine Fehler. Der normative Einfluss der Gruppe resultiert typischerweise in „compliance", d. h. in öffentlicher Konformität ohne innere Überzeugung.

In späteren Studien demonstrierte Asch, dass sich dieser Konformitätsdruck bzw. -wunsch bereits durch einen „Abweichler" auflöste [94].

Dank moderner Bildgebungstechnologie wissen wir inzwischen auch, warum es Menschen so wichtig ist, sich nahtlos in eine Gruppe einzufügen. Schließlich ist der Mensch ein soziales Wesen und war für sein Überleben immer auf die Unterstützung anderer angewiesen. Widerspruch und Auseinandersetzungen können diese Gruppenzugehörigkeit gefährden. Tatsächlich aktiviert das Gefühl, zurückgewiesen zu werden, viele der gleichen Hirnregionen wie physischer Schmerz. Entsprechend groß ist die Motivation dazuzugehören [100].

Vielfältige Teams brauchen länger, um zusammenzufinden

Die unterschiedlichen Untersuchungen zeigen, dass heterogene Teams innovativer sind und individuelle Fehler ausgleichen können. Sie demonstrieren aber auch, dass Vielfalt sich nicht immer und ausschließlich positiv auswirkt und dass sie die Beteiligten vor eine Herausforderung stellt. Es reicht daher nicht, auf ihre positive Wirkung zu vertrauen. Stattdessen müssen Organisationen aktive Bemühungen unternehmen, damit die Vorteile zum Tragen kommen. Führungskräfte haben dabei eine Schlüsselrolle.

Das setzt voraus, dass Menschen Zeit bekommen, sich auf die veränderte Situation einzustellen und die Reibereien zu lösen, die fast automatisch daraus resultieren, dass unterschiedliche Erfahrungen und (Wert-)Vorstellungen aufeinandertreffen. In den frühen Phasen der Teamentwicklung arbeiten vielfältige Teams oft weniger erfolgreich zusammen als homogene Gruppen, die aufgrund vieler Gemeinsamkeiten schneller effektive Prozeduren und Prozesse etablieren können. Erst wenn die verschiedenen Mitglieder ihre Unterschiede als Chance wahrnehmen und sich aktiv darum bemühen, gemeinsame Lösungen zu finden, laufen sie zu ihrem vollen Potenzial auf. Ganz wichtig ist dabei Wertschätzung gegenüber den anderen, um die Bereitschaft zu entwickeln, fremde Perspektiven – die zunächst völlig abwegig erscheinen mögen – als eine alternative Herangehensweise statt einfach nur als „offensichtlich falsch" zu erleben. Wie sich die gleiche Sache aus unterschiedlichen Blickwinkeln tatsächlich ganz anders darstellen kann, illustriert Abb. 2.5.

Ihre volle Stärke zeigen vielfältige Teams, wo es gilt, innovative Lösungen zu entwickeln und neue Potenziale zu identifizieren. Eine gute und offene Kommunikation ist dabei entscheidend und das Vertrauen, dass Menschen aus positiven Intentionen heraus agieren und sich ehrlich um ein besseres Verständnis bemühen. Ebenso wichtig ist es, ein Umfeld zu schaffen, in dem unterschiedliche Meinungen adressiert und diskutiert werden, und zu gewährleisten, dass auch eher zurückhaltende und ruhige Teammitglieder gehört werden.

Abb. 2.5 Die Perspektive beeinflusst, was man sieht

Nicht vergessen: Performende Teams sind keine durchweg zufriedenen Mitarbeiter, die sich alle ganz toll miteinander verstehen. Es sind vielmehr Teams, die sich und ihren eigenen Standort reflektieren und zur Entwicklung gemeinsam mit ihren Kollegen bereit sind, ja diese aktiv vorantreiben. Sie tragen Konflikte offen aus, stehen zu Fehlern und verhindern, dass sich Egoismen und Statusdenken durchsetzen Svenja Hofert [101].

Phasen der Teamentwicklung

Das wohl bekannteste Modell, das die unterschiedlichen Phasen der Entwicklung einer Gruppe von einer Ansammlung von Menschen zu einem arbeitsfähigen Team darstellt, wurde Mitte der 1960er Jahre von Bruce W. Tuckman entwickelt. Danach durchlaufen Gruppen vier klassische Phasen:

1. **„Forming"/Formierungs- oder Orientierungsphase:** Die Beteiligten sind gespannt darauf, was man gemeinsam erreichen wird. Gerade bei großen Unterschieden in der Gruppenzusammensetzung kann hier aber auch eine starke Unsicherheit herrschen, was man von anderen zu erwarten hat und ob das mit der Zusammenarbeit tatsächlich funktionieren kann. In dieser Phase geht es darum, Klarheit über die Aufgabe und über die gemeinsamen Ziele zu erhalten.
2. **„Storming"/Sturm oder Differenzierungsphase:** In dieser Phase treten Unterschiede zwischen den Teilnehmern deutlich hervor, die austesten, wie die Gruppe in unterschiedlichen Situationen reagiert und welche Regulative greifen. Der Umgang miteinander ist oft weniger höflich als zuvor. Ärger und Enttäuschung über unklare Vereinbarungen und Rollen- und Aufgabenverteilung, enttäuschte Erwartungen, mangelnde Fortschritte, „sonderbare" Verhaltensweisen werden frustriert adressiert. Das kann zu offenen Konflikten innerhalb des Teams, mit Vorgesetzten oder dem Umfeld führen. Es werden Koalitionen gebildet und die Rangordnung geklärt. Wo es nicht gelingt, klare Strukturen zu definieren, bilden sich Untergruppen oder die Zusammenarbeit scheitert gleich ganz.
3. **„Norming"/Normierungs- oder Integrationsphase:** Die Positionen innerhalb des Teams etablieren sich weiter und es entsteht eine feste Gruppenstruktur. Erwartungen werden geklärt und es werden gemeinsame Werte, Regeln und Arbeitsweisen definiert. Solange es gelingt, Regeln zu etablieren, die den Bedürfnissen der unterschiedlichen Beteiligten gerecht werden und die

Vertrauen schaffen, steigt die Bereitschaft, sich aktiv in der Gruppe zu engagieren und die eigenen Vorstellungen und Erfahrungen, die persönliche Perspektive mitzuteilen. Konstruktive Kritik kann gehört und akzeptiert werden. Das Verständnis dafür, wie das Team von den Unterschieden profitieren kann, wächst. In dieser Phase entwickelt die Gruppe Zusammenhalt und es entsteht ein Wir-Gefühl.

4. **„Performing"/Funktions- und Leistungsphase:** In dieser Phase steckt die Gruppe ihre Energie in die Erfüllung der gestellten Aufgabe. Mitglieder sind miteinander vertraut, Erklärungsbedarf und Reibungsverluste gehen zurück. Es wird konzentriert auf das gemeinsame Ziel hingearbeitet. Die Beteiligten sind zufrieden mit der gemeinsamen Arbeit und ihren Fortschritten. Die Produktivität ist hoch und es werden Ergebnisse erzielt.

Die unterschiedlichen Phasen können bzw. werden sich wiederholen, wenn sich die Zusammensetzung der Gruppe verändert.

2.5 Mehr Vielfalt und gleiche Chancen, weil es das Richtige ist

Dem Argument, dass es keine Notwendigkeit für einen Business Case gäbe, weil das Streben nach mehr Vielfalt und Chancengleichheit schon auf Basis der Menschenrechte und dem Wunsch nach ethischem Verhalten begründet sei, begegne ich in den letzten Jahren wieder zunehmend häufiger. Beflügelt wird das aktuell durch die wachsende Aufmerksamkeit für die gesellschaftliche Verantwortung von Unternehmen (Corporate Social Responsibility, CSR) und insbesondere die anstehende EU-Direktive zur Offenlegung nicht finanzieller Informationen (non-financial reporting), bei der das Augenmerk auf sozialen Indikatoren – wie dem Engagement für mehr Vielfalt – liegt.

Meine Meinung dazu: Natürlich ist es richtig und gerecht, wenn alle Mitarbeiterinnen und Mitarbeiter ohne Ansehen ihrer Person im Unternehmen die gleichen Chancen haben. Von einer sauberen Analyse mit daraus resultierendem Business Case entbindet das allerdings nicht, denn als Basis für Veränderung ist es zu wenig.

Das liegt nicht nur daran, dass bei diesem Ansatz die Dringlichkeit fehlt – „in der Vergangenheit war das doch auch irgendwie okay – und warum müssen wir gerade jetzt aktiv werden, wo es doch so viel anderes zu tun gibt?". Mindestens ebenso wichtig ist es, dass bei einem entsprechenden Vorgehen alles gleichbedeutend und jede Priorisierung unmöglich ist. Denn wie könnte man die Bedürfnisse einer Gruppe über die einer anderen stellen, wenn es doch darum geht, mehr Gerechtigkeit herzustellen?

Der Wunsch, parallel alle bestehenden Barrieren zu adressieren, führt allerdings regelmäßig dazu, dass sich eine Organisation verzettelt und eine völlig unüberschaubare Gemengelage entsteht. Warum was und mit welchem Ergebnis gemacht wird bzw. werden soll, wird komplett undurchsichtig und führt im Endeffekt dazu, dass viele Stakeholder genervt die Waffen streichen. Es bedeutet auch, dass ein solcher Ansatz, der zunächst besonders ethisch erscheinen mag, zumeist keine oder unbefriedigende Ergebnisse erzielt und im Endeffekt wenig Nutzen hat.

Das sich aus der Priorisierung ergebende Dilemma – ebenso wie die Diskussion mit Mitgliedern der „vernachlässigten" Zielgruppen – gilt es auszuhalten. Oft hilft dabei nur, sich und andere daran zu erinnern, dass von einer inklusiven Unternehmenskultur jeder profitiert.

Was Sie aus diesem Kapitel mitnehmen sollten

1. Die steigende Bedeutung von Diversity und Inclusion basiert nicht auf „Sozialromantik“, sondern auf klaren geschäftlichen Erfordernissen und Vorteilen.
2. Eine wachsende Anzahl von Gesetzen regelt die Anforderungen an Unternehmen. Die Schwerpunkte unterscheiden sich dabei zwischen verschiedenen Ländern und Regionen erheblich.
3. Zahlreiche Studien belegen, dass vielfältige Teams bessere Ergebnisse erbringen. Gründe und Einflussfaktoren werden dabei zunehmend besser untersucht.
4. Der Business Case der meisten Organisationen basiert auf einem bis drei globalen Trends: Veränderungen im Arbeitsmarkt, im Absatzmarkt und der höheren Innovationskraft heterogener Teams. Dabei ist es wichtig, einen eigenen Business Case zu entwickeln, der sich an den spezifischen Herausforderungen orientiert.
5. Obwohl der positive Einfluss von Vielfalt auf die Ergebnisse von Unternehmen nachgewiesen ist, treten die Vorteile nicht automatisch ein. Heterogene Teams brauchen länger, um produktiv zu werden und benötigen eine bessere Führung.

Wichtige Fragen in Bezug auf Ihre eigene Strategie

Welche Herausforderungen, vor denen Ihr Unternehmen steht, beeinflussen die D&I-Strategie? Sind es neue Zielgruppen oder beispielsweise demografische Trends innerhalb ihrer Organisation?	
Welche Aspekte sind für Ihren Business Case/ Case for Change besonders relevant? Der Arbeitsmarkt, Absatzmarkt oder eine höhere Innovationskraft?	
Sind Ihnen Fälle bekannt, wo fehlende Vielfalt – und die mit ihr einhergehende Kompetenz und Erfahrung – zu Problemen geführt hat? Wer könnte Ihnen relevante Beispiele liefern?	
Welche Länder haben eine hohe Umsatzbedeutung und wo gibt es spezielle gesetzliche Regelungen, denen Sie zu entsprechen haben?	

Literatur

1. Kempe, Christian. 2011. Die größten Unternehmen im Wandel der Zeit, Januar 2011. http://www.focam.de/downloads/referenzen/012011_pi.pdf. Zugegriffen: 19. Dez. 2016.
2. PWC. 2016. Global top 100 companies by market capitalization, 31 March. https://www.pwc.com/gx/en/audit-services/publications/assets/global-top-100-companies-2016.pdf. Zugegriffen: 19. Dez. 2016.
3. 100 people: A world portrait. http://www.100people.org/index.php. Zugegriffen: 19. Dez. 2016.
4. WHO. 2011. World report on disabilities. http://www.who.int/disabilities/world_report/2011/en/. Zugegriffen: 19. Dez. 2016.
5. Dalia research. 2016. Counting the LGBT population: 6% of Europeans identify as LGBT, 18.10.2016. https://daliaresearch.com/counting-the-lgbt-population-6-of-europeans-identify-as-lgbt/. Zugegriffen: 19. Dez. 2016.
6. Gallup Special Report: New Estimates of the LGBT Population in the United States, Gallup und Williams Institute der Juristischen Fakultät an der University of California in Los Angeles, Februar 2013. https://williamsinstitute.law.ucla.edu/research/census-lgbt-demographics-studies/gallup-lgbt-pop-feb-2013/. Zugegriffen: 19. Dez. 2016.
7. Vatican condemns radio station over anti-gay comments on quake. 2016. *BBC News,* 04.11.2016. http://www.bbc.com/news/world-europe-37877395. Zugegriffen: 19. Dez. 2016.
8. Center for Talent Innovation. 2013. The power of „Out“ 2.0: LGBT in the workplace, 01.02.2013. http://www.talentinnovation.org/publication.cfm?publication=1390. Zugegriffen: 19. Dez. 2016.
9. Charta der Vielfalt. 2016. Diversity in Deutschland, Oktober 2016. http://www.charta-der-vielfalt.de/fileadmin/user_upload/beispieldateien/Downloads/Studien/STUDIE_DIVERSITY_IN_DEUTSCHLAND_2016-11.pdf. Zugegriffen: 19. Dez. 2016.
10. Allgemeines Gleichbehandlungsgesetz (AGG), 14.08.2006. http://www.gesetze-im-internet.de/agg/BJNR189710006.html#BJNR189710006BJNG000100000. Zugegriffen: 19. Dez. 2016.
11. Quelle: eigenes Interview der Autorin mit Manfred Confurius am 20.03.2017.
12. Gesetz für die gleichberechtigte Teilhabe von Frauen und Männern an Führungspositionen, 08.03.2016. https://www.bmfsfj.de/bmfsfj/themen/gleichstellung/frauen-und-arbeitswelt/gesetz-fuer-die-gleichberechtigte-teilhabe-von-frauen-und/gesetz-fuer-die-gleichberechtigte-teilhabe-von-frauen-und-maennern-an-fuehrungspositionen/78562?view=DEFAULT. Zugegriffen: 19. Dez. 2016.
13. Richtlinie über die Offenlegung nichtfinanzieller und die Diversität betreffender Informationen im EU-Amtsblatt veröffentlicht, 17.11.2014. http://www.iasplus.com/de/news/2014/november/eu-esg. Zugegriffen: 19. Dez. 2016.
14. Inside Council. 2014. Top 10 most expensive discrimination settlements of 2013, 08.07.2014. http://www.insidecounsel.com/2014/07/08/top-10-most-expensive-discrimination-settlements-o?page=2&slreturn=1479816273. Zugegriffen: 19. Dez. 2016.
15. 12 of the most expensive lawsuit settlements ever. http://worthly.com/most-expensive/12-expensive-lawsuit-settlements-ever/2/. Zugegriffen: 19. Dez. 2016.
16. Novartis Reaches $152.5 Million Sex-Bias Settlement, Washington Post, 14.07.2010. http://www.washingtonpost.com/wp-dyn/content/article/2010/07/14/AR2010071405346.html. Zugegriffen: 19. Dez. 2016.
17. Hunt, Vivian, et al. 2015. Why diversity matters, 02.02.2015. http://www.mckinsey.com/business-functions/organization/our-insights/why-diversity-matters. Zugegriffen: 19. Dez. 2016.
18. Herring, Cedric. 2009. Does diversity pay?: Race, gender, and the business case for diversity (University of Illinois at Chicago). *American Sociological Review,* April 2009. http://

www.asanet.org/sites/default/files/savvy/images/journals/docs/pdf/asr/Apr09ASRFeature.pdf. Zugegriffen: 19. Dez. 2016.

19. EY. 2013. The power of many. http://www.ey.com/gl/en/issues/talent-management/how-companies-use-teams-to-drive-performance. Zugegriffen: 19. Dez. 2016.
20. Credit Suisse Research Institute. 2014. CS gender 3000: Women in senior management, September 2014. https://publications.credit-suisse.com/tasks/render/file/index.cfm?fileid=8128F3C0-99BC-22E6-838E2A5B1E4366DF. Zugegriffen: 19. Dez. 2016.
21. Credit Suisse Research Institute. 2012. Gender diversity and corporate performance, August 2012. https://publications.credit-suisse.com/tasks/render/file/index.cfm?fileid=88EC32A9-83E8-EB92-9D5A40FF69E66808. Zugegriffen: 19. Dez. 2016.
22. Fortune. 2014. Three factors that get more women into the boardroom, 28.10.2014. http://fortune.com/2014/10/28/three-factors-that-get-more-women-into-the-boardroom/. Zugegriffen: 19. Dez. 2016.
23. Sodexo. 2016. Gender-balanced teams linked to better business performance: A Sodexo study, Rohini Anand, Senior Vice President, Corporate Responsibility and Global Chief Diversity Officer. http://sodexoinsights.com/wp-content/uploads/2016/03/Workplace%20Trends%202016%20Final.pdf. Zugegriffen: 19. Dez. 2016.
24. How employee engagement drives growth, 20.06.2013. http://www.gallup.com/businessjournal/163130/employee-engagement-drives-growth.aspx. Zugegriffen: 19. Dez. 2016.
25. Gallup Inc. 2013. State of the global workplace. http://www.gallup.com/topic/state_of_the_global_workplace_2013.aspx. Zugegriffen: 19. Dez. 2016.
26. Bersin, Josh. 2015. Why diversity and inclusion will be a top priority for 2016, 06.12.2015. http://www.forbes.com/sites/joshbersin/2015/12/06/why-diversity-and-inclusion-will-be-a-top-priority-for-2016/#32ba303c4bd4. Zugegriffen: 19. Dez. 2016.
27. Bersin by Deloitte. 2015. Diversity and inclusion top the list of talent practices linked to stronger financial outcomes, 12.11.2015. http://www.bersin.com/News/PressArticles.aspx?id=19377. Zugegriffen: 19. Dez. 2016.
28. Bersin by Deloitte. 2016. Predictions for 2017: Everything is becoming digital. http://marketing.bersin.com/predictions-for-2017.html. Zugegriffen: 19. Dez. 2016.
29. Bacha, Eliane, und Sandra Walker. 2013. The relationship between transformational leadership and followers' perceptions of fairness, September 2013. http://link.springer.com/article/10.1007%2Fs10551-012-1507-z#page-1. Zugegriffen: 19. Dez. 2016.
30. Balch, Oliver. 2013. The strong correlation between fair leadership and inspiring change. *The Guardian,* 07.10.2013. https://www.theguardian.com/sustainable-business/fair-leadership-inspiring-change. Zugegriffen: 19. Dez. 2016.
31. Mercer. 2016. Bridging the gap between employers' and employees' needs is key for „future-proofing" HR, new Mercer study finds, 11.04.2016. http://www.mercer.com/newsroom/global-talent-trends-2016.html. Zugegriffen: 19. Dez. 2016.
32. IAB-Kurzbericht 20/2016. http://doku.iab.de/kurzber/2016/kb2016.pdf. Zugegriffen: 19. Dez. 2016.
33. IAB-Kurzbericht 4/2016. http://doku.iab.de/kurzber/2016/kb0416.pdf. Zugegriffen: 19. Dez. 2016.
34. Mihm, Andreas. 2016. Fachkräftemangel wird zum Geschäftsrisiko. *Frankfurter Allgemeine Zeitung,* 27.12.2016. http://www.faz.net/aktuell/wirtschaft/unternehmen/industrie-und-handelskammertag-sieht-viele-risiken-fuer-2017-14592331.html. Zugegriffen: 19. Dez. 2016.
35. Gender-related material in the new core curriculum, Januar 2007. http://www.gsb.stanford.edu/stanford-gsb-experience/news-history/gender-related-material-new-core-curriculum. Zugegriffen: 19. Dez. 2016.

36. Das Experiment der Columbia-Universität basiert auf der Fallstudie Heidi Roizen, Kathleen L. McGinn, Nicole Tempest, Harvard Business School Case Collection, Januar 2000, überarbeitet im April 2010. http://www.hbs.edu/faculty/Pages/item.aspx?num=26880. Zugegriffen: 19. Dez. 2016.
37. Diskriminierung am Ausbildungsmarkt, Ausmaß, Ursachen und Handlungsperspektiven, Sachverständigenrat deutscher Stiftungen für Integration und Migration, März 2014. https://www.svr-migration.de/publikationen/diskriminierung-am-ausbildungsmarkt/, http://www.gsb.stanford.edu/stanford-gsb-experience/news-history/gender-related-material-new-core-curriculum. Zugegriffen: 19. Dez. 2016.
38. Ethnic Discrimination in Germany's Labour Market: A Field Experiment, Leo Kaas, Universität Konstanz und IZA (Institut zur Zukunft der Arbeit) und Christian Manger, Universität Konstanz, Februar 2010. http://iza.org/dp4741.pdf. Zugegriffen: 19. Dez. 2016.
39. Weichselbaumer, Doris. 2016. Discrimination against female migrants wearing headscarves, September 2016. http://iza.org/dp10217.pdf. Zugegriffen: 19. Dez. 2016.
40. McKinsey Global Institute (MGI). 2012. The world at work. Global_labor_Executive_Summary_June_2012.pdf. Zugegriffen: 19. Dez. 2016.
41. McKinsey & Company. 2013. Women matter: Moving corporate culture, moving boundaries. http://www.mckinsey.com/global-themes/women-matter. Zugegriffen: 19. Dez. 2016.
42. Bundesamt für Migration und Flüchtlinge. 2005. Migrationsbericht. https://www.bamf.de/SharedDocs/Anlagen/DE/Publikationen/Migrationsberichte/migrationsbericht-2005.pdf?__blob=publicationFile. Zugegriffen: 19. Dez. 2016.
43. Spiegel Online, 09.03.2000. http://www.spiegel.de/politik/deutschland/kinder-statt-inder-ruettgers-verteidigt-verbalen-ausrutscher-a-68369.html. Zugegriffen: 19. Dez. 2016.
44. Country summary of higher education: India, World Bank. http://siteresources.worldbank.org/EDUCATION/Resources/278200-1121703274255/1439264-1193249163062/India_Country-Summary.pdf. Zugegriffen: 19. Dez. 2016.
45. University Grants Commission. 2012. Higher education in India at a glance, März 2012. http://www.ugc.ac.in/ugcpdf/208844_HEglance2012.pdf. Zugegriffen: 19. Dez. 2016.
46. Unesco Institute for Statistics. 2014. Higher education in Asia: Expanding out, expanding up. http://www.uis.unesco.org/Library/Documents/higher-education-asia-graduate-university-research-2014-en.pdf. Zugegriffen: 19. Dez. 2016.
47. Tertiary education statistics, Eurostat. http://ec.europa.eu/eurostat/statistics-explained/index.php/File:Number_of_tertiary_education_students,_2013_(thousands)_ET15.png. Zugegriffen: 19. Dez. 2016.
48. EUROSTAT. 2016. Lebensarbeitszeit – Die Menschen in der EU können davon ausgehen, fast zwei Jahre länger zu arbeiten als vor zehn Jahren. Zurückzuführen ist dies vornehmlich auf die längere Lebensarbeitszeit der Frauen, Europäische Kommission, 14.11.2016. http://ec.europa.eu/eurostat/documents/2995521/7730727/3-14112016-BP-DE.pdf/227e9162-2149-4b22-9dea-8010d5506cc1. Zugegriffen: 19. Dez. 2016.
49. Leading the four generations at work, American Management Association. http://www.amanet.org/training/articles/leading-the-four-generations-at-work.aspx. Zugegriffen: 19. Dez. 2016.
50. Jörg Korff, Torsten Biemann, Sven C. Voelpel. 2016. Differentiating HR systems' impact: Moderating effects of age on the HR system-work outcome association. *Journal of Organizational Behavior,* 31.08.2016. http://onlinelibrary.wiley.com/doi/10.1002/job.2130/full. Zugegriffen: 19. Dez. 2016.
51. Pew Research Center. 2010. Baby boomers retire, 29.12.2010. http://www.pewresearch.org/daily-number/baby-boomers-retire/. Zugegriffen: 19. Dez. 2016.
52. Gallup. 2014. Many baby boomers reluctant to retire, 20.01.2014. http://www.gallup.com/poll/166952/baby-boomers-reluctant-retire.aspx. Zugegriffen: 19. Dez. 2016.

53. Will baby boomers change the meaning of retirement? *The Atlantic,* 28.06.2015. http://www.theatlantic.com/business/archive/2015/06/baby-boomers-retirement/396950/.
54. Wooing China's Generation Y, WSJ, 10.02.2013. http://www.wsj.com/video/wooing-china-generation-y/20030645-8CBB-4A76-903E-1F0FBC4562AC.html. Zugegriffen: 19. Dez. 2016.
55. Hays. 2013. Gen Y and the world of work: A report into the workplace needs, attitudes and aspirations of Gen Y China. http://www.hays.cn/cs/groups/hays_common/@cn/@content/documents/digitalasset/hays_131944.pdf. Zugegriffen: 19. Dez. 2016.
56. PWC. 2015. The female millennial: A new era of talent, März 2015. https://www.pwc.com/jg/en/publications/the-female-millennial-a-new-era-of-talent.html. Zugegriffen: 19. Dez. 2016.
57. Kelan, Elisabeth. 2013. Organising generations – What can sociology offer to the understanding of generations at work? http://onlinelibrary.wiley.com/doi/10.1111/soc4.12117/full#references. Zugegriffen: 19. Dez. 2016.
58. Unesco Institute for Statistics. 2010. Global education digest 2010. http://www.uis.unesco.org/Library/Documents/GED_2010_EN.pdf. Zugegriffen: 19. Dez. 2016.
59. Brehmer, Wolfram, Dr. Christina Klenner, und Prof. Dr. Ute Klammer. 2010. Wenn Frauen das Geld verdienen – Eine empirische Annäherung an das Phänomen der „Familienernährerin". Wirtschafts- und Sozialwissenschaftliches Institut in der Hans-Böckler-Stiftung, Düsseldorf, Juli 2010. https://www.boeckler.de/wsi_5351.htm?produkt=HBS-004752&chunk=4&jahr. Zugegriffen: 19. Dez. 2016.
60. A.T. Kearney. 2016. 361°-Familienstudie „Mehr Aufbegehren. Mehr Vereinbarkeit!", Oktober 2016. https://www.atkearney.de/documents/6645533/9249916/A.T.+Kearney+Familienstudie+2016.pdf/976ce5c8-0bb8-4d62-9090-59a1633dbc81. Zugegriffen: 19. Dez. 2016.
61. Aktion Mensch. 2015. Inklusionsbarometer Arbeit.
62. Bundesagentur für Arbeit (BA). 2015. Arbeitsmarkt in Zahlen Beschäftigungsstatistik 2014, September 2015. Zugegriffen: 19. Dez. 2016.
63. Eigenes Interview der Autorin mit Christina Gottschau am 02.02.2017.
64. Kardorff, E. v., H. Ohlbrecht, und S. Schmidt. 2013. Zugang zum allgemeinen Arbeitsmarkt für Menschen mit Behinderung.
65. Hofert, S. 2016. *Agiler führen.* Wiesbaden: Springer Gabler.
66. http://de.specialisterne.com/partnerschaft-mit-sap/. Zugegriffen: 19. Dez. 2016.
67. Colby, Sandra L., und Jennifer M. Ortman. 2015. Projections of the size and composition of the U.S. population: 2014 to 2060, March 2015. https://www.census.gov/content/dam/Census/library/publications/2015/demo/p25-1143.pdf. Zugegriffen: 19. Dez. 2016.
68. National Center for Health Statistics (NCHS). 2011. Consumption of sugar drinks in the United States, 2005–2008, August 2011. https://www.cdc.gov/nchs/data/databriefs/db71.pdf. Zugegriffen: 19. Dez. 2016.
69. NCHS Data Brief. 2012. Consumption of diet drinks in the United States, 2009–2010, Oktober 2012. https://www.cdc.gov/nchs/data/databriefs/db109.pdf. Zugegriffen: 19. Dez. 2016.
70. The Economist. 2006. The importance of sex. Forget China, India and the internet: Economic growth is driven by women, 12.02.2006. http://www.economist.com/node/6800723. Zugegriffen: 19. Dez. 2016.
71. Statista. 2017. Monthly unemployment rate in the United States from September 2015 to September 2016 (seasonally-adjusted). https://www.statista.com/statistics/273909/seasonally-adjusted-monthly-unemployment-rate-in-the-us/. Zugegriffen: 19. Dez. 2016.
72. Statistisches Jahrbuch, Statistisches Bundesamt. 2012.
73. Wittenberg-Cox, Avivah, und Alison Maitland. 2010. Why women mean business. Chichester: Wiley

74. Silverstein, Michael J., und Kateund Sayre. 2009. Women want more: How to capture your share of the world's largest, fastest-growing market. New York: HarperBusiness.
75. CTI. 2015. The power of the purse. Engaging women decision makers for healthy outcomes. http://www.talentinnovation.org/publication.cfm?publication=1470. Zugegriffen: 19. Dez. 2016.
76. McKinsey. 2015. The power of parity: how advancing women's equality can add $12 trillion to global growth. http://www.mckinsey.com/global-themes/women-matter. Zugegriffen: 19. Dez. 2016.
77. Frankfurter Allgemeine Zeitung. 2016. Deutschland wird wieder Exportweltmeister, 06.09.2016.
78. HypoVereinsbank: Internationalisierung: Wo sind die Wirtschaftstreiber von morgen? https://blog.hypovereinsbank.de/wachstumsmaerkte/. Zugegriffen: 19. Dez. 2016.
79. Expansion ins Ausland sichert Jobs in der Heimat, Handelsblatt, 17.10.2016. http://www.handelsblatt.com/unternehmen/mittelstand/wachstumsmaerkte/globalisierung-in-dax-konzernen-expansion-ins-ausland-sichert-jobs-in-der-heimat/14696124.html. Zugegriffen: 19. Dez. 2016.
80. Credit Suisse Research Institute. 2015. Global wealth report 2015. https://publications.credit-suisse.com/tasks/render/file/?fileID=F2425415-DCA7-80B8-EAD989AF9341D47E. Zugegriffen: 19. Dez. 2016.
81. Eigenes Interview der Autorin mit Werner Haas am 15.12.2016
82. Wike, Richard. 2016. Americans more tolerant of offensive speech than others in the world. Pew Research Center, 12.10.2016, http://www.pewresearch.org/fact-tank/2016/10/12/americans-more-tolerant-of-offensive-speech-than-others-in-the-world/. Zugegriffen: 19. Dez. 2016.
83. Goncalo, Jack A., et al. 2016. Politically correct norms encourage creativity among mixed-sex work groups. *London School of Economics and Political Science,* 16.02.2016. http://blogs.lse.ac.uk/businessreview/2016/02/16/politically-correct-norms-encourage-creativity-among-mixed-sex-work-groups/. Zugegriffen: 19. Dez. 2016.
84. Gundling, Ernest, und Anita Zanchettin. 2007. *Global diversity: Winning customers and engaging employees within world markets.* Boston: Nicholas Brealey International.
85. http://www.globalbydesign.com/2004/08/20/microsofts-global-blunders/. Zugegriffen: 19. Dez. 2016.
86. Brown, Paul. 2004. Microsoft pays dear for insults through ignorance. *The Guardian,* 19.08.2004. https://www.theguardian.com/technology/2004/aug/19/microsoft.business. Zugegriffen: 19. Dez. 2016.
87. Varanini, Giancarlo. 2003. Kakuto Chojin recalled: Microsoft's 3D fighter is pulled from store shelves, 06.02.2003. http://www.gamespot.com/articles/kakuto-chojin-recalled/1100-2910399/. Zugegriffen: 19. Dez. 2016.
88. Groupon's Controversial TV Commercials, abc news, 07.02.2011. http://abcnews.go.com/Business/groupon-super-bowl-commercial-ignites-controversy/story?id=12856998. Zugegriffen: 19. Dez. 2016.
89. Bramwell, Tom. 2006. Sony withdraws "racist" PSP ad campaign, 12.06.2006. http://www.gamesindustry.biz/articles/sony-withdraws-racist-psp-ad-campaign. Zugegriffen: 19. Dez. 2016.
90. Nudd, Tim. 2014. The 13 Biggest Brand Fails of 2014. The year's silliest, scariest and stupidest screw-ups. *Adweek,* December 16. http://www.adweek.com/adfreak/13-biggest-brand-fails-2014-161978. Zugegriffen: 19. Dez. 2016.
91. Werth, Lioba. 2004. *Psychologie für die Wirtschaft.* Heidelberg: Spektrum Akademischer.
92. Surowiecki, James. 2004. *The wisdom of crowds: Why the many are smarter than the few and how collective wisdom shapes business, economy, societies and nations.* New York: Doubleday.

93. Werth, Lioba, und Jennifer Mayer. 2008. *Sozialpsychologie*. Berlin: Springer.
94. Werth, Lioba. 2010. *Psychologie für die Wirtschaft*. Heidelberg: Spektrum Akademischer.
95. Credit Suisse Research Institute. 2012. Gender diversity and corporate performance. https://publications.credit-suisse.com/tasks/render/file/index.cfm?fileid=88EC32A9-83E8-EB92-9D5A40FF69E66808. Zugegriffen: 19. Dez. 2016.
96. Center for Talent Innvoation. 2013. Innovation, diversity and market growth, September 2013.
97. Sommers, Samuel R. 2006. On racial diversity and group decision making: Identifying multiple effects of racial composition on jury deliberations. *Journal of Personality and Social Psychology* 90 (4): 597–612. http://www.apa.org/pubs/journals/releases/psp-904597.pdf. Zugegriffen: 19. Dez. 2016.
98. Levine, Sheen S., et al. 2014. Ethnic diversity deflates price bubbles. http://www.pnas.org/content/111/52/18524.full.pdf. Zugegriffen: 19. Dez. 2016.
99. Phillips, Katherine W., et al. 2010. Better decisions through diversity, Kellogg School of Management at Northwestern University, 01.10.2010. http://insight.kellogg.northwestern.edu/article/better_decisions_through_diversity. Zugegriffen: 19. Dez. 2016.
100. Weir, Kirsten. 2012. The pain of social rejection, American Psychological Association, April 2012. http://apa.org/monitor/2012/04/rejection.aspx. Zugegriffen: 19. Dez. 2016.
101. Hofert, S. 2016. *Agiler führen*. Wiesbaden: SpringerGabler.

3 Nicht unbedingt die „Besten", oft machen die „Gleichsten" Karriere

> In diesem Kapitel lernen Sie einige der wichtigsten Barrieren kennen, die – jenseits der persönlichen Eignung und Motivation – den Aufstieg von Menschen im Unternehmen behindern können. Sie sind der Grund dafür, dass viele Organisationen trotz positiver Intentionen und lautstarker Bekundungen keine echten „Meritokratien" sind, in denen ausschließlich die eigene Qualifikation über den Aufstieg entscheidet und sich die „Besten" automatisch durchsetzen. Stattdessen machen diese Hindernisse gezielte Maßnahmen erforderlich, um gleiche Voraussetzungen zu schaffen, und sind daher wesentliche Themenfelder im Rahmen einer D&I-Strategie.

Kein Artikel über Frauenquote, Frauen in Führung oder in Aufsichtsräten, ohne dass in den Online-Foren die Hölle ausbricht. „Könnte es sein, dass die MEHRZAHL an Frauen einfach nicht in Spitzenpositionen MÖCHTE?", wird in einem der freundlicheren Posts gefragt. Der Nächste sieht Männer durch die aktuellen Praktiken massiv diskriminiert: „In der Generation der alten Hasen wie Winterkorn oder Zetsche gibt es einfach wenig Frauen […]. Aber die Femmenspinner ignorieren sowas natürlich, es muss ja alles sofort gehen. Dass bei der Umsetzung Top-Performer unter Männern auf der Stecke bleiben, weil nur Frauen für Beförderungen in entsprechende Positionen in Frage kommen, wird einfach mal ignoriert." Andere beeilen sich zu versichern, dass sie nicht grundsätzlich gegen Frauen in Führungspositionen sind und nur die aktuelle Praxis verurteilen: „Die Spitze eines Unternehmens muss mit den fähigsten und geeignetsten Personen besetzt sein. Das Geschlecht spielt in Zeiten der Globalisierung keine Rolle. Ein Positivbeispiel ist Mary Barra, die den Posten des geschäftsführenden Vorstands bei General Motors ausfüllt. […] Vielleicht ziehen in Zukunft ein paar deutsche Frauen mit Mary Barra gleich und überzeugen mit ihrer Leistung […]" [1].

V. Hucke, *Mit Vielfalt und Fairness zum Erfolg*,
DOI 10.1007/978-3-658-16878-0_3

Natürlich kann man sich über die Beiträge ärgern oder über sie lachen. Sinnvoller ist es jedoch zu fragen, ob die aufgebrachten Männer eventuell Recht haben könnten – oder wie es ein weiterer Forist so passend ausdrückt: „Und wenn es so wäre, dass es einfach mehr fähige männliche Manager gibt?" Die aktuelle Situation scheint das doch zu belegen. Schließlich haben Unternehmen jede Menge Grund, dafür zu sorgen, dass die qualifiziertesten Beschäftigten in der Organisation aufsteigen und sich mit voller Kraft für den Erfolg einsetzen. Dass bestimmte Mitarbeitergruppen – ob Männer, ob Frauen – positiv diskriminiert werden, macht da doch einfach keinen Sinn.

Dass so was zumindest möglich ist, da die meisten Menschen nur „begrenzt rational" handeln, darauf bin ich in Kap. 1 bereits eingegangen. In diesem Kapitel möchte ich ein Stück tiefer einsteigen und auf eine Reihe der wichtigsten Barrieren eingehen, die den Ein- und Aufstieg von Mitarbeiterinnen und Mitarbeitern – unabhängig von ihren Fähigkeiten – behindern und damit wesentliche Handlungsfelder im Rahmen der D&I-Strategie darstellen.

3.1 Unternehmen sind keine Meritokratie

Anders als von den meisten Foristen vermutet, handelt es sich beim Großteil der Organisationen nicht um Meritokratien, in denen Beschäftigte allein auf Basis ihrer „Merits" – ihrer Fähigkeiten und Leistungen – gefördert und befördert werden. Der Grund dafür ist üblicherweise nicht gezielte oder geplante Diskriminierung, sondern eine ganze Reihe sehr unterschiedlicher Faktoren, die verschiedenen Beschäftigten in die Hände spielen oder ihnen Steine in den Weg werfen. Daraus resultiert dann quasi das Gegenstück zum viel diskutierten „Unconscious Bias", nämlich „Unconscious Privilege", also Privilegien, derer ich mir nicht bewusst bin.

Das ist wie Rückenwind beim Fahrradfahren. Wenn man nicht auf das Umfeld achtet, auf die Äste, die sich im Wind bewegen, merkt man nicht einmal, dass man einen Vorteil genießt. Man freut sich darüber, wie fit man ist, wie schnell und mühelos man vorankommt, und führt den Erfolg ausschließlich auf die eigene Leistungsfähigkeit zurück, mit der man ganz offensichtlich anderen überlegen ist. Ein Hochgefühl, das relativ schnell zum Ende kommt, wenn einem dann der Wind ins Gesicht bläst und man bei Gegenwind feststellt, wie schwer das Vorankommen auch ohne sichtbare Hindernisse sein kann. Für diejenigen, die von unbewussten Privilegien profitieren, dreht sich der Wind üblicherweise nicht.

► **Unconscious Privilege (Unbewusste Privilegien)** Unbewusste Privilegien sind Aspekte die mir einen Vorteil gegenüber anderen verschaffen, ohne dass sie mit einer speziellen Leistung verbunden wären. Häufig handelt es sich dabei um persönliche Merkmale wie Geschlecht, Hautfarbe oder die Zugehörigkeit zu einer Gesellschaftsschicht.

Weil die Dinge selbstverständlich für mich sind und ich keine andere Situation kenne, bin ich mir der positiven Auswirkungen, die sie für mich haben, nicht bewusst.

Den Umstand, dass andere sich in vergleichbaren Situationen schwerer tun, führe ich darauf zurück, dass sie weniger klug, engagiert oder geschickt sind, statt auf die Vorteile die ich ihnen gegenüber genieße.

Unbewusste Privilegien genießen Menschen, die der dominanten Gruppe bzw. der Mehrheitskultur angehören. Diese definiert die Standards und die Regeln, die für alle gelten, und entscheidet darüber, wie viel Abweichung „erlaubt" ist. Dabei unterscheidet sich selbstverständlich die eigene Gruppenzugehörigkeit je nach Kontext. Wer als heterosexuelle weiße Frau in einem Unternehmen in der Minderheit sein mag und sich potenziell mit einer „Männerkultur" konfrontiert sieht, gehört in der Debatte um den Umgang mit Migration in Deutschland zur Mehrheitsgesellschaft und findet vermutlich breite Unterstützung, wenn man die Diskussion um „Unisex-Toiletten" für eine echte Randnotiz hält, die nun wirklich keine Aufmerksamkeit verdient.

Beispiel

Eine gute Möglichkeit, um Unterschiede – die eigene Stärke oder Vulnerabilität – sichtbar und diskutierbar zu machen, ist die folgende Übung.

Den Teilnehmenden wird mitgeteilt, dass sie möglichst schnell die Stirnseite des Raumes erreichen sollen, dass jedoch ihr persönlicher Ausgangspunkt durch ihre Antworten auf eine Reihe von Fragen ermittelt wird. Dazu stehen alle zunächst in einer Linie in der Mitte des Raums. Der oder die Moderatorin verliest die Fragen, die möglichst dem jeweiligen lokalen bzw. betrieblichen Kontext angepasst werden sollten. Bei jeder zutreffenden Antwort machen die Beteiligten entsprechend Anweisung jeweils einen Schritt nach vorne bzw. hinten.

In einem deutschen Konzern könnten typische Fragen z. B. lauten:

- Haben Sie studiert? Bitte einen Schritt nach vorn
- Haben Sie einen Migrationshintergrund? Dann bitte einen Schritt zurück
- Ist Deutsch Ihre Muttersprache? (nach vorn)
- Ist mindestens eines Ihrer Elternteile Akademiker? (nach vorn)
- War es ziemlich selbstverständlich, dass Sie studieren? (nach vorn)
- Wurden Sie jemals aufgrund Ihres Aussehens, Ihrer Herkunft, Ihres Verhaltens gehänselt (zurück)
- Hat sich jemand dafür interessiert, dass Sie Ihre Hausaufgaben machen? (nach vorn)
- Haben Sie eine Behinderung? (zurück)
- Haben Sie persönliche Eigenschaften, die das Ziel von Witzen sind – das können so unterschiedliche Aspekte sein wie sexuelle Orientierung, Übergewicht, Nationalität oder Ethnie? (zurück)

Nach 15 bis 20 Fragen sind bei einem vielfältigen Team alle relativ weit im Raum verteilt. Das macht sichtbar, wie stark sich die Chance, das Ziel an der Wand schnell zu erreichen, aufgrund von Merkmalen unterscheidet, die nichts mit der eigenen

Leistung zu tun haben. Damit schafft es die Basis für ein Gespräch über persönliche Erfahrungen und potenzielle Maßnahmen, um einen Ausgleich zu schaffen.

Alternativ sind alle nah beieinander, was ein Gefühl dafür vermittelt, welche Merkmale einem überhaupt erst Zugang zu der Gruppe verschaffen, wer draußen bleibt und ob das ein wünschenswerter Zustand ist.

Wer nach „Diversity Power Walk" oder „Privilege Walk Activity" sucht, findet im Internet Beispiele für die Übung, wie sie in Organisationen von Universitäten bis zum Norwegischen Flüchtlings-Council [2] zum Einsatz kommt.

Eine Warnung bevor man die Übung in der eigenen Organisation ausprobiert: Es ist ausgesprochen wichtig zu überlegen, ob sie im Kontext und im Umfeld bzw. zur Kultur passt. Besteht genug Vertrauen? Lassen sich die geplanten Beteiligten auf eine solche Situation ein? Welche Fragen sind möglichst relevant und aussagekräftig, ohne dass die Beteiligten davor zurückschrecken, ehrlich zu antworten? Ist die Gruppe bereit, sich auf eine Diskussion darüber einzulassen, was das Ergebnis aussagt, oder denken sie anschließend je nach Position im Raum sie hätten gewonnen oder verloren?

Im Folgenden möchte ich auf einige der wichtigsten Aspekte eingehen, die – gerade innerhalb global-tätiger Organisationen – zu unbewussten Privilegien führen. Auch wenn die unterschiedlichen Themenfelder überlappen, habe ich mich bemüht, sie zu gruppieren, um einen vernünftigen Überblick zu ermöglichen. Dabei möchte ich mich quasi geografisch vorarbeiten und mit tatsächlicher räumlicher Distanz beginnen, bevor wir uns langsam den eigenen Stereotypen, Glaubenssätzen und Verhaltensweisen nähern.

3.2 Führungspositionen sind global unterschiedlich verteilt und nicht alle gleich sichtbar und vernetzt

Nach meiner Erfahrung sind sich die meisten Unternehmen durchaus bewusst, dass es wichtig ist, unterschiedliche Nationalitäten auch auf Führungsebenen bis in die Konzernspitze vertreten zu haben. Dass der Status quo dieser Vorstellung nicht gerecht wird, sehen viele als kurzfristiges Problem und sind davon überzeugt, dass es sich mittelfristig automatisch erledigt. Die wachsende Bedeutung neuer geografischer Märkte und damit einhergehend der Beschäftigtenzahl – so die Erwartung – werde dazu führen, dass der Anteil von Kandidatinnen und Kandidaten aus entsprechenden Ländern in der Führungskräfte-Pipeline steigt. Mittelfristig sollen sich dadurch die Bedeutung der unterschiedlichen Märkte und die Verteilung verschiedener Nationalitäten in der Führungsriege angleichen. In der Realität ist das leider nicht der Fall.

In den meisten Organisationen ist die Führungsebene weit überproportional mit Menschen aus dem Herkunftsland und ggf. den „Headquarters" unterschiedlicher Unternehmenssparten besetzt, potenziell noch ergänzt um Kandidaten aus ihren traditionellen

Märkten. Bei den meisten westlichen Konzernen sind daher Menschen aus Europa und den USA an der Spitze ganz klar in der Mehrheit. Selbst wenn die Fertigung längst in Fernost stattfindet, Vertriebsorganisationen lokal gestärkt, Buchhaltung und Call-Center ostwärts verlagert und Entwicklungszentren in Asien aufgebaut werden, auf den oberen Teil der Führungspyramide hat das zumeist nur geringe Auswirkungen.

Üblicherweise sind nach wie vor die meisten der höheren und höchsten Führungspositionen – sowohl in der Linie als auch in Zentralfunktionen wie Finanzen und Personal – im Westen angesiedelt. Westliche Kandidatinnen und Kandidaten haben es da mit der Karriere schlicht leichter, weil sie näher am Puls des Geschehens sind, von offenen Positionen schneller erfahren und häufig maßgeblichen Entscheidern besser bekannt sind, weil man sich schon früher im Berufsleben begegnet ist.

Beispiel

Die Macht informeller Kanäle wurde auch im Rahmen einer Befragung von Führungskräften deutlich, um Feedback zu einem Mentoring-Programm zu erhalten. Zielgruppe waren Top-Talente eines Konzerns, die innerhalb der nächsten ein bis zwei Jahre eine weiterführende Aufgabe übernehmen sollten. Ihre Mentorinnen und Mentoren gehörten zur ersten Führungsebene.

Ein durchgängiges Motiv in den Interviews mit Teilnehmerinnen und Teilnehmern aus Asien war die Bedeutung des Programms, um Informationen zur Konzernentwicklung und Strategie zu erhalten, bevor sie offiziell kommuniziert wurden. Wie gut hingegen die „stille Post" an den traditionellen Firmenstandorten funktionierte, wurde daran deutlich, dass es in keinem einzigen Interview mit Beteiligten aus dem Westen ein Thema war (Eigene Untersuchung).

Dieser mangelnde Informationsfluss ist selbstverständlich nicht nur für die Betroffenen ein Problem. Auch dem Unternehmen entgehen wichtige Einsichten, die für die Strategieentwicklung von Bedeutung sind.

Es ist logisch, dass die Sichtbarkeit mit der geografischen Distanz abnimmt und dass sich das negativ auf die Karrierechance auswirkt. Ebenso problematisch ist eine geringere Einbindung in den inoffiziellen Informationsfluss eines Unternehmens, da hier nicht nur anstehende Veränderungen in der Strategie diskutiert werden, aus denen sich mittelfristig berufliche Möglichkeiten ergeben können; auch Neuigkeiten über kurzfristig frei werdende Positionen kommen häufig vorab über diesen Kanal.

▶ **Mentoring** Im Rahmen des Mentorings vermittelt eine erfahrene Mentorin bzw. ein Mentor der oder dem „Mentee" neue Ideen und Impulse, um die Karriereentwicklung zu unterstützen. Aufgrund der anerkannt höheren Kompetenz gibt es ein Beziehungsgefälle und die Beteiligten vermitteln aktiv die eigenen Erfahrungen. Anders als ein Coach sind Mentoren für die Aufgabe üblicherweise nicht ausgebildet.

3.3 Nationale Kulturen beeinflussen Werte, Verhalten und Aufstiegschancen

Aber auch Unterschiede im Verhalten können den Aufstieg internationaler Führungskräfte behindern: „Mit der Internationalisierung sind Mitarbeiter geografisch verteilt und verlieren die gemeinsamen Anschauungen und Normen. Menschen in verschiedenen Ländern reagieren unterschiedlich auf Informationen, kommunizieren unterschiedlich und treffen Entscheidungen unterschiedlich", erläutert INSEAD Professor Erin Meyer, Programmdirektor „Managing Global Virtual Teams".

> Je enger der Raum ist, auf dem wir zusammenarbeiten, und je ähnlicher unser kultureller Hintergrund ist, desto mehr vertrauen wir auf unausgesprochene Hinweise. […] Aber weil wir nicht im gleichen Raum sind, können wir die Körpersprache von anderen nicht lesen – und weil wir aus verschiedenen Kulturen sind, würden wir sie potenziell ohnehin nicht verstehen, selbst wenn wir keine Armlänge voneinander entfernt wären. Je mehr wir mit Menschen aus anderen Kulturen in verschiedenen Ecken der Welt arbeiten, desto weniger verstehen wir unterschwellige Botschaften, und wir werden Opfer von Missverständnissen und Ineffizienz[1] [3].

Einer der Vorreiter beim Verständnis „nationaler Kulturen" war der Niederländer Geert Hofstede. Im Rahmen einer großen Studie, für die er die Daten von Mitarbeiterbefragungen bei IBM aus über 70 Ländern analysierte, untersuchte er, welchen Einfluss die Kultur in unterschiedlichen Ländern auf die persönlichen Werte am Arbeitsplatz hat. Dabei definierte er Kultur als eine „kollektive Programmierung des Verstands, die die Mitglieder einer Gruppe oder Kategorie von Menschen von einer anderen unterscheidet" [4]. Es ging ihm also darum, Gemeinsamkeiten innerhalb einer Gruppe zu identifizieren, die diese Gruppe von anderen unterscheiden.

Seitdem wurde seine Forschung auf Basis weiterer Daten kontinuierlich ergänzt und das Ergebnis ist heute ein Modell, das auf sechs Dimensionen basiert, die nationale Kulturen beschreiben. Vergleichbare Ansätze gibt es selbstverständlich auch von anderen Wissenschaftlern. Ich persönlich finde Hofstede praktisch, weil viele Informationen und nützliche Tools öffentlich verfügbar sind und die Grundlage für einige interessante kommerzielle Lösungen – wie GlobeSmart – bieten.

[1]Originaltext: „But as companies internationalize, their employees become geographically dispersed and lose their shared assumptions and norms. People in different countries react to inputs differently, communicate differently and make decisions differently. […] The closer the space we share and the more similar our cultural backgrounds, the stronger our reliance on unspoken cues." […] „Because we aren't in the same place, we can't read one another's body language – and because we're from different cultures, we probably couldn't read it accurately even if we were within arm's length. The more we work with people from different cultures in far-flung locations, the less we pick up on subtle meaning and the more we fall victim to misunderstanding and inefficiency" (Eigene Übersetzung der Autorin).

Bei den sechs Dimensionen von Hofstede handelt es sich um

Machtdistanz (Power Distance Index = PDI): Sie beschreibt das Verhältnis zu Hierarchie und Statusunterschieden. Eine hohe Machtdistanz bedeutet, dass die ungleiche Verteilung von Macht erwartet wird. Dabei akzeptieren Menschen ihre gesellschaftliche Position, ohne sie zu hinterfragen. Kulturen mit geringer Machtdistanz sind dagegen egalitär – wie z. B. Dänemark. Eine hohe Machtdistanz gibt es in vielen (ost-)asiatischen Ländern und in der arabischen Welt.

Individualismus gegenüber Kollektivismus (Individualism vs. Collectivism = IDV): In einer individualistischen Gesellschaft – ganz extrem: die USA – werden Selbstbestimmung und Eigenverantwortung großgeschrieben. In einer kollektivistischen – wie Indonesien – spielt das soziale Umfeld eine große Rolle und nimmt Einfluss auf persönliche Entscheidungen. Für die gegenseitige Unterstützung wird unbedingte Loyalität erwartet.

Maskulinität und Femininität (Masculinity vs. Femininity = MAS): Maskuline Gesellschaften sind eher wettbewerbs-, feminine eher konsensorientiert. Als typisch maskuline Eigenschaften gelten z. B. Erfolgsorientierung, Konkurrenzbereitschaft und Selbstbewusstsein, als feminine Fürsorglichkeit, Kooperation und Bescheidenheit. Ein hoher MAS-Index weist auf eine Dominanz „typisch männlicher" Werte, wie man sie beispielsweise in den Ländern im deutschsprachigen Raum findet. Anders sieht das in den „femininen" Niederlanden aus.

Unsicherheitsvermeidung (Uncertainty Avoidance Index = UAI): Sie beschreibt, wie sehr sich die Angehörigen einer Kultur durch ungewisse und unbekannte Situationen bedroht fühlen. Länder mit einer hohen Unsicherheitsvermeidung – wie Belgien oder Frankreich – vertrauen auf klare Regeln und Richtlinien. Unorthodoxe Methoden werden nicht geschätzt. Kulturen mit geringer Unsicherheitsvermeidung – wie Großbritannien – sehen das entspannt.

Lang- bzw. kurzfristige Orientierung (Long Term Orientation = LTO): Diese Dimension beschreibt den zeitlichen Planungshorizont einer Gesellschaft; Kulturen mit einem geringen Indexwert – z. B. Brasilien oder Saudi-Arabien – honorieren alte Traditionen. Das Gesicht zu wahren und soziale Pflichten zu erfüllen ist wichtig, Veränderungen werden kritisch betrachtet. Gesellschaften mit einem hohen Indexwert – wie Hongkong oder China – sind pragmatisch und passen sich veränderten Situationen an.

Nachgiebigkeit und Beherrschung (Indulgence vs. Restraint = IND): In nachgiebigen Kulturen – wie in vielen lateinamerikanischen Ländern – ist es üblich, sich zu belohnen, das Leben zu genießen und Spaß zu haben. Beherrschte Kulturen – z. B. in Ostasien – folgen dagegen strikten gesellschaftlichen Normen.

Während entsprechende Modelle hilfreich sind, um kulturelle Unterschiede und mögliche Auswirkungen zu verstehen, ist es wichtig zu realisieren, dass sie die Welt sehr vereinfacht darstellen. Die Nationalitätenprofile wurden mithilfe einer Gauß'schen Normalverteilung ermittelt, um Unterschiede zwischen Kulturen zu identifizieren. Selbstverständlich gibt es – wie in Abb. 3.1 dargestellt – aber auch große Unterschiede innerhalb der jeweiligen nationalen Kultur, die im Rahmen des Modells nicht abgebildet werden. Entsprechend stellt es keine „Anleitung" für eine interkulturelle Zusammenarbeit dar [5].

Auch Fons Trompenaars, einer der anderen großen, alten Herren in Sachen interkultureller Zusammenarbeit, warnt vor der Hoffnung, sich mit einer simplen „Do und Don't"-Liste auf die Begegnung mit anderen Kulturen vorzubereiten. Stattdessen sei es entscheidend, die zugrunde liegenden Werte zu verstehen, um flexibel reagieren zu können. „Kulturelles Bewusstsein heißt Gemütszustände zu verstehen – den eigenen und den

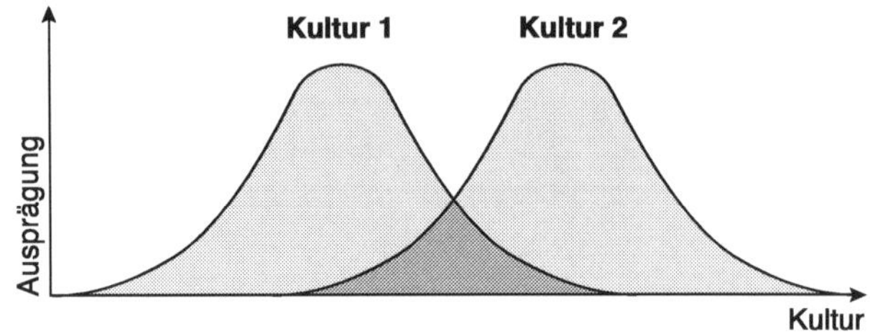

Abb. 3.1 Die Ausprägung unterschiedlicher Dimensionen folgt für verschiedene Kulturen der Gauß'schen Normalverteilung. (Nach „Global Diversity“)

der Menschen, die man trifft. […] kulturelle Dimensionen geben uns eine Referenz, um zu analysieren, wie Menschen die Welt um sie herum interpretieren[2]“ [6].

Beispiel

Die sehr verschiedenen Wertesysteme z. B. zwischen Griechenland und Deutschland wurden auch im Rahmen der „Eurorettung“ schmerzhaft sichtbar. Während man in Deutschland meinte, die „Griechen sollten ihre Hausaufgaben machen“, fühlten diese sich „in ihrer Ehre angegriffen“ – ein Aspekt, der den meisten Deutschen in einer vergleichbaren Situation vermutlich nicht die größten Sorgen machen würde. Gleichzeitig schafft diese unterschiedliche Weltsicht erhebliche Herausforderungen, wenn es gilt, Innen- und Außenpolitik in Einklang zu bringen. Eine Tonalität in der Kommunikation, die ggf. kulturell in Griechenland besser „angekommen“ wäre, erscheint eventuell den heimischen Wählern völlig unangemessen und kostet potenziell Prozente.

Im Unternehmenskontext können dessen ungeachtet entsprechende Modelle und die mit ihnen einhergehenden Verallgemeinerungen helfen zu identifizieren, wo aktuelle und potenzielle Führungskräfte möglicherweise in ihrem Aufstieg behindert werden, weil ihr Verhalten nicht mit den bevorzugten Normen und/oder den Erwartungen an eine „richtige Führungskraft“ nach westlicher Prägung übereinstimmt.

Verallgemeinerungen Verallgemeinerungen beschreiben Aspekte oder Wesenszüge, die vielen Mitgliedern einer Gruppe eigen sind, in vollem Bewusstsein, dass sie deshalb noch lange nicht für alle gelten, z. B. „Deutsche sind direkt“ oder „Männer sind groß“. Entsprechende Aussagen treffen für die definierte Gruppe häufiger zu als für eine Vergleichsgruppe (in diesen Fällen z. B. Amerikaner oder Frauen), ohne dass sie deswegen automatisch für alle Gruppenmitglieder gelten.

Die sehr unterschiedliche kulturelle Prägung ist sogar sprichwörtlich – gerade in Bezug auf die Unterschiede zwischen individualistischen und kollektivistischen Ländern: In

[2]Originaltext: „Cultral awareness, then, is understanding states of mind, your own and those of the people you meet. […] dimensions of culture provide us with a frame of reference for analyzing ways in which people attribute meaning to the world around them“ (Eigene Übersetzung der Autorin).

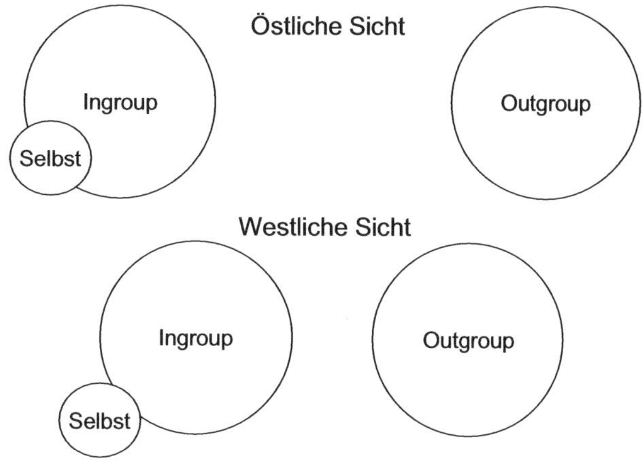

Abb. 3.2 Nationale Kulturen beeinflussen das Gefühl von Gruppenzugehörigkeit. (Nach „The Geography of Thought", Richard E. Nisbett 2003)

vielen westlichen Nationen wird Individualismus gefeiert und es gilt, möglichst sichtbar zu sein. Man stellt in Deutsch „das Licht nicht unter den Scheffel" und schon Kinder lernen in den USA, dass es lohnt, auf sich aufmerksam zu machen, schließlich wird „das quietschende Rad geölt".

In kollektivistischen Kulturen sieht diese frühe Prägung ganz anders aus: In Japan wird die „lauteste Ente erschossen", in China „der Nagel, der raussteht, eingeschlagen". Es ist kaum verwunderlich, dass sich das auf den Wunsch, im Mittelpunkt zu stehen und sich lautstark bemerkbar zu machen, unmittelbar auswirkt. Diese Einstellung beeinflusst auch, wie Menschen sich selbst im sozialen Kontext wahrnehmen und wie stark sie sich als Teil einer Gruppe fühlen (siehe Abb. 3.2).

Ein Beispiel: Während sich in individualistischen Kulturen die oder der Einzelne klar als unabhängige Person – wenn auch seiner „Ingroup" zugehörig – fühlt, ist in kollektivistischen Kulturen diese Grenze schwerer zu ziehen. Individualistische Menschen, z. B. aus Nordamerika, haben wenig Probleme, wichtige Persönlichkeitsmerkmale – „ich bin fleißig", „ich habe gerne Spaß" – zu benennen. Für Menschen aus China, Korea oder Japan basieren ihre Eigenschaften stark auf dem Kontext – „ich bin bei der Arbeit immer sehr verantwortungsvoll", „ich habe gerne Spaß mit Freunden". Zudem neigen individualistische Kulturen dazu, sich überdurchschnittlich einzuschätzen, wenn sie aufgefordert werden, die eigenen Fähigkeiten zu bewerten. Bei Asiatinnen und Asiaten kommt das selten vor. Sie tendieren zu Bescheidenheit, selbst wenn sie sich anonym äußern. Das liegt nicht an mangelndem Selbstbewusstsein, sondern am Wunsch, sich harmonisch in soziale Netzwerke einzufügen. „Sich gut zu fühlen ist für Asiaten üblicherweise mit dem Gefühl verbunden, dass man mit den Wünschen der eigenen Gruppe in Harmonie ist und dass man ihre Erwartungen erfüllt[3]", erklärt Richard E. Nisbett, ehemaliger Professor für

[3]Originaltext: „For Asians, feeling good about themselves is likely to be tied to the sense that they are in harmony with the wishes of the groups to which they belong and are meeting the group's expectations" (Eigene Übersetzung der Autorin).

Psychologie an der Yale Universität und Mitglied der US-amerikanischen Akademie der Wissenschaften [7].

Kein Wunder, dass eine solche Haltung mit Bewertungssystemen, wie sie in vielen westlichen Unternehmen für die Gehaltsfindung zum Einsatz kommen oder um geeignete Kandidatinnen und Kandidaten für Schlüsselpositionen zu identifizieren, nicht gut vereinbar ist. Vor allem wenn die Einschätzung durch Manager erfolgt, die kulturelle Unterschiede ignorieren oder einen westlichen Stil bevorzugen. „Ich erlebe das regelmäßig bei internationalen Assessment- oder Development-Centern, bei denen wir geeignete Kandidaten für globale Karrieren identifizieren wollen", beschreibt es eine Führungskraft aus einem Technologiekonzern. „Die Beobachter sind regelmäßig von den Teilnehmern beeindruckt, die sehr präsent sind und klar ihre Meinung äußern. Asiaten kriegen anschließend oft zu hören, sie hätten sich bemerkbar machen müssen – aber wir fragen selten die ‚Lauten', warum sie anderen keinen Raum gegeben haben. Die besten Bewertungen haben dann zumeist extrovertierte Kandidaten aus dem Westen" (Eigene Untersuchung).

Beispiel

Innerhalb einer Befragung zur Unternehmenskultur (Eigene Untersuchung) war das Problem, sehr unterschiedlichen Erwartungen gerecht zu werden, und die Notwendigkeit, sein Verhalten ggf. einem fremden und unkomfortablen Stil anzupassen, ein extrem präsentes Thema bei Führungskräften aus China: „Wenn ich in einem Meeting ruhig bin, schätzt es mein chinesischer Chef, weil er spürt, dass ich ihn unterstütze. Von meinem westlichen Manager werde ich kritisiert, weil ich keinen Beitrag leiste. Besonders schwierig ist das, wenn beide im Raum sind." „Wenn ich mit meinem Vorgesetzten in einem Meeting bin, kann ich eigentlich nichts sagen. Wenn mein Chef dabei ist, sollte er antworten. Wer mit unserer Kultur nicht vertraut ist, denkt in einer solchen Situation ich hätte keine Meinung." „Ich bemühe mich um einen ganzheitlichen Blick, versuche zuzuhören, zu beobachten, neue Informationen aufzunehmen und zu durchdenken. Erst dann Stellung zu nehmen. Das ist schwierig, wenn man in einem Umfeld arbeitet, wo Menschen unmittelbar reagieren. Dann entsteht der Eindruck, ich sei still, nicht in der Lage, Position zu beziehen und die Gruppe weiterzubringen."

Ein weiterer Trend spielt in dem Kontext eine große Rolle: Konzerne setzen zunehmend auf Englisch als Konzernsprache und adressieren damit eine zusätzliche Barriere für internationale Führungskräfte. „Muttersprachler werden bei der Vergabe von Leitungsposten in den meisten Fällen bevorzugt", sagt Jürgen Hausschildt, Wirtschaftssprachen-Experte und ehemaliger Betriebswirtschafts-Professor an der Uni Kiel. Das gelte selbst dann, wenn ein anderer Mitarbeiter eine bessere fachliche Qualifikation aufweise, seine Sprachkenntnisse aber geringer seien. „Die fachlichen Kenntnisse werden dann oft hinter den Sprachkenntnissen vermutet" [8].

Beispiel

Die Stiftung Deutsche Sprache sieht das anders und verkaufte aus Protest alle Volkswagen-Aktien, als VW im Dezember 2016 ankündigte, Englisch zur Konzernsprache zu machen. „Ich bin entsetzt, wie bedenkenlos unsere Eliten ihre eigene Sprache und Kultur aufgeben", zitiert die FAZ den Vorstandssprecher Walter Krämer. Dem Argument des Konzerns, dass der Schritt den Zugang zu und die Zusammenarbeit mit internationalen Spitzenkräften im Top-Management verbessern solle, will er nicht folgen. Internationale Führungskräfte seien problemlos in der Lage, die Sprache ihres Gastgeberlandes zu erlernen [9].

Hausschildt dagegen erläutert, dass viele Beschäftigte sich aufgrund von Sprachbarrieren eingeschränkt fühlen. Besitzen sie in ihrer Muttersprache einen großen Wortschatz und können sich stilsicher ausdrücken, verlieren sie diese Fähigkeit in einer Fremdsprache. „Für viele Führungskräfte ist das eine ganz schreckliche Situation."

3.4 Stereotype beeinflussen unsere Wahrnehmung

Selbstverständlich ist die nationale Kultur nicht der einzige Aspekt, der unsere Persönlichkeit prägt, und es sind nicht ausschließlich Vaterland oder Muttersprache, die Barrieren für den Aufstieg darstellen. Ein ganz wichtiger Aspekt sind Vorstellungen, wie jemand auszusehen und aufzutreten hat, um einer bestimmten Rolle gerecht zu werden bzw. was wir über andere denken. Es geht also um Stereotype.

Stereotyp Ein Stereotyp ist ein „Bündel von Annahmen über die Eigenschaften der Mitglieder einer Gruppe" [10] und bildet die Basis für Vorurteile.

Stereotype bilden die Basis für Vorurteile. Allein die Gruppenzugehörigkeit – „chinesisch", „alt" oder „Moslem" – definiert, welche Eigenschaften oder Verhaltensweisen einem Menschen zugeschrieben werden. Dabei wird – anders als bei Verallgemeinerungen – angenommen, dass das entsprechende Merkmal für alle Gruppenmitglieder gilt. Selbst wo die Erfahrung zeigt, dass das Stereotyp der Wirklichkeit nicht entspricht, beeinflusst das nicht die grundsätzliche Überzeugung, sondern wird als überraschende Abweichung von der Norm wahrgenommen („Du hast ja Ahnung von Technik, dabei bist du doch ganz schön alt"). Die vorgefasste Meinung beeinflusst die Sichtweise auf alle Gruppenmitglieder und behindert uns dabei, mehr über die oder den Einzelnen zu erfahren. Das sieht man auch daran, dass die Kopftuchträgerin aus Kap. 2 gar nicht erst zum Vorstellungsgespräch eingeladen wird, in dem sie als Individuum überzeugen könnte.

Stereotype bestehen üblicherweise in Bezug auf Menschen, die sich in wesentlichen Aspekten von einem selbst unterscheiden und mit denen man sich weniger vertraut fühlt. Innerhalb der eigenen Bezugsgruppe – z. B. „Deutsche" – ist die Sicht automatisch deutlich differenzierter. Schließlich kennt man genug andere, um zu wissen, dass nicht jeder Deutsche Bier trinkt und Lederhosen trägt.

Dabei unterscheidet sich die Sicht auf „andere", auf Mitglieder der Fremdgruppe, durch zwei grundsätzliche Aspekte von der Sicht auf Menschen, die uns ähnlich sind: Sie werden negativer wahrgenommen (Fremdgruppenabwertung) und Unterschiede verschwinden. Stattdessen werden alle über „einen Kamm geschoren". Merkmale oder Verhaltensweisen, die man bei einer oder einem erlebt, werden per Assoziation auf alle anderen übertragen und als „typisch" für die Gruppe wahrgenommen.

Ein besonders denkwürdiges Beispiel dafür hat Donald Trump in einer Pressekonferenz geliefert, als er die Journalistin April Ryan auffordert, für ihn ein Treffen mit afroamerikanischen Kongressabgeordneten zu organisieren. Offensichtlich bewertet er das Ordnungsmerkmal „Hautfarbe" höher als „Mitglied meiner Administration". Damit war es schlüssiger, eine schwarze Reporterin zu beauftragen, ein Treffen mit anderen Schwarzen zu organisieren als ein weißes Mitglied seines Teams [11]. Die Reaktionen auf Twitter fielen erwartungsgemäß sarkastisch aus:

Ein @DonaldJOrwell spielt in einer imaginären Konversation mit der Vorstellung, dass sich natürlich alle „Gleichen" kennen: „April Ryan: Werden Sie sich mit den schwarzen Kongressabgeordneten treffen? Trump: Kennen Sie die? Wie steht's mit Michael Jordan? Miles Davis? Frederick Douglass?[4]" [12].

Der schwarze Kongressabgeordnete Emanuel Cleaver hebt dagegen hervor, wie froh er sei, dass Trump nicht gleich noch andere Stereotype bedient hat: „Ich bin erleichtert, dass er sie nicht aufgefordert hat, den Raum, in dem die Pressekonferenz stattfand, zu fegen und zu wischen[5]" [13].

▶ **Fremdgruppenabwertung** Tendenz, die Mitglieder einer Fremdgruppe kritischer zu sehen als Menschen, mit denen einen viel verbindet.

Fremdgruppenhomogenitätseffekt bzw. Outgroup-(Homogenity-)Bias
Mitglieder der Outgroup werden als homogene Gruppe wahrgenommen, deren Mitglieder die gleichen Eigenschaften teilen.

Drei Gründe führen dazu, dass sich Stereotype so hartnäckig halten [14]:

1. Wir nutzen beim Denken gerne Abkürzungen, die sogenannten Heuristiken. Neue Informationen sind dabei hinderlich. Unsere Stereotype lenken unsere Aufmerksamkeit auf Informationen, die unsere Annahmen bestätigen – und werden dadurch weiter bestärkt. Ein Teufelskreis.

---

[4]Originaltext: „April Ryan: Will you meet with the Black Caucus? Trump: Do you know them? How about Michael Jordan? Miles Davis? Frederick Douglass?" (Eigene Übersetzung der Autorin).

[5]Originaltext: „I'm pleased he didn't ask her to sweep & mop in the room where the press conference was held" (Eigene Übersetzung der Autorin).

2. Was nicht passt, wird passend gemacht: Wo wir auf inkonsistente Informationen stoßen, interpretieren wir sie – und je nachdem, um wen es geht, weichen unsere Interpretationen ggf. weit voneinander ab. Da wird das gleiche Verhalten bei einem als „entschlossen“ beurteilt, der andere ist „aggressiv“, und was bei einem als „freundlich“ gilt, wird einem anderen als „schwach“ ausgelegt.
3. Schließlich spielt uns dann auch noch unsere Erinnerung einen Streich: Wir erinnern uns besser an Informationen, die mit unseren Erwartungen in Einklang stehen, als an solche, die unsere Vorstellungen infrage stellen. Das gilt besonders, wenn wir abgelenkt oder gestresst sind [15].

Heuristiken Heuristiken sind mentale Abkürzungen, dank derer wir ohne großen Aufwand schnell zu einer Entscheidung gelangen. Dabei kann es zu Fehleinschätzungen bzw. Fehlentscheidungen kommen.

Ein beliebtes Beispiel, das im D&I-Kontext üblicherweise genutzt wird, um die Auswirkungen von Stereotypen zu erläutern, sind Sinfonie-Orchester: Noch bis in die 70er Jahre waren Frauen hier deutlich unterrepräsentiert und stellten nur rund fünf Prozent der Musizierenden. Die Gründe dafür waren klar: Sie verfügten angeblich über „weniger Technik“, waren „launenhaft“ und „für Orchester schlicht ungeeignet“.

Wie wenig Substanz diese Einschätzung hatte, zeigte sich mit Einführung des sogenannten „blinden“ Vorspielens. Dabei waren die Vorspielenden – die in einigen Orchestern übrigens in Socken auf die Bühne kamen, um verräterische Geräusche zu vermeiden – hinter einem Schirm verborgen. Die Auswahl fand damit tatsächlich ausschließlich auf Basis des Könnens statt und es wurde verhindert, dass Stereotype und Vorurteile das Urteil trüben. Die Auswirkungen waren gewaltig; die Wahrscheinlichkeit, dass Frauen es in die nächste Runde schafften, stieg bei dem Verfahren um 50 %. Den Einfluss auf die Besetzung kann jeder sehen, der heute in ein klassisches Konzert geht [16, 17].

Beispiel

Inzwischen testen einige Großunternehmen eine Software, die potenziell die Trennwand ersetzen könnte:

Bewerberinnen und Bewerber beantworten am Telefon 15 min lang Fragen eines Computers. Die Software analysiert die Wortwahl, Satzstruktur und Stimme mithilfe komplexer Algorithmen. Daraus, wie viele Verben oder Adjektive jemand benutzt, anhand der Sprechgeschwindigkeit und Lautstärke, wie oft jemand stockt, schließt die Software auf Eigenschaften wie Neugier, Risikofreude, Motivation oder Belastbarkeit – und entscheidet dann, ob eine Kandidatin oder ein Kandidat in die nächste Auswahlrunde kommt [18].

Mit dem Fall Heidi Roizen, deren Charakter von Studierenden so viel positiver beurteilt wurde, wenn ihr Lebenslauf als der von einem „Howard“ firmierte, sind wir im zweiten Kapitel bereits anderen Geschlechterstereotypen begegnet. Der Umstand, dass

Vorstandsvorsitzende überwiegend groß sind und dünne Frauen mehr verdienen, unterstreichen einige der Stereotype in Bezug auf „Führungskraft“ und „leistungsfähig“.

Tab. 3.1 zeigt einige der klassischen Geschlechterstereotype.

Dabei können sich selbst die angeblich „positiven“ Stereotype negativ auswirken: Denn zwei Dimensionen spielen bei Gruppenstereotypen eine zentrale Rolle: „Wärme“ und „Kompetenz“. Zwar bringen unsere Freundinnen und Freunde leicht beides unter einen Hut, für andere gilt das allerdings nicht. Sie werden entweder als „warm“ oder als „kompetent“ wahrgenommen und eine höhere Wertung auf einer der beiden Skalen wirkt sich automatisch negativ auf die Einschätzung bzgl. der zweiten Dimension aus.

Als „warm“ und „inkompetent“ werden z. B. ältere Menschen wahrgenommen, „kalt“ und „kompetent“ sind ggf. weibliche Führungskräfte [19]. Wenn aber bei einer Führungsfrau dann hervorgehoben wird, sie sei freundlich und unterstütze andere, hilft ihr das nicht weiter. Es hat automatisch negative Auswirkungen auf die Beurteilung ihrer Kompetenz.

Aber natürlich werden nicht nur Frauen abgestraft, wenn sie den bestehenden Vorstellungen nicht entsprechen. Eine Untersuchung der Yale-Universität hat gezeigt, dass (männliche) Vorstände, die mehr sprechen, kompetenter wahrgenommen werden als ihre stilleren Kollegen [20], und Männer, die im Bewerbungsprozess freundlich und bescheiden auftraten, wurden kritischer betrachtet und weniger geschätzt als Mitbewerberinnen, von denen ein entsprechendes Verhalten schlicht erwartet wurde [21].

Völlig unabhängig ob Mann, ob Frau, offensichtlich wird das Bild einer Führungskraft – zumindest in manchen Branchen oder Unternehmen – noch immer von jemandem geprägt, der alles für verhandelbar hält und entschlossen für seine Sache eintritt. Wer verhandelt, steigt schneller auf als die Kollegen. Mit der Leistung hatte das nichts zu tun. Es war vor allem die Durchsetzungskraft, die über die Aufstiegsgeschwindigkeit entschied [22]. Donald Trump lässt grüßen.

Tab. 3.1 Geschlechterstereotype. (Nach Binna und Jo Kandola, „The Invention of Difference“, 2013)

Positive weibliche Stereotype	Negative männliche Stereotype
Warm	Kalt
Fürsorglich	Harsch
Freundlich	Distanziert
Versöhnlich	Feindselig
Negative weibliche Stereotype	*Positive männliche Stereotype*
Schwach	Kraftvoll
Schüchtern	Stark
Nachgiebig	Entschlossen
Zerbrechlich	Dominant

Einen Einblick, welche Eigenschaften Unternehmen bei Führungskräften wirklich schätzen, gibt auch die Verteilung ihrer Profile im Rahmen beliebter psychometrischen Testverfahren – wie Insights oder dem Myers-Briggs-Typenindikator (MBTI). So wird man auf den oberen Hierarchieebenen vieler traditioneller westlicher Konzerne eher auf den „dominanten" oder „initiativen" Typ treffen als auf den „stetigen" oder „gewissenhaften". Die schmerzhaften Konsequenzen kriegt aktuell unter anderem VW zu spüren.

Spannend ist es auch, gemeinsam mit dem Top-Team zu diskutieren, welche Eigenschaften aus ihrer Sicht für Leitungsfunktionen die wichtigsten sind. Die meisten Unternehmen haben ausgefeilte Kompetenzmodelle, die auf Basis von verschiedenen Verhaltensweisen die ideale, „abgerundete" Führungskraft beschreiben. Offensichtlich gibt das ziemlich viel Raum für Chichi, denn ich habe noch keine Diskussion erlebt, in der „Empathie" höher als „Entschlossenheit" bewertet wurde, wenn man die Gruppe zwingt, sich auf weniger Aspekte zu einigen.

3.5 Wahrnehmungsverzerrungen trüben unser Urteilsvermögen und beeinflussen unser Handeln

Dass Stereotype selbst den Blick auf uns selbst verzerren und unsere Motivation beeinflussen, zeigt eine aktuelle Untersuchung mit Kindern zwischen fünf und sieben Jahren. Dabei wurde den jungen Probanden eine Geschichte mit einer „sehr, sehr klugen" Hauptperson vorgelesen, ohne dass es irgendwelche Hinweise auf ihr Geschlecht gab. Anschließend sollten die Kinder auf vier Fotos – jeweils zwei mit Frauen und Männern – die Protagonisten identifizieren. Die Fünfjährigen entschieden sich jeweils für eine Person ihres Geschlechts. Die Sechs- und Siebenjährigen entschieden sich eher für einen der beiden Männer, und zwar sowohl die Jungen als auch die Mädchen. Dabei hatten die Mädchen keine grundsätzlichen Zweifel an der eigenen Leistungsfähigkeit: Fragte man sie, wer die besseren Noten in der Schule hat, wählten sie ihre Geschlechtsgenossinnen.

Zum gleichen Zeitpunkt verringerte sich bei den Mädchen auch das Interesse, sich auf Spiele einzulassen, für die man angeblich besonders schlau sein muss. Die Fünfjährigen ließen sich dadurch nicht schrecken, aber die sechs- und siebenjährigen Mädchen bevorzugten ein Spiel, für das man besonders hart arbeiten muss. Die Jungen fanden das Spiel uninteressant und wählten lieber das Spiel für sehr Kluge [23, 24].

Welche dramatischen Auswirkungen Stereotype und Vorurteile für die Betroffenen haben können, zeigt eine aktuelle Untersuchung zu ethnisch gemischten Teams. Dabei stellten US-Forscher fest, dass Beobachter grundsätzlich überzeugt waren, dass sich die Zusammenarbeit in heterogenen Teams konfliktreicher gestaltet als in homogenen. Egal ob sie ein Foto der Beteiligten zeigten und ein Skript vorlasen, das eine Diskussion wiedergab, oder Schauspieler beauftragten, die Szene zu spielen: Die genau gleiche Situation wurde unterschiedlich bewertet – allein auf Basis der Zusammensetzung der Gruppe. Die Interaktionen in einem ganz schwarzen oder ganz weißen Team wurden grundsätzlich als harmonischer wahrgenommen als in einer gemischten Gruppe.

Dabei hatten die Beobachter nicht den Eindruck, dass es Schwierigkeiten auf der Sachebene gab. Sie waren davon überzeugt, dass Probleme auf der Beziehungsebene die Zusammenarbeit behinderten. Und das hatte Konsequenzen: Sie waren weniger bereit, gemischten Teams zusätzliche Ressourcen – wie erforderliche Budgets – zur Verfügung zu stellen. Damit können Stereotype und Vorurteile der Beobachter unmittelbaren Einfluss auf die Erfolgschancen der Gruppe haben und potenziell eine selbsterfüllende Prophezeiung kreieren [25].

Grundsätzlich sind unsere Einschätzungen und unsere Wahrnehmung längst nicht so unfehlbar, wie wir gerne glauben – was sich leicht mit einer Vielzahl optischer Täuschungen demonstrieren lässt. Eines meiner Lieblingsbeispiele ist die „Table Top"-, d. h. die Tischplatten-Illusion (siehe Abb. 3.3) des US-Psychologen Roger N. Shepard. Wer die Tischplatten ausmisst bzw. die Seite kopiert und eine Platte ausschneidet und über die andere legt, stellt fest, dass beide genau das gleiche Format haben, während doch definitiv die rechte Platte breiter und kürzer wirkt. Und anders als bei vielen anderen Illusionen hat es keinerlei Auswirkung auf unsere Wahrnehmung, wenn wir uns der Täuschung bewusst sind. Wir können messen, so oft wir möchten. Selbst wenn wir es besser wissen, stellen sich beide Tischplatten für uns unterschiedlich dar.

Denjenigen, die einen vergleichbaren Effekt in 3-D erleben wollen, empfehle ich die „Hollow Mask Illusion". Dabei dreht sich eine Faschingsmaske – mir gefällt am besten die Fassung mit Charlie Chaplin – um die eigene Achse. Obwohl die Maske innen hohl ist, sieht man im Laufe der Rotation plötzlich, wie sich das hohle Innere quasi nach außen stülpt und die Nase, die doch eigentlich nach innen zeigt, nach vorne tritt.

„Der Verstand weigert sich, es [das Gesicht] als hohl zu sehen, einfach weil das so unwahrscheinlich ist", erläutert Richard Gregory, ehemals Professor für Neuropsychologie an der Universität in Bristol im Video. „Das demonstriert die immense Macht

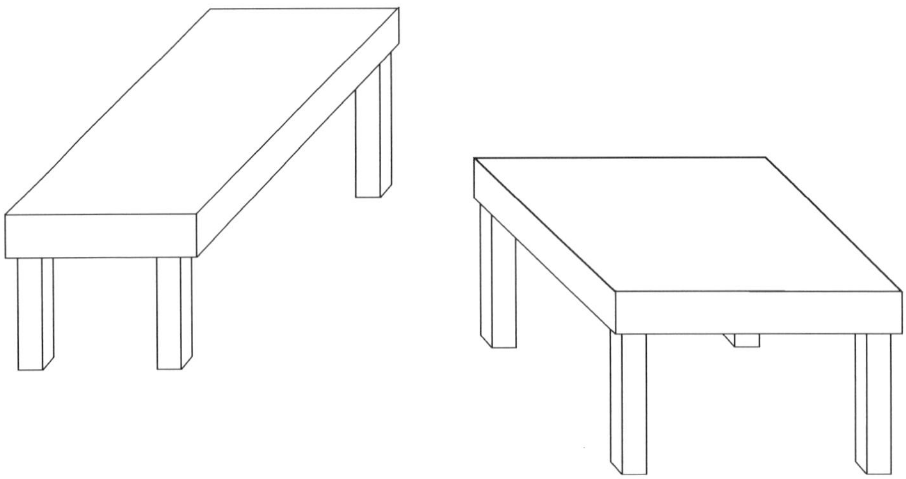

Abb. 3.3 Table Top Illusion. (Nach Roger N. Shepard)

von ‚Top-down-Wissen', das ‚Bottom-up-Signalen' der Sinne widerspricht und eine außergewöhnliche optische Illusion kreiert, in der aktuelle Informationen, die von den Sinnen übermittelt werden, von immanentem Wissen aus der Vergangenheit überschrieben werden, einfach nur, weil man so viele Gesichter gesehen hat, bei denen die Nase nach außen steht. Das macht es schlicht unmöglich, sie korrekt als hohl zu sehen[6]" [26]. Einfach ausgedrückt: Wenn das, was wir sehen, nicht mit dem übereinstimmt, was wir erwarten, vertraut das Gehirn eher auf „Erfahrung" als auf sichtbare Fakten.

Die eigenen Glaubenssätze und blinden Flecke kann man mit dem „Implicit Association Test" (IAT) erforschen. Die Tests, die von einigen US-Forschern – darunter Harvard-Professorin Mahzarin Banaji – entwickelt wurden, kann man kostenlos online durchführen und dabei die eigene Sicht auf Frauen in Führungspositionen, die Leistungsfähigkeit älterer Menschen, die Vertrauenswürdigkeit von Menschen unterschiedlicher Hautfarben … überprüfen und viele Denkanstöße erhalten [27].

Auch wenn den meisten dabei schmerzlich bewusst wird, wie wenig die eigenen – unbewussten – Einstellungen mit dem Selbstbild übereinstimmen, kann ich nur jedem empfehlen, einige der Tests durchzuführen und einen neuen Blick auf sich selbst zu entwickeln.

Beispiel

Assoziationen wie „Männer sind stärker oder entschlossener als Frauen" können völlig absurde Blüten treiben: So sterben beispielsweise mehr Menschen bei Wirbelstürmen, die einen weiblichen Vornamen tragen. Eine Forschergruppe, die die Daten der US-Stürme von 1950 bis 2012 untersucht hat, geht davon aus, dass sich Menschen auf die entsprechenden Stürme schlechter vorbereiten, weil sie weniger bedrohlich klingen. „Bei schweren Stürmen, bei denen Vorsichtsmaßnahmen das größte Potenzial gehabt hätten, Menschenleben zu retten, konnte man aufgrund eines weiblichen bzw. männlichen Vornamens die Anzahl der Todesopfer vorhersagen[7]", so die Forscher. Einen schweren Sturm „Eloise" statt „Charly" zu nennen, könnte damit die Todesrate verdreifachen [28].

[6]Originaltext: „Your brain refuses to see it as hollow, simply because it is so unlikely and this demonstrates the immense power of top down knowledge, which will actually counter signals bottom-up from the senses and force an extraordinary illusion in which the sensory information of the present is cancelled by immanent knowledge derived from the past because you have seen so many faces all with their noses sticking out. So it is just impossible to see that as correctly hollow" (Eigene Übersetzung der Autorin).

[7]Originaltext: „For severe storms, where taking protective action would have the greatest potential to save lives, the masculinity-femininity of a hurricane's name predicted its death toll" (Eigene Übersetzung der Autorin).

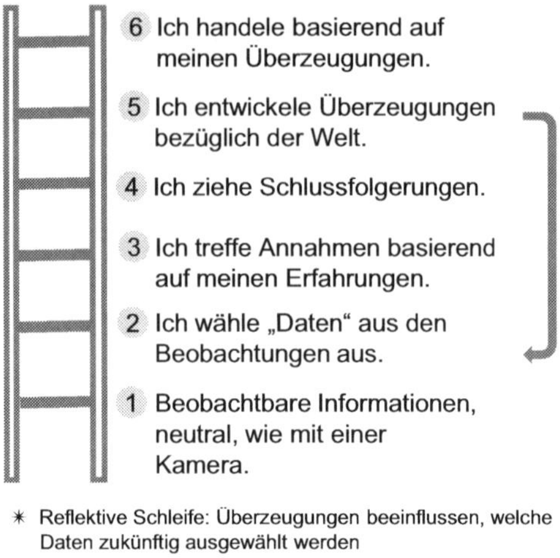

Abb. 3.4 Leiter der Interferenz. (Nach Chris Argyris)

Entscheidungsprozesse sind sprunghaft statt rational

Mit dem steigenden Bewusstsein dafür, wie wenig rational viele Entscheidungen sind, wuchs bei vielen D&I-Profis die Begeisterung für ein neues Instrument, dass von Harvard-Professor Chris Argyris entwickelt worden war: die Leiter der Interferenz – besser bekannt als „Ladder of Inference" (siehe Abb. 3.4). Das Modell veranschaulicht, welche Gedankensprünge dazu führen, dass Menschen falsche Schlüsse ziehen [29].

Dadurch, dass der Denkprozess in seine unterschiedlichen Schritte aufgeschlüsselt wurde – so die Hoffnung –, bot das Modell gleichzeitig die Chance, die einzelnen Leiterstufen gezielt wieder „herunterzusteigen", Inhalte neu zu bewerten und so zu einer durchdachteren und besseren Entscheidung zu kommen.

Leider konnte das Modell den Hoffnungen nicht wirklich gerecht werden, weil es außer Acht lässt, was Malcom Gladwell euphorisch die „Kraft des Denkens ohne zu denken" nennt.

Beispiel

In seinem Buch „Blink" beschreibt Malcom Gladwell das folgende Experiment einiger Forscher der Universität Iowa:

Sie ließen Menschen, die sie an einen Lügendetektor angeschlossen hatten, Karten von vier Stapeln ziehen – jeweils zwei mit blauen und mit roten Karten. Dabei gab es unterschiedlich hohe Beträge zu gewinnen oder zu verlieren. Was die Beteiligten zunächst nicht wussten: Tatsächliche Gewinne ließen sich nur mit den blauen Karten erzielen, die anscheinend höheren Erträge der roten Karten wurden schnell durch noch größere Verluste aufgefressen.

Üblicherweise hatten die Beteiligten nach rund 50 Karten gemerkt, dass etwas faul war, selbst wenn sie zu dem Zeitpunkt noch keine Systematik entdeckt hatten. Nach rund 80 Karten waren sie in der Lage zu erklären, wie das Spiel funktioniert.

Durch den Lügendetektor zeigte sich allerdings, dass die Spieler bereits nach der zehnten Karte Stresssymptome entwickelten, wenn sie eine rote Karte zogen – und sie begannen blaue Karten zu favorisieren. Ihr Verhalten veränderten die Spieler also bereits 40 Karten bevor ihnen auch nur bewusst wurde, dass es dafür einen Anlass geben könnte.

Was Gladwell aufgrund seiner Effizienz begeistert, eine Verhaltensänderung, die völlig unabhängig von der Ratio stattfindet, ist für D&I-Praktiker eine schlechte Nachricht. Das Experiment illustriert schmerzhaft, in welcher Geschwindigkeit das Unterbewusstsein agiert und wie stark es das Verhalten beeinflusst, ohne dass es die Beteiligten im Leisesten ahnten [30].

Denken ist harte Arbeit

Wie schwer man sich damit tut, unterschiedliche und widersprüchliche Eindrücke unter einen Hut zu bringen, kann man allerdings anhand der folgenden Übung erleben: Bitte lesen Sie in Abb. 3.5 die Namen der Farben laut vor und stoppen Sie die Zeit, die Sie dafür benötigen.

Und jetzt – bevor Sie weiterlesen – noch einmal das gleiche mit Abb. 3.6.

Sicherlich ist Ihnen aufgefallen, dass es erheblich schwerer und langwieriger ist, sich durch die zweite Liste zu kämpfen. Das liegt daran, dass im ersten Fall Farbe und Semantik übereinstimmen. Das Gehirn kann das im Autopilot. Definitiv der bevorzugte Modus Operandus. Im zweiten Fall ist der Verstand mit widersprüchlichen Informationen konfrontiert, die echte Denkleistung erfordern. Hier kommt zum Einsatz, was Nobelpreisträger Daniel Kahneman als „System 2", das langsame Denken, bezeichnet.

▶ **System 1 und 2** System 1 und 2 beschreiben zwei unterschiedliche Arten des Denkens. System 1 ist schnell und intuitiv, System 2 konzentriert und reflektiert.

In seinem Buch „Thinking, Fast and Slow" [31] – Schnelles Denken, langsames Denken – beschreibt er, dass das menschliche Denken auf zwei verschiedene Systeme setzt. System 1 operiert automatisch, schnell und intuitiv und wir sind ihm in dem Beispiel von Gladwell begegnet. System 2 ist konzentriert, aufwendig, reflektiert und wägt Alternativen ab (Tab. 3.2).

Abb. 3.5 Stroop-Test. (Nach Iris Bohnet, „What works")

Abb. 3.6 Stroop-Test. (Nach Iris Bohnet, „What works“)

Tab. 3.2 Zwei kognitive Systeme. (Nach Richard H. Thaler und Cass R. Sunstein, Nudge, 2008)

Automatisch	Reflektiv
Unkontrolliert	Kontrolliert
Mühelos	Angestrengt
Assoziativ	Deduktiv
Schnell	Langsam
Unbewusst	Bewusst
Erfahrungsbasiert	Regelbasiert

Und obwohl sich die meisten Menschen gerne als die rationalen Entscheider sehen, finden rund 90 % der Denkprozesse schnell und unvermittelt statt, ohne System 2 zu bemühen.

Der Grund dafür ist einfach, denn schon ohne gedankliche Leistung ist das Gehirn ein echter Energiefresser: Mehr als 20 % des Gesamtumsatzes investiert der Körper in seinen Betrieb [32]. Und konzentriertes Denken kostet richtig Kraft. Schon 1898 hat die Wissenschaftlerin J. C. Welsh gemessen, welchen Einfluss Denken auf die Fähigkeit hat, körperliche Arbeit zu leisten. Dazu ließ sie die Probanden Denkaufgaben lösen und gleichzeitig Körperkraft aufwenden. Dabei stellte sie fest, dass sich fast alle Aufgaben auf die Kraft auswirkten und sie bei angestrengtem Nachdenken um fast 50 % zurückging. Den gleichen Effekt erlebt jeder, der bei einem Spaziergang stehen bleiben muss, um einen komplexen Zusammenhang zu erklären.

Aber die Auswirkungen gehen noch weiter: „Wir haben nur begrenzte Ressourcen, um Entscheidungen zu treffen und Impulse zu kontrollieren“, erklärt Dr. Roy Baumeister von der Florida Universität. „Wenn wir sie benutzen, bleibt für die nächste Aufgabe weniger übrig[8]“ [33]. Deshalb nutzen wir die schon erwähnten Heuristiken, mentale Abkürzungen bzw. unbewusste Faustregeln, die es uns ermöglichen, mit einem vernünftigen Aufwand eine Entscheidung zu treffen. „Sie sind im positiven Sinne effiziente

[8]Originaltext: „We have a limited bucket of resources for activities like decision making and impulse control, and when we use these up, we don't have as much for the next activity“ (Eigene Übersetzung der Autorin).

Problemlösungstechniken, im negativen Sinne führen sie zu Fehleinschätzungen respektive Fehlentscheidungen […]" [34]. Entsprechend sind Heuristiken die Basis für die viel diskutierten „Unconscious Biases" bzw. Wahrnehmungsverzerrungen.

Beispiel

Heuristiken funktionieren in etwa wie Spam-Filter fürs Gehirn. Automatisch filtern sie die Vielzahl von unterschiedlichen Sinneseindrücken und lassen nur diejenigen Informationen durch, die als relevant wahrgenommen werden. Wie beim PC-Spamfilter gerät dabei zuweilen etwas in den „Papierkorb", was da nicht hingehört [35]. Ein eindrucksvolles Beispiel dafür liefert das Experiment „Der unsichtbare Gorilla" von Daniel Simons und Christopher Chabris [36]. Dabei werden Teilnehmerinnen und Teilnehmer aufgefordert, ein Video anzuschauen und zu zählen, wie häufig sich Menschen, die wild durcheinanderlaufen, einen Ball zuwerfen. Die Übung erfordert einige Aufmerksamkeit und gerade die besonders Ehrgeizigen machen oft eine unangenehme Entdeckung. Vor lauter Konzentration auf die Würfe übersehen sie etwas völlig Offensichtliches: dass nämlich ein Mensch in einem Gorillakostüm durchs Bild läuft, stehen bleibt und winkt. Üblicherweise übersieht das rund die Hälfte der Beteiligten.

Gleichzeitig illustriert es, warum es wichtig ist, (Personal-)Entscheidungen, die Aufmerksamkeit und Konzentration erfordern und bei denen wir Fehleinschätzungen vermeiden möchten, ausgeruht und ggf. am Anfang eines Meetings zu treffen. Zu dem Zeitpunkt hat unser Gehirn noch die notwendige Energie, um mit System 2 eine überlegte und qualifizierte Entscheidung zu treffen.

Einige der „klassischen" Urteilsverzerrungen sind:

- **Confirmation Bias:** Es werden eher Informationen wahrgenommen, die die eigene Meinung bestätigen, als solche, die ihr widersprechen.
- **Conformity Bias:** Wir stimmen vorzugsweise mit der Mehrheitsmeinung überein.
- **Framing** – die „Verpackung" bzw. die Art der Präsentation einer Information beeinflusst unsere Wahrnehmung.
- **Frequency und Recency:** Wir können Informationen, die uns häufig oder regelmäßig begegnen, leichter abrufen als andere und halten sie daher für besonders „wahr".
- **Ingroup and Outgroup Bias:** Wir schätzen Mitglieder unserer eigenen „Gruppe" mehr als andere. Eigenschaften bzw. Verhalten einzelner Mitglieder der Fremdgruppe werden als beispielhaft für die gesamte Gruppe angesehen.
- **Overconfidence Bias:** Man ist von der Richtigkeit der eigenen Einschätzung ganz besonders – d. h. unangemessen – überzeugt.

Leidenschaftliche Anhänger haben inzwischen angeblich schon rund 200 „Unconscious Biases" identifiziert, die in den unterschiedlichsten Situationen zum Tragen kommen können. Ich denke, dass das die ganze Angelegenheit viel komplizierter macht als nötig.

Meines Erachtens reicht es völlig aus, zu realisieren, dass unsere Einschätzungen nicht gar so unumstößlich sind, wie wir zumeist annehmen, und dass wir weit weniger gut darin sind, mit Informationen umzugehen, als wir gerne glauben. Zudem verdeckt die Konzentration auf „unbewusste“ Vorurteile zuweilen den Blick auf ganz offensichtliche.

Beispiel

Charlotte Sweeney und Fleur Bothwick, zwei D&I-Profis mit langjähriger Erfahrung, weisen in ihrem aktuellen Buch „Inclusive Leadership“ darauf hin, dass viele Organisationen mit Vorurteilen zu kämpfen haben, die ganz und gar nicht unbewusst sind, sondern relativ offen zutage treten. Beispielhaft beschreiben sie eine Diskussion von drei EY-Partnern über die mögliche Beförderung einer Mitarbeiterin. Dabei wurde von einem ihre Leistungsfähigkeit nicht nur aufgrund des Umstands infrage gestellt, dass sie Teilzeit arbeitete, mit fast 40 sei sie zudem ohnehin zu alt für einen weiteren Karriereschritt. „Wir sind nicht sicher, dass irgendetwas in diesem Gespräch als unbewusstes Vorurteil klassifiziert werden könnte, aber ganz bestimmt haben wir hier Vorurteile gesehen[9]“, schließen sie [37].

Wer trotzdem gerne einen Überblick über „Unconscious Biases“ haben möchte, findet hoffentlich Abb. 3.7, das „Cognitive Bias Cheat Sheet“ von Buster Benson [38] hilfreich. Er hat nicht nur vier schlüssige Kategorien identifiziert, die helfen zu erklären, warum unsere Urteilskraft zu wünschen übrig lässt, sondern den jeweiligen Herausforderungen auch die „Lösungen“ zugeordnet, die wir nutzen, wenn wir mit

1. Zu vielen Informationen
2. Nicht genug Bedeutung/Sinn
3. Nicht genug Zeit
4. Nicht genug Gedächtnis konfrontiert sind.

Wir sind Papst und Weltmeister – aber nur manchmal

Einige ganz eigene Wahrnehmungsverzerrungen kommen zum Tragen, wenn es um Menschen geht, die „so sind wie wir“, denn unser Selbstwertgefühl basiert teilweise auf unserer Gruppenzugehörigkeit. Da lohnt es sich, die Fremdgruppe besonders kritisch zu betrachten. Erfolge anderer Mitglieder der eigenen Gruppe werden dagegen mit Begeisterung vereinnahmt, quasi als eigene Leistung wahrgenommen und beflügeln das Selbstbewusstsein. Endlich waren die Deutschen Papst und den vierten Titel haben natürlich auch „wir“ geholt. Wo dann die Begeisterung weniger einhellig ist, lassen sich dann leicht Differenzierungsmerkmale finden, um sich zu dissoziieren. Dann sind „die Katholiken“ schlicht unmöglich und „die Nationalmannschaft“ hat mal wieder unterirdisch gespielt.

[9]Originaltext: „We are not sure that any of this conversation could be classed as unconscious bias, but there was certainly something going on that was clearly bias“ (Eigene Übersetzung der Autorin).

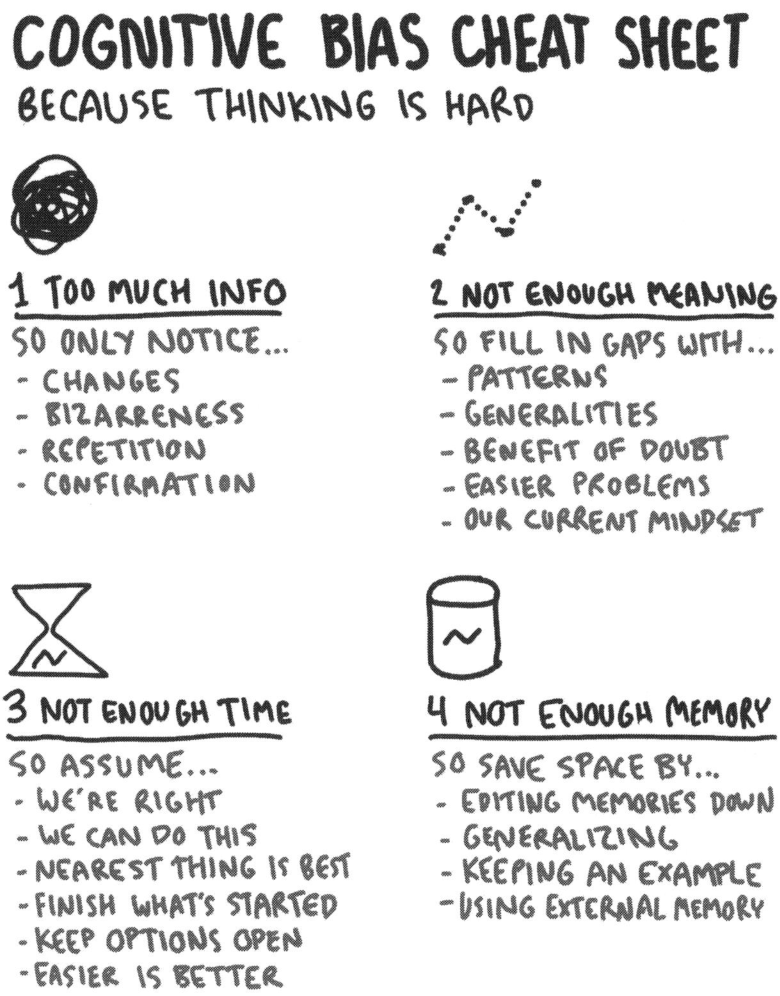

Abb. 3.7 Schummel-Übersicht für Wahrnehmungsverzerrungen. (Nach Buster Benson)

Besonders deutlich zeigt sich die Abwertung einer Fremdgruppe, wenn Menschen den Eindruck haben, dass ihre Interessen bedroht sind oder man sich um knappe Ressourcen streitet. Das sieht man nicht nur an der Flüchtlingsdebatte und der Zustimmung für die AfD. Auch die Aggressivität in der Diskussion um „Equal Pay" und Frauen in Führungspositionen sind Ausdruck eines Verteilungskampfes.

„Umgekehrt sind Personen umso toleranter und großzügiger, je sicherer sie sich bezüglich ihrer eigenen sozialen Identität fühlen" [39]. Wer sich also nicht vor einem sozialen Abstieg fürchtet bzw. mit dem Verlauf seiner Karriere zufrieden ist, ist der jeweiligen Fremdgruppe gegenüber deutlich gelassener eingestellt.

3.6 Die Gruppenzugehörigkeit beflügelt oder behindert den Aufstieg

Aber unsere Zugehörigkeit zu demografischen Gruppen ist nicht nur ein theoretisches Konstrukt, sie definiert im wahrsten Sinne, wen man kennt, und verschafft den Mitgliedern der Ingroup – ähnlich wie geografische Nähe – Vorteile und gibt ihnen Zugang zu wichtigen Entscheidungsträgern.

Soziale Homophilie Tendenz, Menschen zu schätzen, die einem – z. B. in Bezug auf Herkunft, Bildungsgrad oder gesellschaftlichen Status – ähnlich sind, und sich bevorzugt mit ihnen zu umgeben.

Die sogenannte „soziale Homophilie" sorgt dafür, dass wir uns am liebsten mit Menschen umgeben, die uns ähnlich sind. Gleich und Gleich gesellt sich eben gern, wie schon der Volksmund weiß. Aspekte wie unsere – ethnische – Herkunft, der Bildungsgrad oder der gesellschaftliche Status beeinflussen unmittelbar, wen wir kennen und mit wem wir unsere Zeit verbringen. Dadurch entstehen die inzwischen viel diskutierten „Echokammern", in denen wir von Menschen umgeben sind, die so sind „wie wir", die unsere Meinung teilen und uns dadurch davon abhalten, unsere Weltsicht auch einmal infrage zu stellen.

Beispiel

Wie stark persönliche Eigenschaften unser Umfeld und unser Verhalten beeinflussen, zeigt auch eine interessante Studie der Universitätsprofessoren Nicholas Christakis und James Fowler. Sie haben in einer Langzeitstudie die Daten von mehr als 12.000 Einwohnern von Franingham in Massachusetts untersucht und dabei mithilfe statistischer Methoden und Visualisierungstechniken festgestellt, dass selbst unser Gewicht beeinflusst, mit wem wir uns umgeben. So sind übergewichtige Menschen eher mit anderen Menschen mit Übergewicht verbunden und auch Dünne bleiben überwiegend unter sich.

Zudem hängt die Entwicklung des eigenen Gewichts stark mit der im Freundeskreis und von Verwandten zusammen. Wenn ein Freund oder eine Freundin zunahm, stieg die Wahrscheinlichkeit, selbst dick zu werden, um 57 %, bei erwachsenen Geschwistern waren es immerhin 40 %. Den geringsten Einfluss hatte interessanterweise mit 37 % die Partnerin oder der Partner.

Die Forscher schlossen daraus, dass dünne und dicke Menschen dazu tendieren, ihr Leben in unabhängigen „sozialen Clustern" mit verschiedenen sozialen Normen zu verbringen, in denen unterschiedliche Vorstellungen davon herrschen, was „normal" und „wünschenswert" ist [40].

Im Rahmen ihrer Kurse bei INSEAD beauftragt Professorin Herminia Ibarra regelmäßig die teilnehmenden Top-Führungskräfte, ihre eigenen Netzwerke zu analysieren.

Dabei zeigt sich immer wieder, wie schmal diese sind. Dass die überwiegende Mehrheit bei ihren Kontakten Schwerpunkte innerhalb der eigenen Disziplin, der Branche bzw. des Unternehmens haben und dass die meisten Beziehungen in der eigenen Geografie bestehen. Zudem haben sie häufig einen Fokus nach oben und vernachlässigen die Beziehung zu Menschen, die sie weiter unten in der Hierarchie kennen, obwohl diese ihnen wichtige Einblicke liefern könnten, wie sie die Realität im Unternehmen erleben. Durchschnittlich diskutieren nur etwa zwei von fünf von ihnen wichtige Probleme mit Menschen außerhalb ihrer Einheit oder ihres Spezialgebiets und nur jede bzw. jeder Vierte spricht mit Menschen außerhalb des eigenen Unternehmens [41].

Dabei liegen gerade im Rahmen der Kontakte zu Menschen, die man weniger gut kennt, mit denen man weniger vertraut ist, gewaltige Chancen, auch für einen ganz persönlich. Der Soziologe Mark Granovetter hat bei der Untersuchung „Getting a Job" festgestellt, dass 56 % der Befragten ihre neue Aufgabe durch persönliche Kontakte kriegten. Was dabei wirklich spannend war: Nicht einmal jeder Fünfte – nur 17 % – sah den Menschen, der geholfen hatte, regelmäßig. 28 % trafen ihn oder sie praktisch nie. Die „Stärke der schwachen Verbindung", wie er es nannte, lag daran, dass sie Menschen mit einem ganz anderen, zusätzlichen Netzwerk verband, während man potenziell von Optionen, über die gute Freundinnen und Freunde informiert waren, bereits selbst gehört hatte, weil man sich in den gleichen Kreisen bewegt [42].

Unser Geschlecht beeinflusst unser Netzwerk

Auch den Einfluss des Geschlechts auf das persönliche Netzwerk hat Herminia Ibarra in einer viel zitierten Studie untersucht [43]. Dabei ist sie auf zwei Mechanismen gestoßen, die Ungleichheiten in Unternehmen befördern. Da ist zum einen der Umstand, dass sich Männer – über ihre verschiedenen Netzwerke hinweg – eher mit Männern verbinden. Frauen hatten im Vergleich dazu differenziertere Netzwerke und haben sowohl soziale Unterstützung und Freundschaft anderer Frauen gesucht als auch die Verbindung mit Männern. Darüber hinaus haben Männer aus ihren Beziehungen beruflich tendenziell den größeren Nutzen gezogen, d. h. ihr Netzwerk hatte einen höheren Einfluss auf ihre Karriere.

Zu einem ähnlichen Ergebnis kommt Lily Fang, Associated Professor of Finance bei INSEAD. Sie stellte bei einer Untersuchung im Investment Banking fest, dass männliche und weibliche Finanzanalysten zwar gleichermaßen gut vernetzt waren, dass aber die männlichen Analysten deutlich stärker von ihren Kontakten profitierten – und das obwohl die Frauen insgesamt besser ausgebildet waren. Das galt besonders für junge Männer am Anfang ihrer Karriere und hilft, langfristige Gehaltsunterschiede zu erklären. Bei ihnen stieg dank ihrer Verbindungen nicht nur die Qualität ihrer Finanzvorhersagen, auch die subjektive Bewertung ihrer Arbeit durch andere verbesserte sich. Insbesondere diese Urteile helfen dabei, für einen besonders prestigeträchtigen Titel nominiert zu werden, dank dessen sich das Gehalt etwa verdreifacht. Für Frauen hatten persönliche Beziehungen keine Auswirkung [44].

Mit ihrem Forschungsbericht „The Myth of the Ideal Worker“ – „Der Mythos der idealen Beschäftigten“ – hat die Organisation Catalyst 2011 überprüft, ob sich Erfolgsstrategien, die für Männer propagiert werden, auch für Frauen auszahlen, und kamen zu einem ernüchternden Ergebnis. Selbst wenn Frauen brav allen Empfehlungen folgen, beispielsweise hochsichtbare Projekte übernehmen, den Kontakt zu einflussreichen Entscheidern suchen, ihre Erfolge propagieren und „hier“ schreien, wenn sich Karrieremöglichkeiten eröffnen, bringt ihnen das wenig. Zwar stellte man bei 4000 Befragten – Männern und Frauen, deren berufliche Entwicklung man einige Jahre begleitete – fest, dass Frauen ebenso häufig wie Männer intern andere Positionen auf gleicher Ebene übernahmen und damit Erfahrung und Sichtbarkeit erhöhten, aber während entsprechende Wechsel für Männer das Sprungbrett für eine Beförderung waren, waren sie für Frauen die Alternative. Innerhalb der Vergleichsgruppe wurden – um Einflussfaktoren bereinigt – 15 % mehr Männer als Frauen befördert [45]. An fehlenden Mentoren – ein anders hochgelobtes Erfolgskriterium – lag das nicht. Tatsächlich hatten mehr Frauen als Männer eine Mentorin oder einen Mentor [46].

▶ Ein **Coach** spricht zu dir, ein **Mentor** spricht mit dir und ein **Sponsor** spricht über dich[10] [47].

Das unterstreicht die Bedeutung eines weiteren maßgeblichen D&I-Trends: dem zunehmenden Fokus auf „Sponsoring“, auf Menschen, die die Karriere ihrer Schützlinge aktiv unterstützen, indem sie ihnen Zugang zu ihrem Netzwerk geben, sie für offene Positionen empfehlen und sich für ihre Qualifikation verbürgen, statt ihnen „nur“ mit Tipps und Erfahrungen zur Seite zu stehen.

Die Bedeutung von Sponsoring illustrieren auch Zitate von Führungskräften bei einer Befragung zur Unternehmenskultur eines Industriekonzerns: „Mich hat jedes Mal jemand auf die Schulter getippt und gefragt: Es gibt da einen Job, bist du interessiert?“, „Man sieht das bei Neueinstellungen, wenn die Kandidaten anders sind. Sie kennen keinen und kriegen daher auch nichts geregelt. Und nach einem, maximal zwei Jahren sind sie dann wieder verschwunden“, „Wenn du einen starken Sponsor hast, kannst du dir einen Fehler leisten. Andernfalls bist du weg vom Fenster“ (Eigene Untersuchung).

▶ **Sponsoring** Beim Sponsoring nutzt eine Führungskraft den eigenen Einfluss und das eigene Netzwerk für das berufliche Fortkommen des Schützlings. Der Fokus liegt dabei neben dem Gespräch mit dem Gesponserten – dem „Sponsee“ oder Protegé – im Gespräch über ihn oder sie, um neue und vielversprechende berufliche Möglichkeiten auszuloten.

[10] Originaltext: „A coach talks to you, a mentor talks with you, and a sponsor talks about you“ (Eigene Übersetzung der Autorin).

Das britische „Center for Talent Innovation“ hat festgestellt, dass Sponsoring – anders als Mentoring – einen messbaren Einfluss auf die Karriereentwicklung hat [48]. Gleichzeitig hängt die Wahrscheinlichkeit, gesponsert zu werden, unmittelbar mit der persönlichen Demografie – Aspekten wie der Herkunft, der Ethnie und natürlich dem Geschlecht – zusammen. Die soziale Homophilie lässt grüßen. Männer hatten laut der Untersuchung 25 % häufiger einen Sponsor als Frauen – auf höheren Ebenen war das sogar doppelt so wahrscheinlich. Zudem saßen ihre Sponsoren weiter oben in der Hierarchie, hatten mehr Einfluss und mehr Einblick in die Unternehmenspolitik.

Beispiel

Lisa Kepinski, Gründerin und Direktorin des Inclusion Institute, beschreibt eine einfache und wirkungsvolle Intervention, die es ermöglicht, die unterschiedliche Sichtbarkeit verschiedener Menschen im Unternehmen zu illustrieren und die sich selbstverständlich auf unterschiedliche Zielgruppen übertragen lässt:

Vor der Einführung eines strukturierten Sponsorship-Programms für Frauen in Führungspositionen gab es Widerstände, da Mitglieder der oberen Führungsebene fest davon überzeugt waren, dass sie Frauen und Männer gleichermaßen fördern und unterstützen und es für gezielte Maßnahmen daher keinen Bedarf gäbe.

Die Besprechung, in der Bedenken diskutiert werden sollten, startete mit einer Präsentation und einer Folie mit kleinen Fotos der über 130 Führungskräfte, die auf der Ebene tätig waren, die durch das Programm adressiert werden sollte. Es waren sowohl Frauen und Männer auf der Folie abgebildet, bunt gemischt. Auf die Frage, wer den Besprechungsteilnehmern bekannt sei, waren alle in der Lage, zahlreiche Namen zu nennen.

Auf der nächsten Folie wurden dann die Bilder aller Männer ausgeblendet und das Ergebnis war frappierend: Nur wenige der weiblichen Führungskräfte waren den Teilnehmern bekannt.

Damit hat die Übung die Notwendigkeit eines strukturierten Ansatzes klar illustriert und die Bedenken ausgeräumt [49].

3.7 Mikro-Ungerechtigkeiten sind Teil unseres Handelns

Ein weiterer Aspekt der den Aufstieg beflügeln oder Betroffene zermürben kann, sind positive oder negative kleine Signale, die wir anderen – häufig unbewusst – senden. Mit Mikro-Bestätigungen zeigen wir anderen, dass wir sie schätzen, mit Mikro-Ungerechtigkeiten bzw. -Aggressionen, dass das nicht wirklich der Fall ist.

▶ **Mikro-Bestätigungen bzw. Mikro-Ungerechtigkeiten bzw. Mikro-Aggressionen** **...** sind kleine – häufig unbewusste – Gesten oder Zeichen, mit denen Wohlwollen und Unterstützung oder alternativ eine geringe Wertschätzung signalisiert wird.

Mikro-Bestätigungen kommen in den unterschiedlichsten Situationen und in ganz verschiedener Form zum Tragen. Wir nicken jemandem freundlich zu, signalisieren Interesse, wenn sich jemand verhaspelt. Wir bieten in einer Besprechung Unterstützung an, rufen „Jetzt lasst sie doch mal aussprechen", wenn alle durcheinanderreden. Wenn uns eine Bewerberin oder ein Bewerber sympathisch ist, kann das auch schon Mal dazu führen, dass wir im Vorstellungsgespräch freundlich intervenieren und so was sagen wie „kein Grund nervös zu sein, fangen wir doch einfach noch mal an". Der entsprechenden Verhaltensweisen sind wir uns anschließend häufig nicht einmal bewusst – es spielte ja auch keine große Rolle, wir haben so was ja schließlich alle schon mal erlebt. Nichtsdestotrotz kann es schon reichen, um einer Kandidatin oder einem Kandidaten die Sicherheit zu geben, die anderen im Gespräch dann fehlt.

Beispiel

Zunehmend nutzen Unternehmen in den frühen Phasen des Rekrutierungsprozesses zeitversetzte Videointerviews, bei denen keine direkte Interaktion stattfindet. Dabei nehmen Bewerberinnen und Bewerber ihre Antworten auf die Interviewfragen mit einer Webcam selbst auf und übersenden sie an den potenziellen Arbeitgeber.

Diese Verfahren ist gleichzeitig eine Möglichkeit, um die Chancengleichheit zu verbessern, denn Mikro-Ungerechtigkeiten, die im Interview aufgrund des Sympathiefaktors entstehen, werden damit ausgeschlossen.

Das fiese Gegenstück zu diesen kleinen, positiven Handlungen sind Mikro-Ungerechtigkeiten oder Mikro-Aggressionen [50]. Statt Geduld zu zeigen, gucken wir dann auf die Uhr, rollen ein bisschen die Augen oder sagen so was wie „darauf hätten Sie sich aber schon vorbereiten können".

Entsprechende Handlungen sind einzeln eigentlich völlig irrelevant, aber haben massive Auswirkungen, wenn sie häufiger oder regelmäßig stattfinden, weil sie Betroffene ausschließen, das Selbstbewusstsein untergraben und Produktivität, Motivation und den Spaß an der Arbeit negativ beeinflussen.

Gerade weil sie trivial erscheinen, sind sie zudem so zerstörerisch. Für „sichtbare" Diskriminierung gibt es klare Kanäle, um sie zu adressieren und anschließend abzustellen. Wer berichtet, dass der Chef einen vor anderen regelmäßig anbrüllt oder die Chefin einen anfasst, kann davon ausgehen, dass andere verständnisvoll und mitfühlend reagieren und dass sie aktiv werden. Wenn sie nur die Augen rollen und während der eigenen Wortbeiträge E-Mails lesen oder einen nicht zu Meetings einladen und auf dem Verteiler für wichtige E-Mails vergessen, kann man sich darauf nicht verlassen. „Bist du sicher?" oder „Stell dich nicht so an, das kann doch jedem mal passieren" sind da die freundlichen Varianten, die sich zu einem „Der ist aber auch ein Weichei!" oder „Um Himmels Willen, hat die schon wieder ihre Tage?" auswachsen können.

Noch als sie als Unternehmensbereichsleiterin von Philips Healthcare für einen Umsatz von mehreren Milliarden Euro verantwortlich war, so berichtet Deborah DiSanzo, ist es ihr in einem Meeting passiert, dass sie jemand gebeten hat, sich um den

Kaffee zu kümmern. Während das jedoch in ihrem Fall den anderen in eine schrecklich peinliche Situation versetzt hat, sind entsprechende Erlebnisse schwieriger wegzustecken, wenn es eines der ersten großen Meetings ist oder man wegen der eigenen Präsentation ohnehin schon nervös ist. Mikro-Aggressionen treffen „marginalisierte Gruppen", d. h. Menschen, die nicht in einer Machtposition sind, sondern nach dem Motto – „steter Tropfen höhlt den Stein" – immer wieder kleinen Zurückweisungen und Ungerechtigkeiten ausgesetzt sind.

Marginalisierte Gruppe Ist eine weitere Bezeichnung für die Outgroup bzw. Minderheitenkultur und unterstreicht, dass Meinungen und Bedürfnisse ihrer Mitglieder häufig weniger wichtig genommen bzw. sogar ignoriert werden.

Das kann auch dazu führen, dass Dinge ein Eigenleben entwickeln und sich zur selbsterfüllenden Prophezeiung entwickeln. Die jungen Mitarbeiterin, die kein Problem damit hat, dem Wunsch der Kollegen nachzukommen, wird nicht als „hilfsbereit" wahrgenommen, sondern ist potenziell „zu nett". In jedem Fall beeinflusst das Verhalten allerdings die Sicht auf ihre Kompetenz. „Es ist ja schön, dass sie sich immer um die Heißgetränke kümmert, aber das ist ja alles, was man von ihr sieht. Das qualifiziert sie nicht für eine Führungsposition. Die erfordert schließlich Durchsetzungskraft – die ihr offensichtlich abgeht, wenn sie den Kaffee ausschenkt." Den Betroffenen selbst ist oft unklar, was vor sich geht. Irgendwas läuft schief, das haben sie im Gefühl, aber was genau passiert, entzieht sich ihnen. Irgendwann reagieren sie darauf dann vielleicht schlecht gelaunt und ruppig. Es ist schließlich nicht fair und wohl fühlen sie sich auch nicht. Auf Feedback und Unterstützung können sie auch dann nicht unbedingt hoffen. Die meisten Menschen finden es schwierig, jemandem Rückmeldung zu geben, der anders ist, als sie selbst – und verzichten darauf daher lieber gleich ganz. So zeigen aktuelle Untersuchungen beispielsweise, dass 46 % der Männer, aber nur 36 % der Frauen kritisches Feedback erhalten [51]. Und selbst dabei unterscheidet sich das Feedback potenziell erheblich: Während Männer tendenziell konstruktive Rückmeldungen erhalten, bekommen Frauen öfter persönliche Kritik zu hören.

Beispiel

Unterschiede in den Rückmeldungen waren auch in einer semantischen Untersuchung von Leistungsbeurteilungen aus verschiedenen Unternehmen deutlich sichtbar [52].

Besonders frappierend waren dabei die Unterschiede in der Art der Rückmeldungen. Während nur zwei Prozent der Männer negatives und 81 % ausschließlich konstruktives Feedback erhielten, sah das für Frauen ganz anders aus: 71 % waren mit negativem Feedback konfrontiert.

Männer bekamen Tipps zu hören wie „Nimm dir einfach manchmal mehr Zeit, um zuzuhören", „Denk über andere Strategien nach, um dein Team zu führen und dessen Fähigkeiten zu entwickeln". Frauen waren dagegen zumeist persönlicher Kritik ausgesetzt: „Du kommst zuweilen aggressiv rüber", „Deine Kollegen haben manchmal den Eindruck, du gibst ihnen nicht genug Raum“ oder „Du musst auf deinen Ton achten“.

Ob sie dabei von einem Mann oder einer Frau beurteilt wurden, machte übrigens keinen Unterschied.

Wichtig ist es, zu realisieren, dass Mikro-Ungerechtigkeiten für die Betroffenen Auswirkungen haben können, die weit über die triviale Natur des einzelnen Vorfalls hinausgehen, und das sogar, ohne dass es dem Verursacher bewusst ist.

Was Sie aus diesem Kapitel mitnehmen sollten

- Firmen sind keine Meritokratien, in denen ausschließlich Kompetenz und Leistung für die Karriere entscheidend sind. Es gibt zahlreiche andere Faktoren, die Einfluss auf den Aufstieg haben.
- „Unbewusste Privilegien“, die häufig aus der persönlichen Demografie resultieren – der Herkunft, dem Geschlecht, wen man kennt –, sind wie Rückenwind und können den Aufstieg beschleunigen.
- Die geografische Verteilung von Führungspositionen wirkt sich auf die Sichtbarkeit möglicher Kandidaten aus und verschafft häufig denjenigen einen Vorteil, die nah am Machtzentrum arbeiten.
- Die kulturelle Prägung hat starken Einfluss auf das Verhalten und macht die interkulturelle Zusammenarbeit zu einer Herausforderung. Wo ein bestimmter Stil bevorzugt wird, dem Beschäftigte aus einem anderen Kulturkreis nicht entsprechen, kann das deren Beurteilung beeinflussen und den Aufstieg behindern.
- Die kulturelle Prägung beeinflusst auch, welche Verhaltensweisen wir in unterschiedlichen Situationen bzw. Rollen für angemessen halten. Diese Stereotype können Menschen von Führungsrollen ausschließen.
- Stereotype beeinflussen unsere Sicht auf andere. Wir haben klare Vorstellungen davon, wie Menschen sind, die einer bestimmten Gruppe angehören, bzw. wie jemand auszusehen und aufzutreten hat, um einer bestimmten Rolle gerecht zu werden.
- Um uns schnelle Entscheidungsprozesse zu ermöglichen, nutzen wir eine Vielzahl von mentalen „Abkürzungen“ (Heuristiken), die gleichzeitig zu Fehleinschätzungen und Fehlentscheidungen führen können. Uns selbst sind diese Wahrnehmungsverzerrungen bzw. „Biases“ nicht bewusst, stattdessen gehen wir üblicherweise davon aus, ein rationales Urteil zu fällen.
- Menschen kennen überwiegend andere, die ihnen ähnlich sind. Sie neigen eher dazu, diese zu unterstützen, und haben von ihnen tendenziell ein positiveres Bild. Mehr Vielfalt auf Führungsebenen erfordert daher strukturierte Ansätze, um dieses Ungleichgewicht auszubalancieren.
- Zusätzlich demonstrieren wir durch kleine Signale – durch Mikro-Bestätigungen bzw. Mikro-Ungerechtigkeiten – Sympathie bzw. eine geringe Wertschätzung und unterstützen damit andere bzw. machen ihnen das Leben schwer. Oft ist uns dieses Verhalten und seine Konsequenzen noch nicht einmal bewusst.

Wichtige Fragen in Bezug auf Ihre eigene Strategie

Was haben nach Ihrer Einschätzung in Ihrem Unternehmen Menschen gemeinsam, die „es nach oben schaffen"? Woran machen Sie diese Einschätzung fest?	
Was behindert Menschen beim Aufstieg? Woran erkennen Sie das?	
Wie entwickeln sich bei Ihnen internationale Karrieren? Woher kommen die Menschen, die ins Ausland entsandt werden?	
Gibt es viele Menschen aus anderen Kulturen, die im Headquarter Erfahrungen sammeln und Kontakte aufbauen?	
Ist die Zentrale sonst sehr vielfältig? Oder gibt es bestimmte Gemeinsamkeiten?	
Welche Arten von Verhalten werden besonders geschätzt? Wie und wo zeigt sich das?	
Was für ein Verhalten/was für Charakteristiken sind verpönt? Woran kann man das festmachen?	
Wo begegnen Ihnen Stereotype? In welchen Prozessen? Wie sieht das aus und wer ist betroffen?	
Welche maßgeblichen Prozesse haben Einfluss auf Beförderungen? Werden sie D&I-Anforderungen formal gerecht? Werden sie tatsächlich gelebt?	
Welche Mikro-Ungerechtigkeiten kommen nach Ihrer Wahrnehmung öfters vor? In welchem Kontext?	

Literatur

1. Karrierespiegel. 2017. Forumsbeiträge zu „Firmen besetzen Spitzenjobs meist mit Männern". 11.01.2017. http://www.spiegel.de/karriere/trotz-frauenquote-firmen-besetzen-spitzenjobs-meist-mit-maennern-a-1129517.html. Zugegriffen: 27. Dez. 2016.
2. Norwegian Refugee Council. 2015. "Power walk" (Vulnerability analysis) Instructions. http://www.internal-displacement.org/assets/publications/2015/20150910-durable-solutions-training-package/7.AGD-and-DS/7.-IDMC-Modules-AGD-Session-Power-walk.pdf. Zugegriffen: 27. Dez. 2016.
3. Meyer, Erin. 2015. When culture doesn't translate. *Harvard Business Review,* 2015 (10): 66–72.
4. Hofstede, Geert, Gert Jan Hofstede, und Michael Minkov. 2010. *Cultures and organizations: Software of the mind – Revised and Expanded,* 3. Aufl. USA : Mc Graw Hill.
5. Gundling, Ernest, Anita Zanchettin, und Aperian Global. 2007. *Global Diversity: Winning Customers and Engaging Employees within Markets.* Boston: Nicholas Brealey International.
6. Trompenaars, Fons, und Charles Hampden-Turner. 1997. *Riding the waves of culture: Understanding cultural diversity in business.* Boston: Nicholas Brealey International.
7. Nisbett, Richard E. 2003. *The geography of thought: How Asians and Westerners think different and why.* New York: Free Press.
8. Deutsche Welle. 2005. Herausforderung Englisch als Unternehmenssprache, 11.12.2005. http://www.dw.com/de/herausforderung-englisch-als-unternehmenssprache/a-1805008. Zugegriffen: 27. Dez. 2016.
9. FAZ. 2016. Stiftung Deutsche Sprache verkauft aus Protest VW-Aktien, 22.12.2016. http://www.faz.net/aktuell/wirtschaft/vw-abgasskandal/konzernsprache-englisch-stiftung-deutsche-sprache-verkauft-aus-protest-vw-aktien-14587863.html. Zugegriffen: 27. Dez. 2016.
10. Werth, Lioba. 2010. *Psychologie für die Wirtschaft.* Heidelberg: Spektrum Akademischer Verlag.
11. CNN. 2017. Trump asks African-American reporter to set up meeting with black lawmakers, 16.02.2017. http://edition.cnn.com/2017/02/16/politics/donald-trump-april-ryan-congressional-black-caucus/index.html. Zugegriffen: 27. Dez. 2016.
12. https://twitter.com/DonaldJOrwell/status/832368898183802880. Zugegriffen: 27. Dez. 2016.
13. https://twitter.com/kylegriffin1/status/832703901241520130. Zugegriffen: 27. Dez. 2016.
14. Kandola, Binna, und Jo Kandola. 2013. *The invention of difference.* Oxford: Pearn Kandola.
15. Werth, Lioba, und Jennifer Mayer. 2008. *Sozialpsychologie.* Berlin: Springer.
16. Lauren. 2000. Blind orchestra auditions better for women, study finds, 28.11.2000. https://www.princeton.edu/main/news/archive/A94/90/73G00/index.xml. Zugegriffen: 27. Dez. 2016.
17. The Guardian. 2013. How blind auditions help orchestras to eliminate gender bias, 14.10.2013. https://www.theguardian.com/women-in-leadership/2013/oct/14/blind-auditions-orchestras-gender-bias. Zugegriffen: 27. Dez. 2016.
18. Der Spiegel. 2016. Bewerber reden jetzt mit dem Computer, 18.10.2016. http://www.spiegel.de/karriere/computer-sprachanalyse-im-vorstellungsgespraech-was-man-beachten-muss-a-1116001.html#js-article-comments-box-pager. Zugegriffen: 27. Dez. 2016.
19. Cuddy, Amy J. C., Peter Glick, und Anna Beninger. 2011. The dynamics of warmth and competence judgments, and their outcomes in organizations. http://www.sciencedirect.com/science/article/pii/S019130851100013X. Zugegriffen: 27. Dez. 2016.
20. Bohnet, Iris. 2016. What works. London: Harvard University Press.
21. Moss-Racusin, Corinne A., Julie E. Phelan und Laurie Rudman. When Men Break the Gender Rules: Status Incongruity and Backlash Against Modest Men, April 2010. https://www.

researchgate.net/publication/232464622_When_Men_Break_the_Gender_Rules_Status_Incongruity_and_Backlash_Against_Modest_Men. Zugegriffen: 27. Dez. 2016.
22. Greig, Fiona. 2008. Propensity to negotiate and career advancement: Evidence from an investment bank that women are on a "Slow Elevator". http://library.pcw.gov.ph/sites/default/files/propensity%20to%20negotiate%20and%20career.pdf. Zugegriffen: 27. Dez. 2016.
23. Bian, Lin, Sarah-Jane Leslie, und Andrei Cimpian. 2017. Gender stereotypes about intellectual ability emerge early and influence children's interests. Science, 27.01.2017. http://science.sciencemag.org/content/355/6323/389. Zugegriffen: 27. Dez. 2016.
24. Kaulen, Hildegard. 2017. Jungs sind schlauer – so einfach ist das? FAZ, 03.02.2017. http://www.faz.net/aktuell/wissen/geist-soziales/sind-jungs-schlauer-maedchen-trauen-dem-anderen-geschlecht-mehr-zu-14800735.html. Zugegriffen: 27. Dez. 2016.
25. Phillips, Katherine W., Robert B. Lount, Oliver Sheldon und Floor Rink. 2016. The biases that punish racially diverse teams. Harvard Business Review, 22.02.2016. https://hbr.org/2016/02/the-biases-that-punish-racially-diverse-teams. Zugegriffen: 27. Dez. 2016.
26. Gregory, Richard. 2006. Hollow mask illusion. http://www.richardgregory.org/experiments/video/chaplin.htm. Zugegriffen: 27. Dez. 2016.
27. Implicit Association Tests. Project Implicit. https://implicit.harvard.edu/implicit/takeatest.html. Zugegriffen: 27. Dez. 2016.
28. Jung, Kiju, Sharon Shavitt, Madhu Viswanathan, und Joseph M. Hilbe. 2014. Female hurricanes are deadlier than male hurricanes. http://www.pnas.org/content/111/24/8782.abstract. Zugegriffen: 27. Dez. 2016.
29. Argyris, Chris. 1990. *Overcoming organizational Ddfenses: Facilitating organizational learning*. New Jersey: Pearson Education.
30. Gladwell, Malcom. 2005. *Blink*. London: Penguin Books.
31. Kahneman, Daniel. 2011. *Thinking, fast and slow*. London: Penguin Books.
32. Harmon, Katherine. 2009. Earlier model of human brain's energy usage underestimated its efficiency. Scientific American, 10.09.2009. https://www.scientificamerican.com/article/brain-energy-efficiency/. Zugegriffen: 27. Dez. 2016.
33. Rock, David. 2009. *Your brain at work*. New York: HarperBusiness.
34. Beck, Hanno. 2014. *Behavioral economics*. Wiesbaden: Springer Gabler.
35. Webb, Caroline. 2016. *How to have a good day*. London: Crown Business.
36. Simons, Daniel, und Christopher Chabris. 2010. The invisible gorilla. https://www.youtube.com/watch?v=vJG698U2Mvo. Zugegriffen: 27. Dez. 2016.
37. Sweeney, Charlotte, und Fleur Bothwick. 2016. *Inclusive leadership*. Harlow: Pearson Education Limited.
38. Benson, Buster. 2017. Cognitive bias cheat sheet, simplified: Thinking is hard because of 4 universal conundrums, 08.01.2017. https://medium.com/thinking-is-hard/4-conundrums-of-intelligence-2ab78d90740f. Zugegriffen: 27. Dez. 2016.
39. Werth, Lioba, und Jennifer Mayer. 2008. *Sozialpsychologie*. Berlin: Springer.
40. Christakis, Nicholas A., und James H. Fowler. 2007. The spread of obesity in a large social network over 32 years. The New England Journal of Medicin. http://www.nejm.org/doi/full/10.1056/NEJMsa066082. Zugegriffen: 27. Dez. 2016.
41. Ibarra, Herminia. 2015. How to revive a tired network. Harvard Business Review, Februar 2015. https://hbr.org/2015/02/how-to-revive-a-tired-network. Zugegriffen: 27. Dez. 2016.
42. Ferrazzi, Keith. 2005. *Never eat alone*. New York: Doubleday.
43. Ibarra, Herminia. 1992. Homophily and differential returns: Sex differences in network structure and access in an advertising firm. https://www.jstor.org/stable/2393451?seq=2#page_scan_tab_contents. Zugegriffen: 27. Dez. 2016.

44. Fang, Lily. 2015. Your rolodex matters, but by how much depends on your gender, 24.02.2015. http://knowledge.insead.edu/career/your-rolodex-matters-but-by-how-much-depends-on-your-gender-3862. Zugegriffen: 27. Dez. 2016.
45. Carter, Nancy M., und Christine Cilva. 2011. The myth of the ideal worker: Does doing all the right things really get women ahead? http://www.catalyst.org/system/files/The_Myth_of_the_Ideal_Worker_Does_Doing_All_the_Right_Things_Really_Get_Women_Ahead.pdf. Zugegriffen: 27. Dez. 2016.
46. Ibarra, Herminia, Nancy M. Carter, und Christine Silva. 2010. Why men still get more promotions than women. Harvard Business Review, September 2010. https://hbr.org/2010/09/why-men-still-get-more-promotions-than-women. Zugegriffen: 27. Dez. 2016.
47. Catalyst. 2014. Coaches, mentors, and sponsors – Understanding the differences, 11.12.2014. http://www.catalyst.org/system/files/understanding_coaches_mentors_sponsors.pdf. Zugegriffen: 27. Dez. 2016.
48. Hewlett, Sylvia Ann. 2013. Mentors are good. Sponsors are better. New York Times, 13.04.2013. http://www.nytimes.com/2013/04/14/jobs/sponsors-seen-as-crucial-for-womens-career-advancement.html. Zugegriffen: 27. Dez. 2016.
49. Kepinski, Lisa, und Tinna C. Nielsen. 2016. Inclusion nudges guidebook, CreateSpace Independent Publishing Platform.
50. Rowe, Mary P. 1990. Barriers to equality: The power of subtle discrimination to maintain unequal opportunity. http://ombud.mit.edu/sites/default/files/documents/barriers.pdf. Zugegriffen: 27. Dez. 2016.
51. Staley, Oliver. 2016. Here's new ammunition from McKinsey for women fighting for equality in the workplace, 27.10.2016. https://qz.com/793109/a-mckinsey-and-lean-in-report-on-women-in-the-workplace-study-shows-women-are-still-trailing-men-in-opportunities/. Zugegriffen: 27. Dez. 2016.
52. Snyder, Kieran. 2014. The abrasiveness trap: High-achieving men and women are described differently in reviews, 26.8.2014. http://fortune.com/2014/08/26/performance-review-gender-bias/. Zugegriffen: 27. Dez. 2016.

4 Mythos Vorstandsunterstützung: Warum es nicht hilft, D&I zur „Chefsache" zu erklären

> Die Unterstützung durch den Vorstand wird in der Diskussion um Vielfalt und Chancengleichheit regelmäßig als Voraussetzung und Garant einer erfolgreichen Strategie dargestellt. In diesem Kapitel geht es darum, zu verstehen, warum die Rolle des CEOs häufig überbewertet wird und seine oder ihre Unterstützung oft weniger bewirkt als erwartet oder sogar kontraproduktiv sein kann.

„Diversity ist Chefsache", darin ist sich eine breite Koalition einig. Wenn nur der Vorstandsvorsitzende dem Thema endlich genug Aufmerksamkeit schenken und sich persönlich zur Bedeutung von mehr Vielfalt bekennen würde, so wäre – das scheint die Annahme – der Fortschritt kaum noch aufzuhalten. Und ohne Zweifel ist die Vorstellung, dass dank der Unterstützung einer zentralen Person Veränderungen plötzlich reibungslos vonstattengehen, ein quasi magischer Gedanke. Das liegt daran, dass es genau das ist: eine Illusion.

Ein kurzer Blick auf die Fakten demonstriert, wie wenig die Realität die Hoffnung nährt, dass die Unterstützung des Vorstandsvorsitzenden tatsächlich das erhoffte „silver bullet" ist, also der eine Trick, mit dem sich mehr Vielfalt in Unternehmen erzielen lässt.

Bereits 2009 sagten laut McKinsey 59 % der Vorstandsmitglieder, sie seien davon überzeugt, dass es sich finanziell rechnet, im Führungsteam einen signifikanten Frauenanteil zu haben. Trotzdem war es nur in acht Prozent der Unternehmen eine der Top-3-Prioritäten, entsprechende Veränderungen voranzutreiben. Weitere 20 % gaben an, es sei immerhin eines der zehn wichtigsten Themen auf der strategischen Agenda ihrer Organisation [1].

2011 war laut McKinsey bereits bei 12 % der Unternehmen „Mehr Frauen in Führung" eines der drei wichtigsten strategischen Themen – und insgesamt 53 % gaben an, es sei eine der Top-10-Prioritäten. Auf den Frauenanteil hat sich auch das nicht signifikant ausgewirkt.

V. Hucke, *Mit Vielfalt und Fairness zum Erfolg*,
DOI 10.1007/978-3-658-16878-0_4

An mangelnder Unterstützung des Vorstandsvorsitzenden kann das kaum gelegen haben. Laut McKinsey gaben 92 % der Befragten in Unternehmen an, dass er oder sie das Thema unterstütze [2].

Nächste Untersuchung, gleiches Ergebnis: Laut „Women in the Workplace 2016", einer Studie, die McKinsey gemeinsam mit LeanIn.Org in Nordamerika durchgeführt hat, geben inzwischen 78 % der CEOs an, dass es eine ihrer Top-10-Prioritäten sei, eine größere Gleichberechtigung der Geschlechter zu erzielen. Aber – Überraschung – „bei den größten Unternehmen ändert sich die Geschlechterverteilung nicht", heißt es im Bericht. „Frauen erhalten seltener die maßgebliche erste Beförderung zur Vorgesetzten – deshalb schlagen viel weniger eine Führungskarriere ein – und sie werden seltener in Positionen mit größerer Seniorität eingestellt. Das führt dazu, dass der Frauenanteil in Unternehmen Ebene um Ebene sinkt[1]" [3].

4.1 Warum die Unterstützung des Vorstands nicht ausreicht

Es gibt drei mögliche Antworten, warum die breite und steigende Unterstützung keine Ergebnisse liefert.

4.1.1 Das Bekenntnis zu mehr Vielfalt basiert auf sozialem Druck statt echter Überzeugung

Dass Menschen Aussagen treffen, die nicht ihrer ureigenen Überzeugung entsprechen, ist so üblich, dass es in der Statistik sogar einen eigenen Namen hat. Der „social desirability response bias" beschreibt die Fehlerrate, die bei einer Befragung dadurch entsteht, dass Teilnehmende nicht die Antwort geben, die der eigenen Meinung entspricht, sondern die, die sie für sozial bzw. gesellschaftlich erwünscht halten.

Zu sagen, dass man nicht mehr Frauen in Führung will, ist, als ob man den Müll nicht trennt und Eier aus Käfighaltung kauft. Und spätestens seit dem Gesetz für die gleichberechtigte Teilhabe von Frauen und Männern an Führungspositionen ist zumindest in Deutschland eine solche Aussage auch rechtlich für die wenigsten Unternehmen noch zu vertreten. Die Rückmeldungen dazu, wie wichtig es für eine Organisation ist, mehr Frauen in Führungspositionen zu sehen, sind daher mit Vorsicht zu sehen.

---

[1] Originaltext: „[…] gender outcomes across the largest companies are not changing. Women are less likely to receive the first critical promotion to manager – so far fewer end up on the path to leadership – and they are less likely to be hired into more senior positions. As a result, the higher you look in companies, the fewer women you see" (Eigene Übersetzung der Autorin).

4.1.2 Ein Platz unter den Top-10-Prioritäten führt zu nichts

Zehn Prioritäten sind einfach zu viel. Es ist völlig unmöglich, sie parallel im Blick zu behalten. Auch dass sie über 12 Monate unverändert bleiben, ist angesichts rasanter Marktveränderungen kaum anzunehmen.

Beispiel

Bei einer Untersuchung von PwC-Tochter Strategy& zum Thema „Wachstumsinitiativen" haben 64 % der 1800 Befragten angegeben, sie hätten zu viele Prioritäten, die noch dazu miteinander in Konflikt stünden.

Dabei zeigte sich im Rahmen der Studie, dass mit einer steigenden Anzahl von Prioritäten die Erfolgswahrscheinlichkeit der einzelnen Initiative zurückging. Im vorliegenden Fall bedeutete das, dass mit einer längeren Prioritätenliste das Umsatzwachstum verglichen zu den Wettbewerbern sank.

Ein überdurchschnittliches Wachstum wurde am häufigsten dort erzielt, wo sich eine Organisation auf eine bis drei Prioritäten konzentrierte [4].

Auf das Thema „Zielkonflikte" gehen wir im Verlauf des Kapitels noch näher ein. Ebenso wichtig ist es, zu realisieren, dass die Top-10-Platzierung oft nur ein trügerisches Gefühl der Sicherheit vermittelt und echten Fortschritt eher verhindern kann, anstatt ihn zu unterstützen.

4.1.3 Die Unterstützung der Vorstandsvorsitzenden spielt eine viel geringere Rolle, als häufig angenommen

Während die beiden vorangegangenen Punkte dabei helfen zu erklären, warum so wenig passiert, ist aus meiner Erfahrung Punkt 3 der entscheidende: Die meisten Unternehmen sind längst keine straff organisierten Einheiten mehr, in denen Ansagen von oben nach unten durchgereicht und umgesetzt werden.

„Noch vor nicht allzu langer Zeit, genoss der CEO eine herausragende Position in seiner Organisation", beschreibt es Spencer Stuart.

> [...] Das erweiterte Management-Team beschränkte sich darauf, die richtigen Sachen zu sagen und Fehler im Umgang mit dem Vorstandsvorsitzenden zu vermeiden. Es entstand ein Bild vom CEO als brillantem Orakel, von dem man erwartet, dass es alle Antworten kennt. Der Erfolg einer Organisation wurde damit durch das Wissen und die Führungsqualitäten des CEOs definiert und beschränkt. Egal ob dieses Bild jemals komplett oder weitestgehend richtig war, es ist klar, dass die Organisationen, die Vorstände heute leiten, komplexer und schwerer zu koordinieren sind. [...] Was wir zunehmend sehen, ist eine Entwicklung hin zu

Führungsmodellen mit einer ‚geteilten Führung', wie wir Organisationen definieren, die den CEO eher in das Zentrum eines Kreises stellen als an die Spitze einer Pyramide[2] [5].

Das klassische Bild des Zentralkomitees der Kommunistischen Partei passt schlicht nicht mehr zu modernen Unternehmen, die die Bedeutung von agiler Führung und Lean-Management entdeckt haben. Globale Unternehmen agieren innerhalb einer nie gekannten Komplexität, die durch die Vielfalt unterschiedlicher Kulturen, Märkte, konkurrierender Technologien und Geschäftsmodelle getrieben wird.

Die Erkenntnis, dass Schnelle Langsame schlagen, hat sich längst durchgesetzt und führt zu einer größeren Autonomie in Unternehmen. Konzerne wandeln sich von Dampfern zu Schnellbooten – oder haben sich das zumindest ganz fest vorgenommen. Und selbst in den verbliebenen stramm organisierten, zentralistischen Organisationen berichten Beschäftigte voller Stolz von den sogenannten „U-Booten". Von Projekten, die aller Widerstände zum Trotz und ohne „Unterstützung von oben" erfolgreich vorangetrieben werden, weil die Betroffenen aufgrund ihrer Kompetenz und eines tiefen Marktverständnisses Chancen und Möglichkeiten sehen, die sich aus der Helikopterperspektive nicht erschließen. Kurz: Es gibt schlagkräftigere Hebel für Veränderungen als das bloße Vertrauen auf den CEO.

Vorstandsunterstützung steigert nicht das Engagement des Unternehmens

Das zeigt auch die Untersuchung „Diversity in Deutschland", die anlässlich des 10-jährigen Bestehens der Charta der Vielfalt erschienen ist [6]. Dabei unterscheidet die Befragung zwischen den Firmen, die die Charta unterschrieben haben, und einem Querschnitt deutscher Unternehmen. Wichtige Ergebnisse unterstreichen das Problem:

- **Wenn das Top-Management sagt, dass es Diversity unterstützt, heißt das noch lange nicht, dass ein Unternehmen aktiv wird:** Obwohl 62 % der Unternehmen aus dem Querschnitt angeben, dass ihr Top-Management Diversity unterstütze, sagen nur 33 % – also etwa die Hälfte von ihnen –, sie hätten konkrete Maßnahmen implementiert. Nur jeder Fünfte (19 %) plant (weitere) Maßnahmen. Der bekundeten Unterstützung folgen also oft keine Konsequenzen. Unter diesen Umständen gehen natürlich entsprechende Bekenntnisse leicht über die Lippen.

---

[2]Originaltext: „Not very long ago, CEOs enjoyed an elevated status in their organizations. [...] the broader management team, who tended to focus on saying the right things and avoiding mistakes when interacting with the CEO. An image emerged of the CEO as brilliant oracle, who was expected to have all the answers. The success of the business, then, was defined and constrained by the knowledge and leadership capabilities of the CEO. Whether or not this image was ever really or widely true, it is clear that the organizations CEOs oversee today are more complex and unwieldy. [...] What we have seen emerge is a movement toward 'shared leadership' management models, which we define as organizations that place the CEO at the center of a circle rather than atop a pyramid" (Eigene Übersetzung der Autorin).

- **Die Unterstützung der Geschäftsführung versandet in der Organisation:** Egal ob Charta-Unterzeichner oder nicht, im Schnitt sinkt bei den befragten Unternehmen die Unterstützung von Ebene zu Ebene.
- **Mehr Begeisterung an der Spitze sorgt nicht für eine breitere Unterstützung:** Ausgerechnet eine vermeintlich positive Entwicklung illustriert das eigentliche Problem, wie Abb. 4.1 zeigt. Bei den Unternehmen, die die Charta der Vielfalt unterschrieben haben, ist zwar die Unterstützung des Top-Managements für D&I deutlich höher. 73 % der Befragten aus dieser Gruppe geben an, dass ihre Geschäftsführung hinter dem Thema stehe, bei den anderen Unternehmen sind es nur 62 %. Aber auf das mittlere und untere Management hat das keinerlei Wirkung. In beiden Gruppen teilen jeweils nur knapp 50 (mittleres Management) bzw. 40 % (unteres Management) die Begeisterung ihrer Chefin oder ihres Chefs.

Offensichtlich reicht die Überzeugung für den Wert von Vielfalt und Chancengleichheit im Top-Management zwar dafür aus, die Charta zu unterzeichnen. Das bedeutet aber noch lange nicht, dass die Geschäftsführung als Bannerträger das Thema in ihren Organisationen vorantreibt. Aus meiner Sicht ist das übrigens nachvollziehbar. Schließlich ist nicht nur Diversity angeblich „Chefsache", sondern ihre Agenda ist auch anderweitig relativ gut bestückt.

Zudem wird bei diesem Angang ein weiterer Aspekt übersehen: Die Verantwortung für Vielfalt und Chancengleichheit ist eine komplexe Aufgabe, die Expertise erfordert. Die starke Vereinfachung wird weder dem Thema noch der Funktion gerecht. Jeder, der schon länger in diesem Umfeld unterwegs ist, weiß wie schnell viele mit Macht vorangetriebenen Veränderungen scheitern und eine Organisation noch hinter den Ausgangspunkt zurückwerfen. Insbesondere bei den frühen Versuchen, den Anteil von Frauen in Geschäftsführungs- und Vorstandspositionen zu erhöhen, war das deutlich zu sehen. Die Ablehnung maßgeblicher Stakeholder resultierte in einer „Das Imperium schlägt zurück"-Reaktion, die schnell die verhaltenen Fortschritte zunichtemachte.

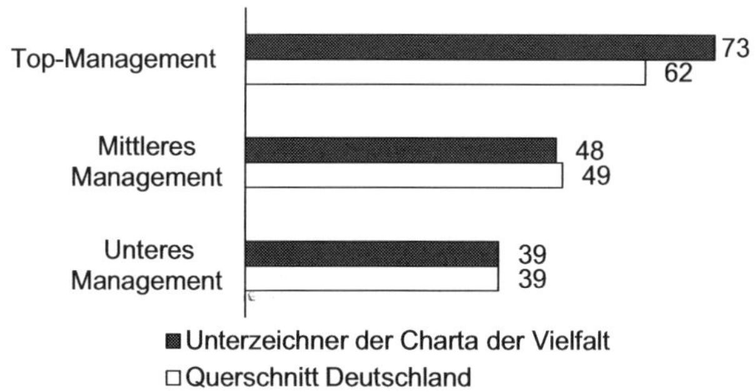

Abb. 4.1 Eine höhere Unterstützung des Top-Managements hat keine positiven Auswirkungen auf den Rest der Organisation. (Nach „Diversity in Deutschland", Charta der Vielfalt)

4.2 Wenn die Vorstandsunterstützung zum Problem wird

Statt Veränderungen zu beschleunigen, kann die Konzentration auf den Vorstand sogar zum Problem werden und Veränderungen bremsen. Warum?

Um Vielfalt und Chancengleichheit zur strategischen Priorität eines Unternehmens zu erheben, ist in den meisten Fällen eine Präsentation in der Vorstandssitzung erforderlich, und das hat jede Menge Konsequenzen: Zum einen reicht es dann zumeist nicht aus, eine Handvoll klar umrissener Schwerpunkte zu definieren, mit denen Veränderungen angestoßen werden sollen. Stattdessen heißt es, ein umfassendes Maßnahmenpaket zu schnüren, um dem Vorstand das gesamte Ausmaß der erforderlichen Entwicklung und Konsequenzen darzustellen Warum sollte sich auch der Vorstand eines Themas annehmen, dass nicht groß und kompliziert ist?

Eine Vielzahl von Aktivitäten führt aber nicht nur zu einer schwammigen Agenda, es heißt auch, dass im Vorfeld zahlreiche Ansprechpartnerinnen und Ansprechpartner eingebunden werden müssen. Da zumeist alle eine andere Meinung und andere Prioritäten haben und viele Gründe sehen, warum Veränderungen gerade jetzt unmöglich implementiert werden können, führt das entweder zu einem endlosen Abstimmungsprozess oder zu einem Aktivitätenkatalog, der sich am kleinsten gemeinsamen Nenner orientiert. Es werden also nicht diejenigen Veränderungen angegangen, die die größte Relevanz und die größte Wirkung haben, sondern die, auf die sich alle Beteiligten zu einigen vermögen. Das ist keine gute und auch keine schnelle Methode, um eine Strategie zu definieren.

Ein weiteres Problem ist gerade bei hierarchischen Organisationen ausgeprägt: Wenn ein Thema so wichtig ist, dass sich der Vorstand höchstpersönlich seiner annimmt, ist es ja ganz offensichtlich in guten Händen und man will den Lauf der Dinge keinesfalls mit eigenen Ideen oder Initiativen stören. Alternativ ruhen sich Verantwortliche aus, da schließlich die erforderlichen Maßnahmen bereits ergriffen werden – und zwar direkt vom Vorstand! –, sodass für sie selbst wenig Anlass besteht, Verantwortung zu übernehmen.

In der Konsequenz heißt das häufig, dass das Bekenntnis zu mehr Vielfalt – selbst bei positiver Absicht – zum Lippenbekenntnis wird, dem keine Konsequenzen folgen, weil relevante Stakeholder nicht mitziehen.

Das kann man unschwer an der verhaltenen Veränderungsgeschwindigkeit in den meisten Unternehmen erkennen. Ebenso wie die Untersuchung der Charta der Vielfalt deutet auch schon der McKinsey-Bericht von 2012 auf dieses Problem: Während die Unterstützung durch den CEO von 70 % der Unternehmen als „gut" oder „ziemlich gut" bewertet wurde, galt das in der oberen Führungsebene nur für 57 % und im mittleren Management nur für 41 %. Dort, wo ein großer Teil des tatsächlichen Prozess-Designs für mehr Vielfalt stattfinden muss und Entscheidungen umzusetzen sind, war die Begeisterung also schon damals sehr verhalten – und daran hat sich offensichtlich wenig geändert.

Das mittlere Management: Bremser oder Rückgrat eines Unternehmens?

In der Vergangenheit wurde das mittlere Management oft kritisch betrachtet. Als „Lehmschicht" oder „Permafrost" wurde es beschrieben, als derjenige Teil einer Organisation, in dem jede Veränderung stecken bleibt, weil die Verantwortlichen nicht kompetent, verständig oder bereit genug sind, den nächsten großen strategischen Wurf zu begreifen und den Wandel aktiv mitzugestalten. Eine „schwerfällige Gruppe unterdurchschnittlicher Leistungserbringer, die das Unternehmen daran hindern, seine strategischen Ziele zu erreichen" [7].

In den letzten Jahren hat sich die Diskussion und die Sicht auf die mittlere Führungsebene stark verändert. Statt Kopfschütteln und Vorwürfen geht es inzwischen darum zu verstehen, was ihre Rolle so schwierig macht und was getan werden muss, um sie zu befähigen, ihrer komplexen Aufgabe gerecht zu werden: der Verantwortung für die Umsetzung von Strategien und Veränderungen, während sie gleichzeitig Mitarbeiterinnen und Mitarbeiter engagiert und motiviert halten sollen.

In dieser Funktion sind sie kontinuierlich damit konfrontiert, Zielkonflikte auszugleichen. Für die damit einhergehenden Anforderungen sind die wenigsten von ihnen optimal vorbereitet, denn an Entwicklung und Weiterbildung wird bei dieser Zielgruppe gespart. Laut DDI fühlen sich nur elf Prozent von ihnen „gut" vorbereitet, um zukünftige Herausforderungen zu lösen, vier von zehn fühlen sich immerhin „einigermaßen" vorbereitet [8].

Die Konsequenzen sind gravierend, wie eine Untersuchung der Columbia Universität auf Basis von 22.000 Vollzeit-Beschäftigten zeigt: Dieser Personenkreis leidet deutlich häufiger unter Angstgefühlen und Depressionen. Die Autoren erklären das damit, dass sie hohen Anforderungen von oben und unten ausgesetzt sind, aber wenig Autorität und Entscheidungskompetenz haben, um den in sie gesetzten Erwartungen gerecht zu werden [9].

Die Unterstützung der mittleren Führungsebene ist auch im Rahmen der D&I-Strategie absolut unerlässlich, um nachhaltige Veränderungen zu erzielen. Angesichts ihrer Bedeutung und der augenscheinlichen Zurückhaltung gegenüber dem Thema muss bei der Strategieentwicklung unbedingt berücksichtigt werden, welche Voraussetzungen und Barrieren es bei dieser Zielgruppe für eine erfolgreiche Implementierung gibt.

Augenscheinlich einfache Lösungen haben meistens Tücken

Wie lässt sich andererseits die ungeteilte Unterstützung der Vorstandsvorsitzenden erklären? Zum einen ist es leicht, ein weiteres Thema zur Priorität zu machen, wenn die Liste erst mal lang genug ist und die Verantwortung für die Umsetzung bei anderen liegt. Zudem unterliegt der Vorstand einem hohen gesellschaftlichen Druck, sich entsprechend zu äußern, und wird häufig mit offensichtlich einfachen Lösungen konfrontiert, die andere Organisationen – angeblich mit großem Erfolg – einführen. Das bietet scheinbar einen schnellen Ausweg, um Unterstützung zu demonstrieren, ohne dass grundsätzliche Veränderungen in der Organisation erforderlich wären.

Beispiel

Ein klassisches Beispiel ist hierbei eine Frauenquote für externe Stellenbesetzungen bzw. für den Bewerbungsprozess. Eine solche Lösung ist insbesondere deshalb attraktiv, weil sie intern scheinbar keinem weh tut. Schließlich wirkt sich die Zielsetzung nicht auf die Aufstiegschancen bestehender Beschäftigter aus. Mindestens ein bis zwei Frauen – je nach Priorität auch Kandidierende, die anderen „Vielfalt-Kriterien" entsprechen – sollen daher häufig in der finalen Phase des Auswahlprozesses berücksichtigt werden.

Externe Einstellungen zu nutzen, wo die Vielfalt intern gering ist, ist selbstverständlich ein sinnvoller – und um kurzfristige Veränderungen zu erzielen oft der einzige – Ansatz. Das setzt aber voraus, dass einige Rahmenbedingungen geregelt sind.

Ganz wichtig ist es dabei, zu berücksichtigen, wie sich diese – scheinbar simple – Maßnahme auf den Einstellungsprozess auswirkt. Optimisten behaupten gerne, dass sich mit der Neuerung die Zahl möglicher Bewerbender sogar erweitere und daher Änderungen leicht und ohne Zeitverlust zu vollziehen sind. Das Einzige, was zu gewährleisten sei: die Menschen, die über die Einstellung entscheiden, müssen ebenso vielfältig sein wie die, die sie beurteilen.

Leider ist das nicht grundsätzlich wahr. Wer eine weibliche Führungskraft im Konsumgütermarketing oder Personal sucht, hat sicher keine Schwierigkeiten, geeignete Kandidatinnen zu identifizieren. Bei den meisten Unternehmen sind sie vermutlich sogar intern zu finden, sofern typische Barrieren für den Aufstieg adressiert werden. In Bereichen wie Automatisierungstechnik, Anlagenbau, aber auch Steuern oder Treasury ist das anders. Der Frauenanteil ist dort in Führungspositionen branchenübergreifend gering und geeignete Kandidatinnen sind nicht ohne weiteres zu finden. Das heißt nicht, dass es sie nicht gibt, aber es wird definitiv länger dauern, eine Stelle zu besetzen.

Wer berücksichtigt, dass im Jahr 2015 die geplante Suchdauer für hoch qualifizierte Arbeitskräfte bei durchschnittlich 69 Tagen lag, Positionen aber im Schnitt erst nach 107 Tagen besetzt waren, kann sich vorstellen, dass Kriterien, die die Suche weiter verzögern, oft nicht mit Begeisterung aufgenommen werden. Das gilt nicht nur für die Abteilung, die sich länger mit einer ungeplanten Vakanz arrangieren muss und potenziell damit konfrontiert ist, dass sich beispielsweise Projekte verzögern. Auch Recruiter, deren Bonus meistens daran hängt, wie schnell sie eine Stelle besetzen, haben wenig Grund zur Freude.

Die offensichtlich simple Maßnahme führt damit zu klassischen Zielkonflikten, die – je nach Organisation und Kultur – unterschiedlich geregelt werden. Dabei reicht das Spektrum von „die spinnen doch" und einer Verbrüderung der Beteiligten, die gemeinsam beschließen, die Vorgabe schlicht zu ignorieren, und anschließend allen

D&I-Maßnahmen kritisch gegenüberstehen, bis zu blindem Gehorsam und resultierendem Frust, der die langfristige Unterstützung auch nicht steigert.

Ebenso beliebt: Den Anweisungen wird augenscheinlich Folge geleistet, nur das Ergebnis bleibt hinter den Erwartungen zurück. „You get Jack Welsh and the cleaner", brachte das einmal ein Vorstand treffend – wenn auch wenig freundlich – auf den Punkt und beschrieb damit, wie wenig vergleichbar häufig die Profile der vorgestellten Kandidatinnen und Kandidaten sind. Das führt nicht nur die Maßnahme selbst ad absurdum, es verfestigt sich langfristig auch die Vorstellung, dass es tatsächlich keine Kandidatinnen für entsprechende Funktionen gibt und dass Frauen grundsätzlich weniger qualifiziert sind als Männer. Zudem nähren erfolglose Aktionen Zweifel, dass Veränderungen tatsächlich sinnvoll und möglich sind, und verringern die Bereitschaft, sich zukünftig aktiv für mehr Vielfalt zu engagieren.

Eine entsprechende Kandidatinnen-Quote ist also mitnichten ein simples Instrument. Die Einführung muss detailliert und differenziert geplant werden. In diesem Kontext sind wichtige Einflussfaktoren ebenso zu berücksichtigen wie möglicherweise erforderliche Änderungen bestehender Kennzahlen. Nur so kann eine entsprechende Maßnahme erfolgreich und zielführend sein.

Mehr zum Thema Stakeholder Engagement – also dazu, wie ich maßgebliche Ansprechpartner identifiziere und in den Change-Prozess einbinde – lesen Sie in Kap. 8 und 11.

Wie leicht es sich manche Vorstände machen, ihre ungeteilte und grenzenlose Unterstützung für mehr Vielfalt zu verkünden, ließ sich auch anlässlich des World Economic Forum (WEF) in Davos im Jahr 2016 beobachten. Im Rahmen der HeForShe IMPACT 10×10×10 Initiative veröffentlichten Fortune-500-Unternehmen Informationen zum Frauenanteil auf unterschiedlichen Hierarchieebenen; einige ließen sich gleich dazu hinreißen, Ankündigungen zu machen, wie schnell und in welchem Maße sie Veränderungen bewerkstelligen würden [10].

Das Frustrierende: Anhand der Aussagen ließ sich unschwer erkennen, dass sich nicht alle vorher auch nur die Zeit genommen hatten, in das Thema tatsächlich einzusteigen. Angesichts der krassen Differenz zwischen aktuellen Daten und Zielsetzung waren die Ergebnisse oft unerreichbar – es sei denn, ein Unternehmen hätte sich entschlossen, innerhalb weniger Jahre quasi die Belegschaft der oberen drei Ebenen auszutauschen.

Trotz vollmundiger Ankündigungen geht die Entwicklung aktuell in die Gegenrichtung: Unabhängig von wachsenden Studienzahlen und Bildungsstand sind die Fortschritte gerade bei der Angleichung der wirtschaftlichen Situation von Frauen und Männern schleppend. So soll es – angesichts der deutlichen Verschlechterung gegenüber dem Vorjahr – laut WEF Bericht noch 170 Jahre dauern, bis Frauen mit Männern gleichziehen [11].

4.3 Wenn der Vorstand selbst zum Problem wird

Trotz der Notwendigkeit, Veränderungen auf unterschiedlichen Ebenen anzustoßen und voranzutreiben, ist es selbstverständlich großartig, wenn das Führungsteam entsprechende Bemühungen unterstützt, und es ist extrem wichtig, dass sie durch das eigene Verhalten und im Rahmen ihrer Kommunikation die Bedeutung von mehr Vielfalt und Chancengleichheit hervorheben.

Wo das nicht geschieht, können sonst leicht alle tatsächlichen oder potenziellen Bemühungen zunichtegemacht werden, wie Nudelhersteller Barilla im Herbst 2013 feststellen musste.

Beispiel

In einem Radio-Interview umriss Konzernchef Guido Barilla klar die Zielgruppe des Unternehmens: „Unsere Familie ist eine klassische, in der die Frau eine fundamentale Rolle spielt" und machte auch aus seiner Haltung gegenüber Homosexuellen keinen Hehl: „Wenn ihnen unsere Pasta gefällt und unsere Botschaft, okay. Wenn nicht, sollen sie eben andere Nudeln essen". Unter dem Hashtag #boicottabarilla wurde auf Twitter umgehend zum Boykott des Nudelherstellers aufgerufen, dem sich italienische Aktivisten und Politiker anschlossen. Auch aus dem Parlament gab es Kritik: „Hier sehen wir ein weiteres Beispiel für Homophobie italienischer Art", sagte Alessandro Zan, Abgeordneter der linken SEL-Partei [12].

Während sich Barilla schließlich zu einer Entschuldigung durchrang, nutzten andere Nudelhersteller die Gelegenheit, um sich zu positionieren. Hauptkonkurrent Buitoni postete auf seine Facebook-Seite eine Villa mit geöffneter Tür und dem Kommentar „In unserem Haus ist Platz für jeden". Garofalo verkündete: „Die einzigen Familien, die nicht zu uns gehören, sind die, die keine guten Nudeln lieben." Und Althea zeigte zwei Männer, die sich küssen. Die Werbebotschaft: „Wo Althea ist, ist Familie" [13].

In den USA sind es insbesondere horrende Strafen, die nach Diskriminierungsprozessen auf Unternehmen zukommen, die eindeutig belegen, wie wichtig es ist, dass der Vorstand durch sein Verhalten und seine Äußerungen die Bemühungen um mehr Vielfalt nicht boykottiert. Ebenso radikale Konsequenzen können unverantwortliche Geschäftspraktiken haben.

Beispiel

Einer der teuersten Diskriminierungsfälle aller Zeiten war die Klage gegen Countrywide Financial Corporation, die in einem Vergleich über 335 Mio. US$ endete [14].

Zwischen 2004 und 2007 verkaufte das Unternehmen Kundinnen und Kunden afro- oder latein-amerikanischer Herkunft bevorzugt Subprime-Hypothekendarlehen, die mit höheren Zinsen und Aufschlägen vermarktet wurden als reguläre Darlehen.

„Die Entscheidung gegen Countrywide zeigt, dass wir nicht davor zurückschrecken, Finanzinstitute für Diskriminierung bei der Kreditvergabe zur Verantwortung zu ziehen. Das gilt auch für eines der größten des Landes", erklärte Generalstaatsanwalt Eric Holder. „Ihre Entscheidungen sollten auf Basis der Kreditwürdigkeit der Antragsteller getroffen werden, nicht auf Basis ihrer Hautfarbe, Mit dem heutigen Vergleich stellt die Bundesregierung sicher, dass mehr als 200.000 afro- und lateinamerikanische Kreditnehmer, die von Countrywide diskriminiert wurden, Anspruch auf eine Entschädigung haben[3]."

„Countrywides Aktivitäten haben die Immobilienkrise verschärft, ganzen Gemeinden geschadet und Familien das Recht auf den amerikanischen Traum verwehrt", ergänzt Thomas E. Perez, Stellvertretender Staatsanwalt der Bürgerrechtsabteilung. „Wir nutzen jedes Instrument der Strafverfolgung, darunter einige, die seit Jahren nicht zum Einsatz kamen, um Institutionen zu verfolgen, die Familien auf Basis ihrer Hautfarbe oder Herkunft diskriminieren[4]."

Ohne jede Frage hat das Top-Management eine Aufgabe, wenn es darum geht, Vielfalt und Chancengleichheit in einer Organisation zu etablieren. Zur Chefsache wird es damit nicht. Um Veränderungen aktiv voranzutreiben, sind andere Schwerpunkte entscheidend.

Fortschritte sind ohne einen zentralen Ansprechpartner bzw. eine Ansprechpartnerin, die das Thema auf unterschiedlichen Ebenen verankern und mit den verschiedenen Verantwortlichen forcieren, nicht zu erzielen. Auf Basis einer solchen breiten Unterstützung kann dann auch der CEO seine bzw. ihre Rolle innerhalb eines gut durchdachten Plans erfüllen und ist nicht verantwortlich für eine Agenda, die „nach oben delegiert" wurde.

Was Sie aus diesem Kapitel mitnehmen sollten

- Auch wenn dem Top-Management im Rahmen der D&I-Strategie eine klare Rolle zufällt, ist Diversity nicht Chefsache.
- Aktuelle Untersuchungen belegen, dass die Unterstützung der obersten Führungsebene keine breitere Unterstützung in anderen Teilen des Unternehmens nach sich zieht.

---

[3]Originaltext: „The department's action against Countrywide makes clear that we will not hesitate to hold financial institutions accountable, including one of the nation's largest, for lending discrimination", said Attorney General Eric Holder. „These institutions should make judgments based on applicants' creditworthiness, not on the color of their skin. With today's settlement, the federal government will ensure that the more than 200,000 African-American and Hispanic borrowers who were discriminated against by Countrywide will be entitled to compensation" (Eigene Übersetzung der Autorin).

[4]Originaltext: „Countrywide's actions contributed to the housing crisis, hurt entire communities, and denied families access to the American dream", said Thomas E. Perez, Assistant Attorney General for the Civil Rights Division. „We are using every tool in our law enforcement arsenal, including some that were dormant for years, to go after institutions of all sizes that discriminated against families solely because of their race or national origin" (Eigene Übersetzung der Autorin).

- Statt einen positiven Einfluss zu haben, kann sich der Versuch, den Vorstand bzw. die Geschäftsführung als vorderste Unterstützer zu gewinnen, auch negativ auf die Bemühungen eines Unternehmens um Diversity und Inclusion auswirken.
- Um eine breite Unterstützung zu erzielen, ist es unbedingt erforderlich zu verstehen, welche Prioritäten und Messkriterien für maßgebliche Stakeholder bestehen, um so potenzielle Zielkonflikte zu vermeiden und eine häufige Hürde für Unterstützung aus dem Weg zu räumen.
- Auch wo es gelingt, eine breite Basis an Unterstützern zu aktivieren, können unverantwortliche Geschäftspraktiken ebenso wie unbedachte oder dumme Äußerungen selbst intensive Bemühungen auf einen Schlag zerstören.

Wichtige Fragen in Bezug auf Ihre eigene Strategie

Unterstützt der Führungskreis Ihres Unternehmens die D&I Strategie? Gibt es innerhalb dieses Kreises Unterschiede?	
Wie hoch ist nach Ihrer Einschätzung der Stellenwert von Vielfalt und Chancengleichheit in der Strategie Ihres Unternehmens? Woran machen Sie das fest?	
Wie wirkt sich das Engagement bzw. das fehlende Engagement auf andere Ebenen aus? Was sind Ergebnisse und Erfolge, die aus der Unterstützung resultieren bzw. welches sind negative Konsequenzen? Zum Beispiel • Wird das Thema im relevanten Kontext adressiert? Wie und wann? • Ist anderen Beteiligten ihre Rolle bewusst? Wie sieht sie aus? Wie werden Ergebnisse gemessen? • Wird eine breitere Unterstützung aufgrund fehlender Aufmerksamkeit des Top-Managements gebremst? Wo und wie zeigt sich das?	
Welche D&I-Projekte der Vergangenheit waren besonders erfolgreich? Woran machen Sie diese Erfolge fest? Welche Faktoren waren entscheidend?	
Hat es in Ihrem Unternehmen D&I-Bemühungen gegeben, die im Sande verlaufen sind? Was waren sie maßgeblichen Einflussfaktoren?	

Literatur

1. McKinsey. 2010. Women matter 3. April 2010. https://www.mckinsey.de/files/women_matter_3_brochure.pdf. Zugegriffen: 11. Jan. 2017.
2. McKinsey. 2012. Women matter. Making the breakthrough. März 2012. https://www.mckinsey.de/files/mckinsey_women_matter_2012.pdf. Zugegriffen: 11. Jan. 2017.
3. McKinsey & LeanIn.Org. 2016. Women in the workplace.
4. Paul, Leinwand, und Cesare Mainardi. 2011. Stop chasing too many priorities. Harvard Business Review, 14.04.2011. https://hbr.org/2011/04/stop-chasing-too-many-prioriti. Zugegriffen: 11. Jan. 2017.
5. Daniel, David S., und Patrick B. Walsh. 2013. The CEO today: Sharing leadership at the top. SpencerStuart, März 2013. https://www.spencerstuart.com/research-and-insight/the-ceo-today-sharing-leadership-at-the-top. Zugegriffen: 11. Jan. 2017.
6. Diversity in Deutschland. 2016. Studie anlässlich des 10-jährigen Bestehens der Charta der Vielfalt. Ernst & Young GmbH. http://www.charta-der-vielfalt.de/fileadmin/user_upload/beispieldateien/Downloads/Studien/STUDIE_DIVERSITY_IN_DEUTSCHLAND_2016-11.pdf. Zugegriffen: 11. Jan. 2017.
7. Haq, Lubna. 2015. *Middle managers: The meat in the sandwich?* Pennsylvania: HayGroup.
8. Byham, Tacy M., Kris Routch, und Audrey Smith. 2010. Put your money in the middle. *A meta-study and talent management guide for mid-level leaders*. Pittsburgh: DDI.
9. Seth J. Prins et al. 2015. Anxious? Depressed? You might be suffering from capitalism: Contradictory class locations and the prevalence of depression and anxiety in the USA, August 2015. http://onlinelibrary.wiley.com/doi/10.1111/1467-9566.12315/abstract. Zugegriffen: 11. Jan. 2017.
10. UN Women's HeForShe IMPACT CEOs from Fortune 500 companies reveal gender data, 22.01.2016. http://www.unwomen.org/en/news/stories/2016/1/heforshe-parity-report. Zugegriffen: 11. Jan. 2017.
11. The Global Gender Gap Report 2016. World Economic Forum, Oktober 2016. https://www.weforum.org/reports/the-global-gender-gap-report-2016. Zugegriffen: 11. Jan. 2017.
12. *Spiegel Online. 2013*. Barilla-Chef gegen Homosexuelle: „Dann sollen sie eben andere Nudeln essen", 27. September http://www.spiegel.de/panorama/barilla-chef-empoert-homosexuelle-mit-anti-gay-kommentaren-a-924798.html. Zugegriffen: 11. Jan. 2017.
13. Violetta, Simon. 2013. Was heißt hier Familie. Süddeutsche Zeitung, 27. September http://www.sueddeutsche.de/panorama/kritik-an-guido-barilla-nach-schwulen-kommentar-was-heisst-hier-familie-1.1782046. Zugegriffen: 11. Jan. 2017.
14. DOJ/Countrywide Settlement Information. 2015. Justice Department Reaches $335 Million Settlement to Resolve Allegations of Lending Discrimination by Countrywide Financial Corporation, The United States Attorney's Office, Central District of California, 22.06.2015. https://www.justice.gov/usao-cdca/dojcountrywide-settlement-information. Zugegriffen: 11. Jan. 2017.

5 „Wichtig“ ist entscheidender als „richtig“: Vielfalt und Chancengleichheit ist kein Job für Idealisten

> In diesem Kapitel beschäftigen wir uns mit einigen der zentralen Herausforderungen für D&I-Verantwortliche in Unternehmen und häufigen Missverständnissen bezüglich ihrer Tätigkeit. Diese hat sich weit von den Ursprüngen als „Kämpfer für mehr Gerechtigkeit“ wegentwickelt und ist heute eine strategische Funktion, die sich stärker an den Notwendigkeiten des Unternehmens als an den Bedürfnissen der oder des Einzelnen orientieren muss. Das scheint im Widerspruch zu der zentralen Rolle der Funktion – mehr Fairness zu gewährleisten und Chancengleichheit zu schaffen – zu stehen, ist jedoch der erfolgreichste Weg, um das Ziel „positive Veränderung“ zu erreichen.

„Ich schreibe Dir einen langen Brief, weil ich keine Zeit habe, einen kurzen zu schreiben“, soll schon Goethe festgestellt haben und beschreibt damit ein Problem, mit dem sich die Verantwortlichen auch konfrontiert sehen, wenn es darum geht, eine D&I-Strategie zu entwickeln. Mögliche Schwerpunkte gibt es genug. Je tiefer man in die eigene Organisation einsteigt – in die Personalzahlen und -prozesse, die Unternehmenskultur und Arbeitsweisen – und je besser man bestehende Barrieren versteht, desto deutlicher wird, wie viel tatsächlich zu tun ist. Zudem gibt es häufig viele wohlmeinende Kolleginnen und Kollegen, echte und angebliche Expertinnen und Experten, Online-Foren, Untersuchungen und vermeintlich unfehlbare Tipps, die eine ganz klare Vorstellung davon vermitteln, was unbedingt bei der Strategie berücksichtigt werden muss.

Das eigentliche Problem ist daher selten, Aktivitäten zu identifizieren, mit denen man Veränderungen vorantreiben könnte. Die wirkliche Herausforderung besteht zumeist darin, diejenigen zu identifizieren, die den größten Einfluss haben und das höchste Realisierungspotenzial. Denn es zeigt sich immer wieder: Organisationen implementieren nur eine begrenzte Anzahl an Maßnahmen. Wenn man mit ihnen danebenliegt, begegnet einem im Anschluss häufig „Diversity-Fatigue“ bzw. „Diversity-Müdigkeit“,

V. Hucke, *Mit Vielfalt und Fairness zum Erfolg*,
DOI 10.1007/978-3-658-16878-0_5

also der Eindruck, dass man doch weiß Gott alles bereits versucht habe und niemand erwarten könne, dass das Thema jetzt schon wieder so viel Aufmerksamkeit bekommt.

Beispiel

Diese Erfahrung mussten auch die Verantwortlichen in einem Unternehmen machen, das – um den Frauenanteil zu steigern und die Führungskräfte-Pipeline zu stärken – viel Energie investiert hat, damit jede Kandidatin während des Bewerbungsprozesses von einem möglichst vielfältigen Gremium und mindestens einer Frau interviewt wurde. Der Aufwand dafür war beträchtlich, aber der Maßnahme wurde hohe Priorität eingeräumt, weil schließlich „überall zu lesen war", dass es sich um eine Grundvoraussetzung handelt, damit unterschiedliche Menschen im Einstellungsprozesses gleiche Chancen haben.

Im Rahmen des „D&I Audits" – also der detaillierten Analyse der Personaldaten und Barrieren für mehr Vielfalt – stellte sich dann heraus, dass die Organisation absolut kein Problem damit hatte, Frauen einzustellen. Es wurden sogar deutlich mehr Frauen als Männer angeheuert – und das bereits bevor die Vorgabe implementiert worden war. Allerdings wurden damit nur Löcher gestopft, die entstanden, weil die Frauen das Unternehmen quasi in Strömen verließen, nachdem sie zwei bis drei Jahre im Job gewesen waren. Befördert wurde auch keine, sodass die verbliebenen Frauen innerhalb der Firma sozusagen versickerten. Nach oben kam keine.

Trotzdem war – selbst nachdem klar wurde, dass man aufs falsche Pferd gesetzt hatte –, die Begeisterung dafür, andere und wirksame Maßnahmen zu implementieren, gering. Die Energie für D&I war quasi schon aufgebraucht, denn man hatte ja schließlich schon was gemacht und trotzdem war der verdiente Erfolg ausgeblieben. Dass die Aktion – weil erfolglos – die Glaubwürdigkeit der D&I-Verantwortlichen beschädigt hatte, war ebenfalls nicht hilfreich. Somit hinterließ die gut gemeinte Maßnahme schließlich verbrannte Erde und es erforderte unmäßigen Aufwand, anschließend Veränderungen zu implementieren, die tatsächlich zu den gewünschten Ergebnissen führten.

Wer statt auf klar definierte Prioritäten auf einen allumfassenden Plan setzt, wird meistens ein klassisches Chef-Pizza-Erlebnis haben: Selbst, wenn es sie mit Ananas, Artischocken, Schinken, Ei und Sauce Hollandaise auf der Karte gibt, wird sie vermutlich selten genommen.

Die Vorstellung, dass man mit der großen Auswahl eine hohe Kundenorientierung zeige, sich ja vielleicht doch der eine oder die andere freue und es ansonsten ja keinem schade, ist falsch. Denn um meine Chef-Pizza an den Mann oder die Frau zu bringen, sind einige Voraussetzungen zu erfüllen: Ich muss z. B. die Sauce Hollandaise zubereiten bzw. kaufen und vorhalten, kalkulieren, wie viel Sauce auf die Pizza gehört, was mich das kostet und welchen Preis ich für die Komponente erzielen kann. Für einen minimalen Zusatzumsatz betreibe ich somit einen gewaltigen Aufwand. Das wird sich kaum lohnen. Wer glaubt, ich mache es zu kompliziert, die Hollandaise sei schnell gekauft, billig und im Kühlraum fände sich auch leicht noch ein Plätzchen, hat natürlich Recht. Leider gilt für D&I-Maßnahmen nicht das Gleiche.

Schon am Beispiel der Zielvorgaben für den Anteil von Kandidatinnen im Bewerbungsprozess habe ich in Kap. 4 dargestellt, dass die meisten Maßnahmen komplizierter zu implementieren sind, als es häufig auf den ersten Blick scheint. Für die D&I-Strategie gilt daher ganz klar „weniger ist mehr"; wie viele parallele Maßnahmen im Plan Berücksichtigung finden können, hängt nicht nur von der Größe und dem Budget des D&I-Teams ab, sondern mindestens so sehr davon, wie gut es gelingt, sie in andere Initiativen zu integrieren bzw. was eine Organisation verdauen kann.

Um einen wirkungsvollen Plan zu entwickeln, gilt es daher, ein tiefes Verständnis für die Situation, die Barrieren und die Interessenlage der verschiedenen Beteiligten zu entwickeln und anschließend Aktivitäten klar zu priorisieren. Nur so lässt sich die erforderliche Unterstützung erzielen – eine der wesentlichen Voraussetzungen für eine erfolgreiche Strategie für mehr Vielfalt im Unternehmen.

Das stellt eine der gängigen Weisheiten auf den Kopf, denn auch wenn es kontraintuitiv sein mag: Die Verantwortung für D&I im Unternehmen zu übernehmen, ist nicht der ideale Job für Idealisten. Die Aufgabe wird leicht in die „Gutmenschen"-Ecke gedrängt, aber wer sich von dem Wunsch nach größerer Gerechtigkeit leiten lässt, landet leicht im Burn-out. Trotz des vermeintlichen Kampfs für eine bessere Welt handelt es sich um eine ausgesprochen anspruchsvolle strategische Funktion, die eine Reihe besonderer Herausforderungen mit sich bringt.

Die folgenden vier sind dabei nach meiner Erfahrung besonders relevant:

- **Analytisch und strategisch, mit Hang zu Zahlen:** Die Auswertung und Analyse von Unternehmensdaten ist der Startpunkt jeder D&I-Strategie und ihrer Evolution. Sie bildet die Basis, um Barrieren und Chancen für mehr Vielfalt und Chancengleichheit zu identifizieren und zu verstehen, welche Einflussfaktoren zum Status quo beitragen.
- **Expertin bzw. Experte für Vielfalt und Chancengleichheit:** Auch inhaltlich stellt D&I hohe fachliche Anforderungen, um geeignete Lösungen zu identifizieren, die Veränderungen unterstützen.
- **Stakeholder-Managerin bzw. Manager:** Der Erfolg jeder D&I-Strategie basiert auf der engen Zusammenarbeit mit unterschiedlichsten Partnerinnen und Partnern innerhalb und außerhalb des Unternehmens, und zwar über Funktionen und Hierarchieebenen hinweg.
- **Ungerechte Fairness-Verantwortliche:** Emotional gesehen ist jedoch sicherlich ein weiterer Punkt die größte Herausforderung: die Verantwortung für mehr Chancengleichheit im Unternehmen, während man kontinuierlich „unfaire" Entscheidungen trifft.

Lassen Sie uns daher zunächst den letzten Punkt näher angucken:

5.1 Verantwortlich für Chancengleichheit, aber potenziell unfair

Die D&I-Arbeit hat sich innerhalb der letzten Jahrzehnte stark verändert und der Fokus hat sich radikal verschoben: Wichtigster Treiber ist heute weniger der Wunsch nach gleichberechtigter Teilhabe als der Mehrwert, den mehr Vielfalt für ein Unternehmen bietet, wie man leicht an den Business Cases vieler Firmen sehen kann. Statt dem Ruf nach Fairness sind inzwischen oft die Vorteile einer vielfältigen Belegschaft und einer inklusiven Kultur maßgeblich dafür, sich zu engagieren. Obwohl sich das weniger menschenfreundlich und verantwortungsvoll anhört, lässt sich – insbesondere angesichts der bisher eher schleppenden Fortschritte – hoffen, dass auf dieser Basis ein nachhaltigeres Interesse an Veränderung erwächst und die Bedeutung des Themas höher gewichtet wird.

Während die neue Perspektive den Dialog und die Prioritäten radikal verändert, sind charakteristische Eigenschaften der meisten Stelleninhaber gleich geblieben. Es handelt sich überwiegend um Menschen, die intrinsisch motiviert sind und die von einem starken Sinn für Gerechtigkeit geleitet werden. Sie wollen oft „das Richtige" tun und dabei helfen, die Kultur im Unternehmen zum Besseren zu verändern. Sie haben ein starkes Verantwortungsgefühl und werden durch Werte und Moralvorstellungen geleitet.

Für diejenigen Unternehmen, die lieber über ihre ungebrochene Unterstützung für Vielfalt und Chancengleichheit sprechen, als die erforderlichen – und zuweilen schmerzhaften – Veränderungen zu vollziehen, sind sie dankbare Opfer. Sie stürzen sich beherzt in ein Himmelsfahrtkommando und dienen in solchen Fällen praktisch keinem anderen Zweck, als als Feigenblatt und Beleg für das angeblich überbordende D&I-Engagement herzuhalten.

Leider ist mit einer solchen Situation weder den D&I-Verantwortlichen noch dem Unternehmen tatsächlich gedient. Der häufig geringe Stellenwert und eine unklare Vorstellung davon, was die Funktion leisten kann und soll, führt leicht dazu, dass die Entwicklung hinter den Möglichkeiten zurückbleibt. Denn ohne angemessene Unterstützung und klare Erfolgskriterien wird der Job zur Herkules- bzw. Sisyphus-Aufgabe. Ob nur quasi unlösbar oder auch noch immer wieder von vorn, ist dabei vom einzelnen Unternehmen abhängig.

D&I-Arbeit führt leicht zu einem moralischen Dilemma

Gerade der Wunsch, für Gerechtigkeit zu sorgen, stellt D&I-Verantwortliche zudem vor ein moralisches Dilemma, denn ein solcher Anspruch ist mit einer klar nutzenorientierten Argumentation und mit dem oft erforderlichen opportunistischen Ansatz kaum vereinbar. Dabei steigt der Druck, rational zu planen und ein klares Verständnis dafür zu entwickeln, was wie viel bringt, antiproportional zu den Investitionen einer Organisation in das Thema: Je weniger Ressourcen zur Verfügung stehen, seien es Menschen und Budget, interne Aufmerksamkeit und Unterstützung oder Buy-in der wichtigsten Partner, desto wichtiger ist es, sich auf die erfolgversprechendsten Maßnahmen zu konzentrieren.

Das steht im krassen Gegensatz zu dem Wunsch nach mehr Fairness und zwingt D&I-Verantwortliche, Projekte hintenanzustellen, die ihnen ein persönliches Anliegen sein mögen. Es bedeutet auch, dass man regelmäßig unschöne Diskussionen darüber hat, warum man die Bedürfnisse und Anforderungen einer Zielgruppe über die einer anderen stellt – ein Umstand, der im augenscheinlichen Konflikt mit der Kernaufgabe eines Verantwortlichen für Chancengleichheit steht.

Wie schon in Kap. 1 erwähnt, ist hier die einzige Lösung, darauf hinzuweisen, dass sich Erfolge schneller und nachhaltiger erzielen lassen, wo der Umfang an Ressourcen und die Anzahl an Prioritäten im Einklang stehen. Nur so kann Veränderung erzielt werden. Und wo Unterschiede positiv gesehen und als Bereicherung empfunden werden, gewinnen alle. Zusätzlich profitieren auch von vielen D&I-Maßnahmen weit mehr Menschen als nur diejenigen Zielgruppen, die anscheinend im Fokus der Planung stehen.

Beispiel

Viele Unternehmen bemühen sich vor allem zur Unterstützung von Mitarbeiterinnen und Mitarbeitern, die Angehörige pflegen – seien es Kinder oder beispielsweise Eltern –, flexiblere Arbeitsmodelle anzubieten und die vorherrschende Präsenzkultur aufzuweichen. Aber selbstverständlich profitieren andere Mitarbeitergruppen ebenso sehr von den implementierten Änderungen und der Chance, ihre Work-Life-Balance zu verbessern.

Wie dringend das erforderlich ist, zeigte sich im Rahmen eines D&I-Audits bei einem international tätigen Konzern. Hier waren es – anders als erwartet – nicht etwa Frauen, die mit dem Ungleichgewicht am meisten zu kämpfen hatten. Es zeigte sich sogar, dass sie mit höherer Hierarchiestufe über eine zunehmend bessere Balance verfügten und ihr Leben entsprechend der Anforderungen von Job und Familie geregelt hatten.

Bei den Männern sah das ganz anders aus. Insbesondere die männlichen Top-Führungskräfte und Kandidaten, die als „High Potentials" für höhere Weihen gefördert wurden, klagten, dass es ihnen unmöglich sei, private Anforderungen mit der beruflichen Aufgabe in Einklang zu bringen.

Das bedeutet auch, dass es sich zuweilen lohnt, zu überprüfen, ob ein „klassisches" D&I-Thema ggf. besser im Rahmen einer anderen Funktion oder Agenda adressiert werden sollte. Das hat gleich zwei potenzielle Vorteile:

1. Unter einer anderen Perspektive – bei Flex-Working beispielsweise einem Angang über Real Estate und reduzierte Mietkosten – lässt sich zuweilen ein stärkerer Business Case aufbauen und Veränderungen damit schneller erzielen.
2. Es werden negative Assoziationen und Stereotype verhindert bzw. reduziert, die neue Barrieren aufbauen können, z. B. weil flexibles Arbeiten als „Lösung für Mütter" positioniert bzw. wahrgenommen wird. „Das macht ihnen natürlich das Leben leichter, aber ob sie sich wirklich ihrer Arbeit widmen können, wenn sie parallel zu Hause ihre Kinder versorgen …?"

Positive Effekte für alle lassen sich insbesondere dort erzielen, wo mehr Aufmerksamkeit auf „Inclusion" – also auf eine wertschätzende Kultur und Chancengleichheit – als auf „Diversity" als reines Abarbeiten numerischer Ziele gelegt wird, wie es in modernen D&I-Plänen üblich ist.

Lassen Sie uns im Folgenden die wichtigsten inhaltlichen Anforderungen und Herausforderungen der Position kurz beleuchten.

5.2 Big Data Analyst

Ob die Entwicklung einer D&I-Strategie, ihre Überprüfung oder Weiterentwicklung: Dreh- und Angelpunkt ist in jedem Fall eine mehr oder weniger intensive Analyse von Unternehmensdaten. Sie ermöglicht es, den Status quo zu verstehen, Barrieren zu identifizieren, relevante Ziele zu definieren, und sie schafft die Basis für den Abgleich zwischen Ambitionen und der Realität.

Durch die Analyse der Daten der letzten drei bis fünf Jahre können zudem unterschiedliche Zukunftsszenarien entwickelt werden, die – basierend auf den Erfahrungswerten der Vergangenheit – mögliche Entwicklungen abbilden, je nachdem wie entschlossen ein Unternehmen Veränderungen vorantreibt. Bei der Zieldefinition ist es dann wichtig, eine gute Balance zwischen ambitionierter Planung und realistischen Möglichkeiten zu schaffen. Dadurch wird verhindert, dass Unternehmen absurde Ziele setzen, denen von Anfang an die Unterstützung fehlt, weil sie völlig unerreichbar sind. Es entlarvt aber auch die zuweilen extrem zaghaften Bemühungen, wenn das angeblich ambitionierte Ziel durch eine reine Fortschreibung der aktuellen Entwicklung erzielt werden kann.

Die Analyse von Unternehmensdaten ist auch ein wichtiges Instrument, um Fortschritte der D&I-Aktivitäten und einzelner Strategie-Elemente zu messen. Wer Fort- und auch Rückschritte systematisch verfolgt, kann Erfolge feiern und die Wirksamkeit unterschiedlicher Maßnahme erfassen. So wird ermöglicht, den Plan kontinuierlich zu entwickeln und zu verbessern und sich auf die Aktivitäten mit der größten Wirksamkeit zu konzentrieren. Es stellt auch sicher, dass kritische Abweichungen rechtzeitig erkannt und korrigiert werden können. In Kap. 8 gehe ich darauf ein, welche Informationen in diesem Kontext eine Rolle spielen und wie sie sich nutzen lassen, um die wichtigsten Elemente der D&I-Planung zu definieren.

Ich empfehle in diesem Kontext allerdings dringend, sich nicht ausschließlich darauf zu konzentrieren, die verfügbaren Daten bestmöglich zu nutzen, um die zu adressierenden Probleme einzukreisen. Ebenso wichtig – und oft nicht minder schwierig – ist es, zu entscheiden, wann man „genug" weiß und es an der Zeit ist, von der Analyse- in die Planungs- bzw. Implementierungsphase zu wechseln. Das gilt besonders in hochgradig analytischen Unternehmenskulturen, die zuweilen dazu neigen, Veränderungen – oft ungewollt – dadurch zu verhindern, dass sie immer tiefer in die vorhandenen Informationen einstiegen wollen. Hier gilt es, zum richtigen Zeitpunkt einen Riegel vorzuschieben.

Einfache Fragen wie „Wie würden sich unsere Maßnahmen verändern, wenn wir die zusätzliche Information hätten?" bzw. das Angebot, den Aspekt im Rahmen der nächsten Iteration zu untersuchen und zu berücksichtigen, sind hier meistens hilfreich.

5.3 Expertinnen und Experten für Vielfalt und Chancengleichheit

Vielfalt und Chancengleichheit gehören zu den zentralen Erfolgsfaktoren von Organisationen und sind eine Voraussetzung für engagierte und innovative Teams. Die Anforderungen und Schwerpunkte einer Strategie verändern sich dabei mit dem Status und der Zielsetzung eines Unternehmens oder -bereichs und machen D&I zu einer klassischen Beratungsfunktion.

Um zu gewährleisten, dass Teams nicht nur vielfältig, sondern auch inklusiv sind, gilt es dabei häufig, bis auf DNA-Ebene vorzustoßen und zu sezieren, was tatsächlich geschätzt und belohnt wird, und anschließend Lösungen zu entwickeln, um dies zu verändern. Dabei umfasst die Beratung sowohl externe Parameter – wie Marktentwicklung und Portfolio – als auch interne Faktoren wie die aktuelle Unternehmensdemografie und -kultur.

Trotz dieser zentralen Fragestellungen ist der oder die D&I-Verantwortliche in den meisten Fällen nicht Teil des Führungskreises, sondern unterstützt Analyse und Wandel in beratender Funktion und begleitet dabei regelmäßig neue Teams. Als Außenstehende arbeiten sie mit einer Ingroup zusammen. Dabei haben sie nicht nur keine formale Macht, um Veränderungen zu erzwingen, sondern werden potenziell mit Misstrauen beäugt, weil sich die Beteiligten längst nicht immer sicher sind, dass man ihre ganz spezifische Situation und die speziellen Herausforderungen tatsächlich verstanden hat. Dieses Gefühl kann durch eine ganz eigene Dynamik weiter verstärkt werden.

Das „Ihr Baby ist hässlich"-Syndrom

Wer beim „Eltern und Kind"-Turnen oder in der Krabbelgruppe eine Unterhaltung je mit einem beherzten „Ihr Baby ist aber ganz schön hässlich" gestartet hat, musste wahrscheinlich feststellen, dass das nicht die schlauste Strategie ist, um neue Freunde zu finden. Abgesehen von ein paar ganz ausgebufften Spaßvögeln oder Kulturpessimisten, die von der Unzulänglichkeit des eigenen Nachwuchses bereits überzeugt sind, ehe das arme Kind auch nur laufen oder sprechen kann, wird der Widerhall verhalten sein. Vergleichbar ist die Situation für viele D&I-Verantwortliche.

Sie finden sich regelmäßig im Gespräch mit Führungsteams wieder, denen sie erläutern müssen, dass in der Organisation, mit der diese tief verwurzelt sind und die sie oft maßgeblich mitgestaltet haben, nicht jeder restlos glücklich ist. Dass es nicht ganz so gerecht zugeht, wie sie vermuten und dass selbst ihr eigener Aufstieg potenziell nicht ausschließlich den eigenen Fähigkeiten geschuldet ist. Das ist keine schöne Botschaft und viele haben daran ganz schön zu schlucken.

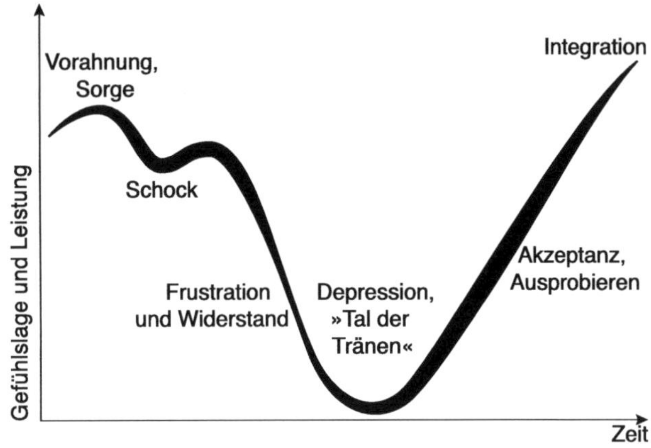

Abb. 5.1 Trauerkurve nach Kübler-Ross

Wer vermeiden möchte, den Veränderungsprozess bereits im Keim zu ersticken, wenn die Verantwortlichen in Schockstarre oder vehementer Abwehrhaltung verharren (siehe Abb. 5.1), plant Diskussionen besser sehr genau, bezieht wichtige Partnerinnen und Partner frühzeitig ein und bildet eine möglichst breite Koalition für den Wandel.

Warum die Anforderungen dabei höher sind als in vielen anderen vergleichbaren Positionen, beleuchte ich im folgenden Abschnitt. Wie sich die erforderlichen Voraussetzungen dafür schaffen lassen und wie es erfolgreich gelingt, ist Thema in Kap. 8.

5.4 Die D&I-Verantwortlichen als Spinne im Netz

D&I ist – auf Neuhochdeutsch – ein „Center of Expertise“ (CoE) und setzt hohe inhaltliche Kompetenz voraus. Ein entsprechendes Wissen ermöglicht es der oder den Verantwortlichen in vergleichbaren Positionen – beispielsweise im Bereich Personalentwicklung –, die von ihnen verantworteten Prozesse – etwa Weiterbildung oder Nachfolgeplanung – an veränderte Anforderungen oder die neuesten wissenschaftlichen Erkenntnisse anzupassen. Sie müssen sich dazu ausschließlich mit ihren internen „Kundinnen und Kunden“ abstimmen und sicherstellen, dass diese die geplanten Veränderungen gutheißen.

In Unternehmen, die im Rahmen ihrer D&I-Strategie auf die heilende Kraft von Mitarbeiternetzwerken vertrauen oder auf Trainingsorgien setzen, gilt das auch für D&I. Konzepte werden intern oder mit willigen Dienstleistern entwickelt und anschließend begeistert implementiert. Wenn entsprechende Maßnahmen dann auch noch für bestimmte oder sogar alle Beschäftigte verbindlich sind, müssen noch nicht einmal die Teilnehmerinnen und Teilnehmer gefragt werden. Die Wirkung ist allerdings üblicherweise gering.

Wenn stattdessen Barrieren strukturell adressiert und systematisch behoben werden sollen, sieht die Situation ganz anders aus. Maßnahmen haben eine klar messbare

Wirkung, die Budgets sind in der Regel deutlich überschaubarer, aber dafür geht nichts alleine.

Um Vielfalt und Chancengleichheit systematisch zu adressieren, ist es erforderlich, das Thema in alle maßgeblichen Unternehmensprozesse – auch jenseits der Personalfunktion – zu integrieren und zu einem festen Bestandteil davon zu machen, „wie wir Dinge hier regeln". Im Rahmen eines integrierten D&I-Ansatzes wird der bzw. die D&I-Verantwortliche quasi zum Generalunternehmer ohne eigene Truppe – und das gilt unabhängig von der Größe der Abteilung. Warum? Statt geeignete Maßnahmen selbst zu entwickeln und umzusetzen, wie es bei einem Fokus auf Trainings möglich ist, gilt es, auf die Kolleginnen und Kollegen einzuwirken, die die relevanten Prozesse – wie Personalentwicklung, Personalmarketing oder Rekrutierung – verantworten, damit diese die erforderlichen Veränderungen in „ihren" Prozessen implementieren.

Darin zeigt sich eine weitere zentrale Herausforderung der D&I-Arbeit: das Erfordernis, viel stärker durch andere zu wirken. Wer für andere zentrale Unternehmensprozesse verantwortlich ist, hat einen unmittelbareren „Durchgriff" auf „sein" Produkt. Wenn es erforderlich ist, Entwicklungsprogramme für Führungskräfte zu aktualisieren oder die Nachfolgeplanung an geänderte Anforderungen anzupassen, gibt es im Prinzip ein – relativ einfaches – Kunden-/Lieferantenverhältnis. D&I arbeitet im Vergleich dazu quasi mit einer zweistufigen Distribution und muss neben den Bedürfnissen der finalen Zielgruppe auch die Erwartungen und Anforderungen der unterschiedlichen „Kanäle" berücksichtigen.

Schließlich ist beispielsweise im Rahmen der Nachfolgeplanung nicht ausschließlich Vielfalt relevant. Verantwortliche müssen auch sicherstellen, dass der Prozess so gestaltet ist, dass alle die erforderlichen Erfahrungen und Qualifikationen mitbringen. Und wer gerade im Rahmen einer großen Aktion das Kompetenzmodell, nach dem Beschäftigte und Führungskräfte entwickelt und beurteilt werden, überarbeitet hat, ist voraussichtlich unwillig, sofort wieder loszulegen, selbst wenn sich herausstellt, dass das Thema „inclusive leadership" eventuell zu kurz gekommen ist.

Im Rahmen der Stakeholder-Arbeit ist es daher entscheidend, sowohl die Interessen und Messkriterien der verschiedenen Ansprechpartner zu verstehen und zu adressieren als auch auf ein vernünftiges Timing zu achten, da selbst die besten Ideen kaum realisiert werden können, wenn sie zur falschen Zeit kommen. Mehr Informationen und hilfreiche Tools zum Thema finden Sie in Kap. 8.

Sich mit den Entscheidungskriterien seiner Gesprächspartnerinnen und -partner auseinanderzusetzen und die daraus folgende Diskussion hat dabei gleichzeitig zwei ergänzende bzw. überlappende Vorteile: Durch die neuen Erkenntnisse gewinnt die Strategie an Relevanz und Durchschlagskraft; schließlich weiß der oder die D&I-Verantwortliche nicht grundsätzlich alles am besten – und die enge Beziehung mit maßgeblichen Stakeholdern hilft bei der Implementierung.

5.5 D&I ist nicht nur ein Thema für HR

In diesem Buch lege ich den Schwerpunkt auf die Notwendigkeit, D&I in Personalprozesse zu integrieren und auf dieser Basis eine erfolgreiche Zusammenarbeit mit der HR-Funktion und anderen wichtigen Stakeholdern zu entwickeln. Für die meisten Unternehmen ist das der erste Schritt zu einer vielfältigeren Belegschaft und inklusiveren Kultur. Aber natürlich wirkt das Thema weit darüber hinaus. Während ich schreibe – im Dezember 2016 – steigt die Aufmerksamkeit für den Einfluss von Vielfalt und Vorbehalten auf Online-Marktplätze. Themen, die D&I-Verantwortliche bezüglich der Auswahl von Bewerberinnen und Bewerbern schon seit Jahren umtreiben, werden in Bezug auf Angebote wie Airbnb, eBay und Uber neu entdeckt.

In den frühen Jahren haben digitale Plattformen mit der Diskriminierung bei Transaktionen aufgeräumt, heute allerdings führen Design-Entscheidungen dazu, dass sie auch online wieder blüht. Woran liegt's? Ein Aspekt, der frühe Online-Plattformen definierte, war der Umstand, dass sie tatsächlich für persönliche Merkmale blind waren. Das Renommee basierte auf der nachgewiesenen – oder fehlenden – Zuverlässigkeit und den resultierenden Bewertungen. Das hat sich inzwischen geändert. Mehr und mehr persönliche Informationen werden bereitgestellt, und obwohl sich viele Beteiligte damit wohler fühlen, weil es vertrauensbildend wirkt, zeigt eine steigende Anzahl an Untersuchungen die ungewollten Konsequenzen. Dabei fällt Diskriminierung im Netz potenziell noch drastischer aus als bei einem Offline-Geschäft. Das liegt zum einen an fehlender Regulierung, aber auch an dem Umstand, dass es einfacher ist, eine unfaire Entscheidung zu treffen, ohne den Betroffenen ins Gesicht sehen zu müssen.

Beispiel

Zwei Untersuchungen zu Airbnb zeigen, wie sich Diskriminierung basierend auf der Hautfarbe auf Mieter ebenso wie Vermieter auswirkt.

In einer Untersuchung wurden – wie bei den Job-Bewerber-Studien – 20 Nutzerprofile mit typisch „schwarz" bzw. „weiß" klingenden Namen aufgesetzt und Anfragen an 6400 Vermieter gesendet. Das Ergebnis: Die Anfragen von „schwarz klingenden" Bewerbern wurden um 16 % seltener angenommen – und zwar unabhängig von Preis, Qualität bzw. Lage der Immobilie und egal, ob es sich um ein Zimmer in der eigenen Wohnung oder eine separate Einheit handelte [1].

In einer zweiten Studie wurden Fotos aller New Yorker Vermieter mit Angaben zu ihrem Objekt und dem Mietpreis abgeglichen. Dabei zeigte sich, dass Gastgeber, die nicht schwarz waren, ihre Quartiere bei vergleichbarem Standard um rund 12 % teurer vermieten als schwarze Anbieter. Auch hier war der Effekt unter Berücksichtigung aller auf Airbnb verfügbaren Informationen zuverlässig nachweisbar [2].

Airbnb bemüht sich inzwischen, dem Problem Herr zu werden, und verlangt von seinen Gastgebern, dass sie ein „Community Commitment" unterschreiben und ihrer neuen Antidiskriminierungs-Policy entsprechen. Aber auch Veränderungen im Plattform-Design – wie z. B. die weniger prominente Darstellung von Nutzerfotos und

Instantbuchungen, die keine Zustimmung des Vermieters voraussetzen – sollen helfen, Veränderungen voranzutreiben. Zudem wird ein neues Antidiskriminierungsteam etabliert, dass Datenmustern nachgehen soll, die auf eine Benachteiligung bestimmter Nutzergruppen hinweisen [3]. Mit seinen Ansätzen folgt Airbnb den Empfehlungen eines umfangreichen Untersuchungsberichts, den das Unternehmen in Auftrag gab, nachdem den oben zitierten Harvard-Studien Nutzerbeschwerden in sozialen Netzwerken folgten [4].

Aber auch ansonsten kann das Internet Diskriminierung und Vorurteile verstärken. Dazu braucht es nicht einmal die inzwischen viel diskutierten Filterblasen oder Echokammern, also Online-Communities, in denen die eigene Meinung widerhallt.

Harvard Professorin Latanya Sweeney startete eine breit angelegte Untersuchung, nachdem ihr mitgeteilt wurde, dass beim Googeln ihres Namens Inhalte angezeigt wurden, die den Eindruck vermitteln, sie sei vorbestraft. Eine Überprüfung von insgesamt 2000 Namen, die stark mit weißen oder schwarzen Menschen assoziiert werden, ergab, dass bei der Suche nach „schwarz klingenden" Namen deutlich häufiger Werbung von Detekteien, die Background-Checks machen und gezielt potenziellen Verurteilungen nachspüren, oder andere Anzeigen negativen Inhalts angezeigt wurden. Auch wenn selbstverständlich die Wahl der Anzeigen nicht auf gezielter Diskriminierung, sondern auf der – häufigeren – Suchhistorie basiert, ist klar, dass die negativen Assoziationen für die Betroffenen schädlich sein können [5].

Der gleiche Effekt zeigt sich auch bei künstlicher Intelligenz (Artificial Intelligence, AI). Schließlich „lernen" Maschinen, indem sie statistische Methoden anwenden und Muster in vorhandenen Daten identifizieren. Dazu müssen Computermodelle trainiert werden, um möglichst zuverlässig Zusammenhänge erkennen zu können. Je mehr Daten dazu zur Verfügung stehen, desto besser. Aber AI kann für seine Berechnungen nur vorhandene – also historische – Daten nutzen, um Prognosen für die Zukunft zu treffen. Das führte dazu, dass neuronale Netze, die darauf trainiert wurden, im Rahmen des US-Wahlkampfs das Ergebnis vorauszusagen – anders als die Meinungsforscher – auf Donald Trump setzten. Da sie ausschließlich auf Basis vergangener – männlicher – Präsidenten trainiert wurden, konnte das System nicht ausmachen, dass das Geschlecht kein bestimmender Faktor ist. Angesichts des Ausgangs der Wahl stellt sich die Frage, ob sie nicht vielleicht Recht hatten [6].

„Gewusst, wie" schlägt „spannend"

Was bedeutet das alles für D&I-Verantwortliche? Sollten sie bei Bedarf auf Themen mit breiter Aufmerksamkeit setzen, um das Interesse an D&I-Lösungen zu steigern? Sind aktuelle Diskussionen ein Heilmittel gegen die häufig beklagte „Diversity-Müdigkeit"? Die Antwort darauf ist ein klares „das kommt darauf an".

Für einen erfolgreichen Angang ist es unerlässlich, dass die Relevanz von D&I bzw. die Notwendigkeit einer Veränderung erkannt und die D&I-Verantwortlichen als kompetent akzeptiert sind. Wo diese Anerkennung fehlt, wird man vermutlich eher eine hochgezogene Augenbraue als echte Begeisterung ernten, wenn man versucht auf ein neues Feld vorzudringen.

Zudem tendieren ungelöste Schwierigkeiten dazu, einem zu folgen. Wen die fehlende Unterstützung wichtiger Stakeholder dazu treibt, auf ein neues Thema zu satteln, wird vermutlich auch hier damit ringen, das erforderliche Engagement zu erreichen. Statt zu versuchen, „eine neue Sau durchs Dorf zu treiben", ist es zumeist sinnvoll, Barrieren bei der Umsetzung laufender Maßnahmen zu verstehen und zu adressieren, bevor man sich neuen oder weiteren Inhalten zuwendet.

Was Sie aus diesem Kapitel mitnehmen sollten

- Die D&I-Agenda wird durch strategische Überlegungen und betriebliche Erfordernisse definiert. Dabei ist weniger oft mehr: Es ist sinnvoll, sich im Rahmen der Planung auf die wichtigsten Maßnahmen zu konzentrieren.
- Die Analyse von Unternehmensdaten und Trends schafft die Basis für eine zielgerichtete Strategie mit klaren Prioritäten.
- Inhaltliche Expertise und Beratungskompetenz sind entscheidend, um Vertrauen aufzubauen und Organisationen in einem Feld zu beraten, das viel Potenzial für Konflikte und Widerstände hat.
- Um systematisch Veränderungen voranzutreiben, gilt es, D&I in wichtige Unternehmensprozesse einzubetten. Das erfordert eine intensive Zusammenarbeit mit wichtigen Stakeholdern.
- Es ist unmöglich, den Anforderungen aller Zielgruppen gerecht zu werden, das kann zu einem moralischen Dilemma führen.
- D&I ist selbstverständlich viel mehr als nur ein HR-Thema und beeinflusst die Diskussion weit über Personalprozesse hinaus. Trotzdem lohnt es sich, gerade in den frühen Stadien der D&I-Arbeit in Unternehmen auf einen fokussierten Angang zu vertrauen statt zu versuchen, auf aktuelle Trends zu setzen.

Wichtige Fragen in Bezug auf Ihre eigene Strategie

Stehen Ihnen die erforderlichen Daten zur Verfügung, um die Schwerpunkte der D&I-Strategie zu definieren? Zeigen sich im Rahmen der Auswertung relevante Trends?	
Welche Plattformen nutzen Sie bzw. können Sie nutzen, um bestehende Barrieren abzubauen? Welche Diskussionen erwarten Sie in dem Kontext? Von wem erwarten Sie Unterstützung? Welche Gespräche werden schwierig?	

Haben Sie im Rahmen Ihrer Strategie klare Prioritäten definiert oder ist die Anzahl der Maßnahmen ein wichtiges Messkriterium? Warum?	
Können Sie die wesentlichen Aktivitäten konsequent verfolgen oder unterliegt Ihr Plan häufigen Anpassungen? Was sind wichtige Einflussfaktoren für die Situation?	
Welche Partnerschaften sind für Ihren Erfolg besonders wichtig? Wie lassen sie sich aufbauen bzw. stärken?	
Welchen Erwartungen und Anforderungen können Sie aktuell nicht genügen? Wie gehen Sie mit dieser Situation um?	

Literatur

1. Fisman, Ray, und Michael Luca. 2016. Fixing discrimination in online marketplaces. *Harvard Business Manager* 12: 88–95.
2. Edelman, Benjamin G., und Michael Luca. 2014. Digital discrimination: The case of Airbnb.com. Harvard Business School NOM Unit Working Paper No. 14-054, 10.01.2014. https://papers.ssrn.com/sol3/papers.cfm?abstract_id=2377353. Zugegriffen: 8. März 2017.
3. Benner, Katie. 2016. Airbnb adopts rules to fight discrimination by its hosts, 08.09.2016, New York Times. http://www.nytimes.com/2016/09/09/technology/airbnb-anti-discrimination-rules.html?_r=0. Zugegriffen: 8. März 2017.
4. Murphy, Laura W. 2016. Airbnb's work to fight discrimination and build inclusion: A report submitted to Airbnb, 08.09.2016. http://blog.airbnb.com/wp-content/uploads/2016/09/REPORT_Airbnbs-Work-to-Fight-Discrimination-and-Build-Inclusion.pdf. Zugegriffen: 8. März 2017.
5. Bray, Hiawatha, und Boston Globe. 2016. Racial bias alleged in Google's ad results: Names associated with blacks prompt link to arrest search, 06.02.2016. https://www.bostonglobe.com/business/2013/02/06/harvard-professor-spots-web-search-bias/PtOgSh1ivTZMfyEGj00X4I/story.html. Zugegriffen: 8. März 2017.
6. Polonski, Vyacheslav. 2016. Would you let an algorithm choose the next US president?, Vyacheslav Polonski, Network Scientist, Oxford Internet Institute, 01.11.2016. https://www.weforum.org/agenda/2016/11/would-you-let-an-algorithm-choose-the-next-us-president/. Zugegriffen: 8. März 2017.

6 Väter und Frauennetzwerke: Traditionelle Stakeholder erfüllen nicht die Erwartungen

> Um Veränderungen in Unternehmen zu erreichen, ist eine breite Unterstützung erforderlich. Im Rahmen von D&I-Strategien und -Diskussionen tauchen dabei immer wieder die gleichen möglichen Allianzen auf, ohne dass diese bisher die in sie gesetzten Erwartungen erfüllt hätten. In diesem Kapitel gehe ich auf einige der „Klassiker" ein, – auf Väter, Pensionisten und Mitarbeiternetzwerke. Ich erkläre, warum diese Ansätze zu kurz springen und sie den Hoffnungen kaum gerecht werden können, was man aus den Bemühungen lernen kann und wie sich starke Allianzen aufbauen lassen, wenn man sich auf Gemeinsamkeiten statt auf Unterschiede konzentriert.

Wenn es darum geht, Unterstützung für mehr Vielfalt im Unternehmen – und dabei insbesondere für mehr Frauen in Führungspositionen – zu gewinnen, neigen Organisationen dazu, auf die immer gleichen Zielgruppen zu hoffen. Auf den „Mythos der Vorstandsunterstützung" bin ich bereits eingegangen. Hier möchte ich einige weitere „Klassiker" beleuchten, die den Beleg, dass sie den in sie gesetzten Hoffnungen gerecht werden, bisher schuldig geblieben sind. Das hat leider keinen Einfluss auf das Narrativ und immer neue Ansprechpartner stürzen sich mit großem Eifer auf diese vermeintlich Erfolg versprechenden Partnerschaften: auf Väter, angehende Pensionisten und auf Mitarbeiternetzwerke.

6.1 Es gibt viel weniger „Väter" und engagierte Pensionäre, als man denkt

Während sich lange Zeit niemand Gedanken über den Einfluss der Väter auf die berufliche Entwicklung ihrer Töchter gemacht hat, wird das Thema immer populärer. Eine aktuelle Studie aus Kanada deutet darauf hin, dass bereits ihre Rolle im Haushalt die

V. Hucke, *Mit Vielfalt und Fairness zum Erfolg*,
DOI 10.1007/978-3-658-16878-0_6

Berufswahl und damit die Zukunft ihrer Töchter maßgeblich beeinflusst: Väter, die den Tisch decken, Geschirr spülen und den Müll heruntertragen, ebnen danach den Weg für zukünftige Ingenieurinnen und weibliche IT-Fachkräfte. Wer zu Hause einer traditionellen Rollenverteilung anhängt, wird eher Vater einer Grundschullehrerin oder Verkäuferin [1].

Noch viel wichtiger als das häusliche Betragen ist jedoch das Verhalten, das Väter bei der Arbeit an den Tag legen. Es ist quasi unmöglich, an einer Diskussion über die Bedeutung der Einbindung von Männern für mehr Vielfalt teilzunehmen, ohne dass früher oder später ihre prominente und engagierte Rolle als Unterstützer hervorgehoben wird. Zwei Aspekte werden dabei gerne hervorgehoben, die einen Mann zum glühenden Verfechter von mehr Chancengleichheit im Unternehmen machen: Vorstandsvorsitzende, die kurz vorm Ruhestand eine bessere Welt und Unternehmenskultur als Erbe hinterlassen wollen, und Väter, deren Töchter an ihrem Arbeitsplatz mit Barrieren und unbewussten Vorurteilen konfrontiert sind, die ihnen den Aufstieg erschweren.

Laut populärem Mythos eilt hier Vater zu Hilfe, dem nun endlich seine langjährigen Verfehlungen bewusst werden und der realisiert, dass es in einer Welt, in der der eigenen begabten Tochter der Aufstieg verwehrt wird, kaum so fair und gerecht zugehen kann, wie er so lange fest geglaubt hatte. Nachdem diese Vorstellung nicht ganz neu ist, darf man sich angesichts 17,7 Mio. erwerbstätiger Frauen [2], alle mit Vater, fragen: Was haben die nur die ganzen Jahre getan und warum ist nicht längst mehr passiert?

Wer bereits zu Vorwürfen ansetzt, sollte jedoch lieber Abbitte leisten, denn wer nachrechnet, stellt fest, es ist quasi nur eine Handvoll Väter, auf deren Schultern die Hoffnungen von Diversity-Beauftragten und der deutschen Wirtschaft ruhen.

Beispiel

Zwar gibt es laut Mikrozensus in Deutschland etwa 27,6 Mio. Männer über 30, auf die man theoretisch hoffen dürfte, bei näherer Betrachtung verringert sich die Zahl der potenziellen Unterstützer allerdings mit rasender Geschwindigkeit. Zahlen zur Menge der real existierenden Väter waren übrigens überhaupt nicht zu finden.

- Nur etwa 8,8 Mio. Männer sind über 55 und haben mit höherer Wahrscheinlichkeit eine Tochter, die ein Studium abgeschlossen hat und im Beruf steht.
- Nur 6,85 Mio. von ihnen sind erwerbstätig.
- Nur etwa 57 % der Deutschen sind Angestellte.
- Nur etwa 40 % von ihnen arbeiten in einem Unternehmen mit mindestens 250 Beschäftigten, das größeres Aufstiegspotenzial bietet.
- Mehr Einfluss haben die Väter natürlich als Teamleiter oder – besser noch – im mittleren oder oberen Management. Da findet sich dann nur etwa jeder 10. oder 100.

Er muss zudem seine Tochter ziemlich großartig finden und ihren Aufstiegswunsch unterstützen, nur für ganz außergewöhnlich darf er sie nicht halten – sonst sind die Erfahrungen von anderen für ihn potenziell völlig irrelevant.

Und auch die Aspirationen der Töchter spielen natürlich eine Rolle. Um mit Aufstiegsbarrieren konfrontiert zu sein, ist sie am besten mindestens 5 Jahre berufstätig, hat Wirtschafts- oder Naturwissenschaften studiert, arbeitet in einem mittleren oder großen Unternehmen ... – sie wissen, was ich meine.

Den geringen Einfluss, den eine Tochter auf den Wunsch des Vaters nach mehr Chancengleichheit hat, demonstriert übrigens auch eine aktuelle paneuropäische Untersuchung von Jump. Grundsätzlich standen die befragten Männer einer größeren Geschlechtergerechtigkeit am Arbeitsplatz positiv gegenüber. 78 % gingen davon aus, dass sie auch persönlich profitieren würden. Mit 81 % waren dabei Töchterväter nur unwesentlich stärker von den Vorteilen überzeugt als Väter, die ausschließlich Söhne haben (75 %). In jedem Fall hatte die Einstellung aber eine geringe Wirkung: Nur 20 % machten sich aktiv für eine Veränderung stark [3].

Ganz offensichtlich ist mit den heute oft genannten Hoffnungsträgern allein ein umfassender Wandel kaum zu erzielen und der Versuch, qua Hörensagen und Bauchgefühl mögliche Partner zu identifizieren, hält einer strukturierten Untersuchung nicht Stand.

6.2 Frauennetzwerke: leider weniger erfolgreich als ihr Ruf

Es höchste Zeit, sich über andere Strategien Gedanken zu machen, um eine breite Koalition für Veränderung aufzubauen, insbesondere da auch ein weiterer beliebter Angang nicht die gewünschten Ergebnisse erzielt – nämlich der Versuch, die „Betroffenen“ für ihr eigenes Schicksal verantwortlich zu machen, indem sie in Mitarbeiternetzwerken als Graswurzelbewegung den Wandel vorantreiben. Was gerne als eine der ultimativen Lösungen gefeiert wird, um Frauen zu vernetzen, sie zu unterstützen und in Führungspositionen zu katapultieren, erweist sich häufig als Billiglösung, die mehr kaputtmacht als erreicht.

Schon seit längerem hatte mich die anscheinend ungebrochene Begeisterung für Mitarbeiternetzwerke überrascht, die häufig gegründet werden, wenn ein Unternehmen „was für Vielfalt“ tun möchte, ohne bereit zu sein, tatsächlich Ressourcen in das Thema zu stecken, oder wenn Euphorie, Wut bzw. Leidensdruck die jeweilige Mitarbeitergruppe dazu drängt, selbst aktiv zu werden.

Während auf vielen Konferenzen und in zahllosen Veröffentlichungen das Hohelied der Netzwerke gesungen wird, erlebe ich im Gespräch mit D&I-Verantwortlichen regelmäßig, dass sie Zweifel bezüglich deren Wirksamkeit haben, mit den Ergebnissen in der eigenen Organisation unzufrieden sind und sich fragen, ob die in Netzwerke investierte Energie wirklich zielgerichtet und eine gute Investition ist. Die Literatur hatte zu dieser Frage wenig zu bieten und während unzählige Anleitungen verfügbar sind, wie man ein Netzwerk aufzusetzen hat, gab es keine quantitative Untersuchung zu ihrer Wirksamkeit.

Gemeinsam mit Lisa Kepinski, Gründerin des Inclusion Institutes, habe ich daher im Februar 2016 eine Studie zu Frauennetzwerken veröffentlicht, die auf Basis einer umfangreichen Online-Befragung mit über 1700 Beteiligten untersucht hat, wie Unternehmensnetzwerke aufgestellt sind, welche Hoffnungen von den verschiedenen Beteiligten in sie gesetzt werden und wie weit sie diesen Erwartungen gerecht werden [4]. Die Ergebnisse der Untersuchung, die im April 2016 im Harvard Business Manager vorgestellt wurde [5], waren ernüchternd. Ganz offensichtlich wird der Einfluss von Mitarbeiternetzwerken auf die Kultur und auf die berufliche Entwicklung von Frauen im Unternehmen erheblich überschätzt. Nur als Teil einer schlüssigen Gesamtstrategie für mehr Vielfalt und Chancengleichheit können sie einen positiven Beitrag leisten.

Eher Stolperstein als Sprungbrett auf dem Weg nach oben

Natürlich gab es sie, die Netzwerke, deren Mitglieder begeistert sind, fürs Unternehmen brennen und sagen, dass sie mit ihrem Engagement wirklich etwas bewegen können. Aber sie waren ganz klar in der Minderheit. Tatsächlich würde nicht einmal jede dritte Teilnehmerin – 92 % der Befragten waren Frauen – einer Freundin oder einer Kollegin empfehlen, ihrem Netzwerk beizutreten. Das lag zum einen daran, dass die meisten Gruppen den Erwartungen ihrer Mitglieder nicht gerecht wurden. Eine mindestens ebenso große Rolle spielte allerdings, dass der Mehrheit der Zirkel die notwendige Unterstützung und der Rückhalt des Unternehmens fehlte und sie laut den Befragten von Kolleginnen und Kollegen kritisch und oft negativ gesehen wurden. Der reine Frust über den Arbeitgeber war es dann, der Frauen in einer Gemeinschaft hielt, die aus ihrer Sicht als „Kaffeekränzchen" oder „völlig nutzlos" wahrgenommen wurde.

Die Erwartung, dass Mitarbeiternetzwerke „für lau" Ergebnisse bringen, wird durch zahlreiche Veröffentlichungen angeheizt. D&I-Beraterin Jennifer Brown berichtet begeistert, wie sie ihr volles Potenzial erkannt hätte, als sie bei einer Konferenz zum Thema fragte, wie viele der Teilnehmerinnen und Teilnehmer ihr Engagement fortsetzen würden, auch wenn gar kein Budget zur Verfügung stünde und fast alle Hände nach oben gingen [6]. Dabei ist das Ungleichgewicht zwischen den Erwartungen an ein Netzwerk und seiner Ausstattung, das in den meisten Unternehmen besteht, ganz eindeutig wenig hilfreich für den Erfolg.

Besonders für ihre Leiterinnen können sich Frauennetzwerke leicht zur Karrierebremse entwickeln: Bei nicht einmal jeder Achten war die Aufgabe Teil des Jobs, 56 % erhalten für die Rolle keine sichtbare Anerkennung – und zwar unabhängig davon, ob sie sich aus eigenem Antrieb engagieren oder vom Arbeitgeber dazu aufgefordert wurden. Dennoch investierte mehr als die Hälfte der Befragten mindestens einen Tag im Monat in diese Funktion, fast 30 % sogar zwei Tage und mehr. Damit fehlte ihnen wichtige Zeit, um sich in strategischen Projekten mit hoher Sichtbarkeit zu engagieren, die die Karriere unterstützen. Gleichzeitig hatte eine fehlende Anerkennung starken Einfluss auf die Identifikation mit dem Unternehmen – dem „Employee Engagement". Frauen, die ein Netzwerk leiteten, ohne dafür Anerkennung zu erfahren, beurteilten ihr Unternehmen in den Punkten Chancengleichheit und Zukunftsfähigkeit deutlich schlechter als der Rest der Befragten.

Es kann kaum bezweifelt werden, dass eine solche Sicht nicht nur Einfluss auf die Fähigkeit hat, andere in der Gruppe für gemeinsame Ziele zu begeistern. Es beeinflusst sicherlich auch die Aufstiegswahrscheinlichkeit und -motivation bzw. die Treue zum Arbeitgeber.

Sehr klar zeichneten sich im Rahmen der Untersuchung einige „Minimalanforderungen" an ein erfolgreiches Netzwerk ab:

- Ansprüche und Ziele des Netzwerks müssen im Einklang mit seinen Ressourcen stehen.
- Relevante Messkriterien sind wichtig, um Ergebnisse des Netzwerks zu messen und es weiterzuentwickeln.
- Bedürfnisse und Erwartungen der Mitglieder müssen bei Strategie und Prioritäten des Netzwerks berücksichtigt werden.
- Das Engagement im Netzwerk – besonders in einer Leitungsfunktion – muss anerkannt werden.
- Kein Netzwerk kann erfolgreich sein, wenn seine Mitglieder nicht erleben, dass es Wertschätzung seitens der Organisation erfährt.

Wie sich Ziele für und Erwartungen an ein Netzwerk auf die erforderliche Einbindung in die Organisation und die bereitgestellten Ressourcen auswirken, zeigt Abb. 6.1. Während ein Netzwerk mit einem Fokus auf soziale Interaktion und persönliche Unterstützung weitestgehend autark agieren kann, benötigt bereits ein „Karrierenetzwerk" angemessene finanzielle Mittel, um den Aufstieg seiner Mitglieder zu unterstützen. Wo die Gruppe Einfluss auf Unternehmenskultur oder -prozesse nehmen soll bzw. will, sind klare Schnittstellen erforderlich, um sicherzustellen, dass die Rückmeldungen gehört und berücksichtigt werden.

Hier sind Offenheit und ein ehrlicher Dialog gefragt, um die Erwartungen der verschiedenen Beteiligten in Einklang zu bringen. Denn nicht immer stimmen die Wünsche des Netzwerkes mit den Interessen des Unternehmens überein. Statt das offen zu adressieren, versuchen viele Unternehmen, den Anspruch ihres Netzwerks, Einfluss auf die Unternehmenskultur zu nehmen, zu ignorieren, oder sie spiegeln Unterstützung nur vor.

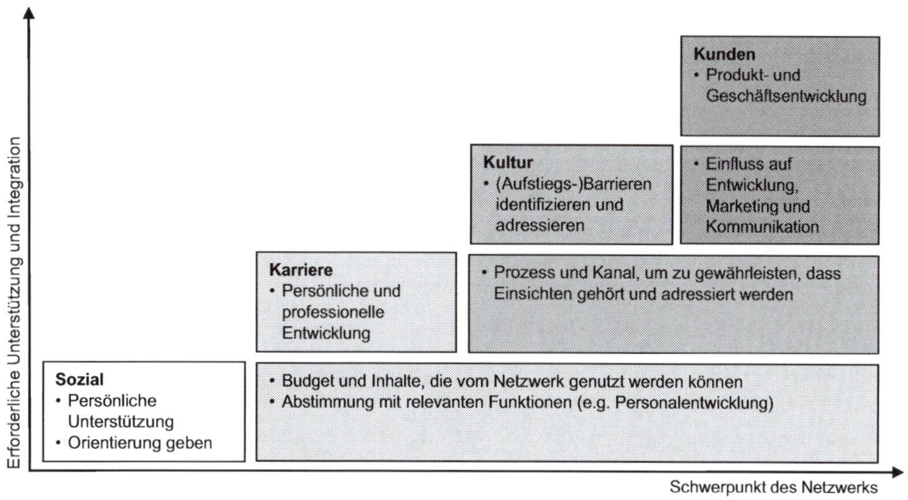

Abb. 6.1 Schwerpunkte und Ressourcen eines Netzwerkes müssen in Einklang stehen

Wer sich vor notwendigen Diskussionen drückt, verursacht früher oder später allerdings Frust bei allen Beteiligten und die ursprünglich positive Energie geht nach hinten los.

6.3 Persönlicher Nutzen treibt Unterstützung

Etwas kann man jedoch von den Hoffnungsmodellen „Vater“ und „Netzwerk“ lernen: Maßgeblich für das Engagement ist der Umstand, dass die Situation persönlich ist. Dass der viel zitierte Vater einen direkten Vorteil in der Veränderung sieht, wenn nicht für sich selbst, so doch für Menschen, die ihm am Herzen liegen. Es geht weder um einen abstrakten Business Case, nach dem Unternehmen mit mehr Frauen in Führungspositionen erfolgreicher sind, noch um wenig konkrete gesellschaftliche Erwartungen, die in ihn gesetzt werden mögen. Auslöser für das Engagement ist der Wunsch und die Möglichkeit, einen positiven Einfluss auf das Leben der eigenen Tochter zu erzielen – bzw. stellvertretend auf das Leben anderer junger Frauen.

Auch Mitarbeiterinnen und Mitarbeiter, die sich in Unternehmensnetzwerken engagieren, haben ein sehr klares Ziel vor Augen. Sie wollen sich austauschen, neue Kontakte knüpfen, etwas lernen und sie wollen gehört werden. Sie möchten, dass Ihre Erfahrungen und Einsichten genutzt werden, und sie möchten einen Beitrag dazu leisten, dass sich die Situation im Unternehmen für „Menschen wie sie“ verändert. Dass ihre Rechnung im Endeffekt potenziell nicht aufgeht, ändert nichts an der Motivation.

Der Wurm muss dem Fisch schmecken

Dieser Anforderung werden die meisten heute üblichen Angänge nicht gerecht. Stattdessen fühlen sich viele Männer in der Diskussion um mehr Vielfalt auf der Verliererseite. Die einen sehen die eigene Position bzw. Aussichten bedroht und fragen sich, was denn an ihrer Arbeit und Leistung falsch sein soll, wenn der bloße Umstand, dass jemand eine Frau ist, sich positiv auf Umsatz und Ergebnis auswirkt. Die anderen fühlen sich missverstanden, vorgeführt und kritisiert, wenn Ihnen vorgehalten wird, dass sie die eigene Position nicht ihrer Leistung verdanken, sondern den Privilegien, die sie dank ihres Geschlechts genießen.

Der ausscheidende Vorstand hat da gut lachen, kann im Rückblick seine „Verfehlungen“ und „traurige Ignoranz“ eingestehen und sich damit als gereifter und selbstkritischer „elderly statesman“ für neue und honorige Ämter empfehlen.

Beispiel

Ein Beispiel dafür, wie wenig attraktiv die Beteiligung für die adressierte Zielgruppe sein kann, gab wiederum die genannte Frauennetzwerk-Untersuchung, in der die Teilnehmenden auch gefragt wurden, ob sich mehr Männer im Netzwerk engagieren sollten. 67 % halten das für eine gute Idee, um Relevanz und Schlagkraft zu erhöhen.

Allerdings ist es nur für etwa ein Viertel eine Chance, den Geschlechterdialog zu verändern und gemeinsame Ziele zu definieren und zu verfolgen. „Es geht nicht um

‚wir' und ‚die', sondern um Menschen, die sich für gemeinsame Ziele einsetzen", „Frauen und Männer haben jeweils unterschiedlich Probleme und können voneinander lernen" sind dabei typische Zitate.

Oft ging allerdings der Ruf nach Männern mit Unzufriedenheit mit den Netzwerkergebnissen einher. Dann waren sie wahlweise als „Weißer Ritter" oder als Prügelknabe gefragt: „Männer sind in den meisten Unternehmen in Führungspositionen stärker vertreten. Davon können Frauen profitieren", „Männer sollten beitreten, damit sie endlich verstehen, was für Schwierigkeiten Frauen im Beruf alltäglich begegnen", „Das Problem sind ja nicht die Frauen. Es geht darum, dass Männer ihre Vorurteile überwinden". Interessanterweise glichen sich dabei die Aussagen von Frauen und von Männern, die mit Netzwerken zu tun haben, z. B. als Sponsor oder als Verantwortlicher im Personalbereich.

Davon unabhängig macht die beschriebene Erwartung eine Mitgliedschaft natürlich nicht gerade attraktiv. Aussagen wie „sie können dann auch mehr darüber lernen, wie das mit den Wechseljahren ist, und mehr Verständnis aufbringen" sind dann vermutlich endgültig dazu geeignet, Männern den Angstschweiß auf die Stirn zu treiben, statt sie zur Mitarbeit im Netzwerk zu animieren.

So berechtigt der Frust und der Wunsch nach Unterstützung auch sein mag, als Positionierung, um jemanden zum Mitmachen zu gewinnen, ist es kein Erfolg versprechendes Rezept.

Es gibt nur wenige Gründe, warum sich jemand für Veränderung engagiert: „Pain, Shame and Gain", wie es in Englisch im echten Dreiklang heißt, oder in Deutsch ganz prosaisch: Schmerz, Schande und Gewinn.

- Der Fachkräftemangel beispielsweise kann **Schmerz** aufbauen, der Unternehmen zu Veränderungen zwingt. Wer seine Aufträge nicht mehr bewältigt oder seine Beschäftigten mit Zusatzschichten in den Burn-out treibt, verspürt potenziell genug Druck, um noch mal darüber nachzudenken, ob allein ein Kopftuch ausreicht, um eine Bewerberin abzulehnen.
- Dem Aspekt **„Schande"** begegnet man regelmäßig, wo Führungskräfte bei relevanten Kennzahlen dem Kollegenkreis hinterherhinken und sich dann ganz besonders anstrengen. Offensichtlich hat die Frauenquote einen entsprechenden Status noch nicht erreicht, sonst hätten sich kaum drei Viertel aller M-Dax-Unternehmen die Zielzahl null für den Vorstand gesetzt [7]. Vergessen darf man dabei nicht: Solange keiner zuckt, haben natürlich auch die anderen wenig Grund, sich zu bewegen. Der Conformity Bias macht es uns leicht, in Stillstand zu verharren, solange das nur auch genug andere tun.
- Den Aspekt **„Gewinn"** erleben wir bei engagierten Vätern und bei Pensionisten, die sich für ihren nächsten Lebensabschnitt in Stellung bringen wollen. Sie haben eine klare Vorstellung vom Nutzen, den sie aus ihrem Verhalten ziehen – sei es, weil sie andere unterstützen, die ihnen am Herzen liegen, einen Loriot'schen „Pappa Ante

Portas"-Effekt [8] vermeiden wollen oder sich einfach nur gut fühlen, weil sie etwas tun, was sie für richtig halten.

Gemeinsamkeiten schaffen den stärkeren Hebel für Veränderung.

Entsprechend wichtig ist es, im Rahmen der D&I-Planung nicht nur auf die Unterschiede zu gucken, sondern auch zu überlegen, welche Gemeinsamkeiten bestehen. Statt die Organisation in „Frauen" und „Männer", „Alte" und „Junge", „LGBT" und „Straight" aufzuteilen, lohnt es sich zu überlegen, welche Schnittmengen es gibt und ob Demografie-übergreifende Allianzen geschmiedet werden können.

Beispiel

Wie das aussehen könnte und was passiert, wenn man einmal über die typischen demografischen Merkmale – wie Geschlecht, Alter oder Herkunft –, hinausschaut zeigt das Video „All that we share" von TV2 aus Dänemark. In Reaktion auf Fragen wie „wer hat Stiefkinder", „wurde schon einmal gemobbt" oder „war der Klassen-Clown", werden die Teilnehmenden gebeten, in die Mitte des Raumes zu treten. Dabei finden sich ganz neue, unvermutet Allianzen über die sonst so omnipräsenten Gesichtspunkte hinweg. Sie schaffen eine Verbindung zwischen Menschen, die sich offensichtlich zuvor nicht haben vorstellen können, dass sie irgendetwas gemeinsam haben [9].

Einen Eindruck, wie ein differenzierter Angang aussehen kann, vermitteln die Sinus-Milieus, die eine Gesellschaft anhand der „sozialen Lage" – Unter-, Mittel- oder Oberschicht – und „grundlegenden Wertorientierungen" segmentieren.

Laut Sinus-Institut liefern die Milieus ein „Bild der soziokulturellen Vielfalt in Gesellschaften, in dem sie die Befindlichkeiten und Orientierungen der Menschen, ihre Werte, Lebensziele, Lebensstile und Einstellungen sowie ihren sozialen Hintergrund genau beschreiben". Sie dienen der „differenzierten Beschreibung von Kunden- und Käufergruppen, der gezielten Positionierung von Produkten und Dienstleistungen, der Definition von Marktsegmenten [...], der effizienten Ansprache von Käuferpotentialen [...]" [10]. Ein solches Vorgehen ermöglicht natürlich eine deutlich differenziertere Weltsicht, als wenn man sich – wie häufig im Rahmen der D&I-Strategie – nur an einem einzigen Persönlichkeitsmerkmal orientiert.

Gleichzeitig ist es illusorisch, ein vergleichbar vollständiges und komplexes Modell für die eigene Planung zu entwickeln. Zum Glück kann man sich dem Umstand, dass unterschiedliche Menschen und Zielgruppen gemeinsame Bedürfnisse haben, ganz pragmatisch nähern. Ein guter Weg ist es bereits, mit einem für eine Zielgruppe identifizierten Problem zu starten und sich zu überlegen, wie es entsteht und wer noch davon betroffen sein könnte.

Wer aus seinem D&I-Audit bzw. seiner Untersuchung zur Unternehmenskultur weiß, dass die meisten offenen Positionen quasi „unter der Hand" vergeben werden, kann mit anderen überlegen, was die Gründe dafür sind, welche Zielgruppen betroffen sein können und wie wirksame Lösungsansätze aussehen. Wenn der Grund beispielsweise ist, dass formale Ausschreibungsprozesse zugunsten von Menschen umgangen werden, die die Führungsriege besonders gut kennt und mit denen sie abends auch mal ein Bier trinken geht, betrifft das nicht nur „berufstätige Mütter". Abends selten dabei sind auch Menschen, die schlicht zu weit weg von der Zentrale arbeiten oder auch diejenigen, die aus religiösen Gründen nirgends hingehen, wo Alkohol getrunken wird. Auf der Basis lassen sich dann Maßnahmen identifizieren, die nicht „für Frauen" sind, sondern ein Problem adressieren, das ganz unterschiedliche Kandidatinnen und Kandidaten vom Aufstieg ausschließt und verhindern kann, dass die oder der Beste zum Zuge kommt.

Damit hat der Angang gleich noch einen weiteren Vorteil: Indem ich mich auf das Problem statt auf einzelne demografische Merkmale konzentriere, vermeide ich eine „Stigmatisierung". Wo ich Barrieren einzelnen Zielgruppen zuordne – Frauen, Schwule, Menschen mit Behinderungen … – und dann versuche, „ihre Probleme" zu lösen, werden nicht nur Möglichkeiten vertan, einen möglichst großen Hebel anzusetzen. Stereotype (z. B. „flexibles Arbeiten ist für Mütter"), die Barrieren für den Aufstieg verschiedener Gruppen erzeugen, werden potenziell noch verstärkt.

Gemeinsame Interessen als Basis für Allianzen
Gemeinsamkeiten gibt es aber nicht nur innerhalb der verschiedenen Zielgruppen, für die D&I-Aktivitäten ein „level playing field", ein ebenes Spielfeld, schaffen sollen. Ebenso wichtig ist es zu identifizieren, welche anderen Stakeholder innerhalb oder außerhalb des Unternehmens das gleiche Interesse haben.

Um beim abendlichen Bier zu bleiben: Ein Bergbau-Gigant hatte festgestellt, dass die talentierten Frauen, die man mit großem Engagement auf dem Arbeitsmarkt suchte, sich anschließend weniger schnell in ihrer Rolle zurechtfanden als die männlichen Kollegen. Zudem schmissen deutlich mehr nach relativ kurzer Zeit frustriert das Handtuch.

Statt auf die ersten Einschätzungen zu vertrauen – „Bergbau ist halt nichts für Frauen", „Arbeit und Umfeld sind eben zu hart" – bohrte das Unternehmen weiter nach und stellte fest, dass erfahrene Mitarbeiter die jungen männlichen Kollegen unter ihre Fittiche nahmen und ihnen vor allem außerhalb der Arbeitszeit wichtige Kenntnisse vermittelten. Um einen Weg zu finden, diese Unterstützung auch den Kolleginnen zugänglich zu machen, gab es einen logischen Partner: den Bereich Betriebssicherheit. Untersuchungen hatten gezeigt, dass die Unfallrate in gemischten Teams deutlich geringer war. Damit gab es ein starkes gemeinsames Interesse mit einer Funktion, die – insbesondere in diesem Umfeld – deutlich mehr Einfluss und Aufmerksamkeit genießt, als das häufig für D&I-Verantwortliche gilt.

Anderes Beispiel: Den größeren Einfluss hat oft der Bereich Real Estate, der mit Flächenreduzierung und Kosteneinsparungen winken kann, wenn es um flexible Arbeitsweisen und die verstärkte Nutzung von Heimarbeitsplätzen geht. Für viele Finanzdienstleister hatten die Olympischen Spiele in London die gleiche Wirkung. In dieser Branche hatten häufig Sicherheitsbedenken jegliche Diskussion bezüglich Remote-Arbeitsplätzen für Mitarbeiterinnen und Mitarbeiter, die Angehörige pflegen, im Keim erstickt. Die Sicht auf das Thema und die Bereitschaft, in neue Lösungen zu investieren, veränderte sich radikal, als den Unternehmen klar wurde, dass sie andernfalls aufgrund des Verkehrschaos während der Spiele potenziell auf viele Beschäftigten komplett würden verzichten müssen. Der Umstand, dass die Veränderung absolut nichts mit den Bedürfnissen pflegender Angehöriger zu tun hatte, änderte nichts daran, dass sie ihnen schließlich zugutekam.

Anregungen dazu, wo man nach gemeinsamen Interessen und möglichen Partnern gucken kann, gibt das Marketing [11], das verschiedene Formen der Kooperation beschreibt:

- **Horizontal bzw. Coopetition, d. h. strategische Allianzen,** die geschmiedet werden, wo Kooperationen mit Wettbewerbern die eigene Position stärken (z. B. Star Alliance bei Fluglinien).
- **Vertikal, d. h. strategische Netzwerke** über verschiedene Stufen der Wertschöpfungskette hinweg (z. B. mit Kunden oder Lieferanten).
- **Laterale Kooperationen** zwischen Partnern, die weder in einer Wettbewerbs- noch Kunden-/Lieferantenbeziehung zueinander stehen (z. B. Lufthansa und Sixt).

Im D&I-Kontext könnte das dann heißen:

- Allianzen zwischen verschiedenen Organisationsteilen bzw. Funktionen zu schmieden;
- Partner über verschiedene Stufen eines Prozesses zusammenbringen, also z. B. Rekrutierung und Personalentwicklung oder Innovation und Marketing;
- Kooperationspartner außerhalb des eigenen Unternehmens zu identifizieren, um erfolgreiche Ansätze zu teilen oder – wie es öfters geschieht – Mitarbeiternetzwerke zu nutzen, um den Kontakt mit „Menschen wie ihnen" außerhalb der Organisation zu stärken.

„Wer nicht für mich ist, ist gegen mich"

Das heißt häufig, dafür zu sorgen, dass zentrale Elemente der „eigenen" Agenda von jemand anders bearbeitet werden, weil er oder sie mehr Einfluss oder bessere Möglichkeiten hat, das Thema voranzutreiben. Angesichts der schleppenden Veränderungen in vielen Organisationen ist für mich dabei die Frage, ob das „Richtige" aus den „richtigen Gründen" getan wird aktuell zwar interessant, aber zweitrangig. Den Betroffenen dient es vor allem, wenn überhaupt etwas passiert.

Leider erlebe ich öfters einen anderen Trend: dass wichtige potenzielle Partner als Bremser wahrgenommen werden, weil ihre Prioritäten und Motive nicht in der eigenen Planung berücksichtigt werden. Das kann in einem Kleinkrieg statt einer lösungsorientierten Zusammenarbeit resultieren. Jede Kooperation bedeutet automatisch, unterschiedliche Interessen unter einen Hut zu bringen und zu akzeptieren, dass verschiedene Menschen aus unterschiedlichen Gründen das Gleiche wollen können.

Es bedeutet auch, dass man sich parallel für die Interessen von Menschen einsetzt, die ggf. eher ein bestimmtes Problem als ein gemeinsames demografisches Merkmal verbindet. „Jetzt sollen es die Frauen auch noch für die Männer richten", heißt es dann öfters und ich ärgere mich. Aus meiner Erfahrung schafft der Fokus auf Unterschiede statt Gemeinsamkeiten eine der größten Barrieren für erfolgreiche D&I-Arbeit.

Was Sie aus diesem Kapitel mitnehmen sollten

- Partnerschaften und eine möglichst breite Unterstützung sind entscheidend für den Erfolg der D&I-Strategie. Eine größere Allianz für Veränderung lässt sich insbesondere erzielen, indem man nicht nur auf Unterschiede, sondern auch auf Gemeinsamkeiten setzt.
- Statt einfach nur auf gängige Empfehlungen zu wichtigen Stakeholdern zu vertrauen, lohnt es sich, ihren Einfluss zu hinterfragen bzw. die Situation im eigenen Unternehmen zu berücksichtigen.
- Ein klarer eigener Nutzen beeinflusst die Bereitschaft von Menschen, sich zu engagieren. Wichtig für die Motivation sind dabei „Pain, Shame and Gain" (Schmerz, Schande und Gewinn).
- Oft besteht ein stärkerer Hebel für Veränderung, wenn eine Maßnahme verschiedenen Stakeholdern dient. Das kann sowohl in Bezug auf unterschiedliche demografische Gruppen als auch verschiedene Kooperationspartner gelten. Der eigentliche Nutzen kann sich dabei unterscheiden (z. B. geringere Flächennutzung gegenüber Möglichkeit, flexibel zu arbeiten).
- Um solche Gemeinsamkeiten zu identifizieren, empfiehlt es sich, ausgehend von einer Barriere oder einem Problem, die Interessen verschiedener Zielgruppen zu untersuchen. Damit hat der Angang gleich noch einen weiteren Vorteil: Indem ich mich auf das Problem statt auf einzelne demografische Merkmale konzentriere, vermeide ich eine „Stigmatisierung" und vermeide es, Stereotype (z. B. „flexibles Arbeiten ist für Mütter"), die Barrieren für den Aufstieg verschiedener Gruppen erzeugen, potenziell noch zu verstärken.

Wichtige Fragen in Bezug auf Ihre eigene Strategie

Welche Zielgruppen haben Sie identifiziert, die im Rahmen der D&I-Strategie Unterstützung leisten können?	
Was prädestiniert sie für diese Rolle?	
Sind die Beteiligten in der Vergangenheit den in sie gesetzten Erwartungen gerecht geworden? Worauf stützen Sie Ihre Einschätzung?	
Was waren Voraussetzungen für den Erfolg bzw. was könnte ihn behindert haben?	
Welche Vorteile sehen die Beteiligten in einem Engagement? Ist das genug, um die erforderliche Zeit und politisches Kapital zu investieren?	

Welche anderen Ansprechpartner bzw. Zielgruppen könnten von den im Rahmen der D&I-Strategie geplanten Veränderungen profitieren (Pain, Shame & Gain)? Welche Argumente können sie überzeugen?	
Von was für Aspekten, die im Rahmen der Strategie adressiert werden sollen, können unterschiedliche Zielgruppen profitieren?	
Was sind potenzielle Partnerschaften im Unternehmen? Wer verfolgt – wenn auch ggf. aus anderen Gründen – die gleichen oder ähnliche Ziele?	

Literatur

1. ScienceDaily. 2014. Dads who do chores bolster daughters' aspirations. 28. 05. 2014. http://news.ubc.ca/2014/05/28/dads-who-do-chores-bolster-daughters-aspirations/. Zugegriffen: 8. März 2017.
2. Statistisches Bundesamt. 2014. Pressemitteilung Nr. 082: Erwerbstätigkeit von Frauen in Deutschland deutlich über EU-Durchschnitt, 07.03.2014. https://www.destatis.de/DE/Presse-Service/Presse/Pressemitteilungen/2014/03/PD14_082_132.html. Zugegriffen: 8. März 2017.
3. Jump und Axiom Consulting Partners. 2016. Do men want gender equality at work? http://jump.eu.com/wp-content/uploads/2016/08/STUDY_DO_MEN_WANT_EQUALITY_EN-FR_web.pdf. Zugegriffen: 8. März 2017.
4. Hucke, Veronika, und Lisa Kepinski. 2016. A fresh look at women networks, Februar 2016. Die vollständige Studie und eine deutsche Zusammenfassung stehen unter http://www.di-strategy.com/forschung-und-dialog.html. Zugegriffen: 22. März 2017.
5. Hucke, Veronika, und Lisa Kepinski. 2016. Sackgasse für die Karriere. Harvard Business Manager, April 2016. http://www.harvardbusinessmanager.de/heft/d-143473814.html. Zugegriffen: 8. März. 2017.
6. Jennifer Brown Consulting. 2010. Employee resource groups that drive business outcomes. http://jenniferbrownconsulting.com/cisco-jbc-driving-business-next-practices-for-ergs/. Zugegriffen: 8. März 2017.
7. Frankfurter Allgemeine Zeitung. 2017. Frauenquote? Null Prozent! 18.02.2017.http://www.faz.net/aktuell/beruf-chance/arbeitswelt/m-dax-unternehmen-frauenquote-null-prozent-14884403.html. Zugegriffen: 8März 2017.
8. Loriot. 1991. Papa Ante Portas. http://www.cinema.de/film/pappa-ante-portas,89602.html. Zugegriffen: 8 März 2017.
9. TV2. 2017. All that we share. https://www.youtube.com/watch?v=jD8tjhVO1Tc. Zugegriffen: 8.März 2017.
10. Sinus-Milieus ® Deutschland, SINUS Markt- und Sozialforschung GmbH, http://www.sinus-institut.de/sinus-loesungen/sinus-milieus-deutschland/. Zugegriffen: 8 März 2017.
11. Meffert, Heribert, Christoph Burmann, und Manfred Kirchgeorg. 2015. *Marketing*. Wiesbaden: Springer Gabler Fachmedien.

7 Change Tools für Diversity und Inclusion

> Bei Diversity & Inclusion handelt es sich um klassisches Change-Management. Entsprechend stelle ich in diesem Kapitel einige wichtige Modelle und Werkzeuge vor, die dabei helfen, eine erfolgreiche Strategie zu entwickeln und zu implementieren.
>
> Neben einem der „Klassiker", Kotters Acht-Stufen-Modell, bilden Ansätze einen Schwerpunkt, die besonders geeignet sind, den speziellen Anforderungen im D&I-Kontext gerecht zu werden. Sie tragen dazu bei, neben den rationalen Aspekten auch Emotionen und unbewusste Vorbehalte zu adressieren und Veränderungen in einem Umfeld voranzutreiben, in dem sich das Maß der Unterstützung wichtiger Stakeholder stark unterscheidet.
>
> Am Ende des Kapitels gehe ich noch auf persönliche Anforderungen ein und auf die Eigenschaften, die dabei helfen, Veränderungsprojekte erfolgreich voranzutreiben.

Die Entwicklung und Umsetzung einer D&I-Strategie ist klassisches Change-Management. Laut McKinsey scheitert allerdings die Hälfte aller Veränderungsprojekte, weil Führungskräfte ihre Vorbildrolle nicht leben oder weil die Beschäftigten am Status quo festhalten und ihn verteidigen [1]. Wenn es Unternehmen dagegen frühzeitig gelingt, kritische Verhaltensweisen zu identifizieren und zu adressieren, steigt die Erfolgswahrscheinlichkeit um das Vierfache [2]. Das von McKinsey entwickelte Einflussmodel beschreibt, wie sich der erfolgreiche Veränderungsprozess für die Beteiligten anfühlen soll:

- **Eine überzeugende „Story":** „Ich weiß, was von mir erwartet wird – und es leuchtet mir ein."
- **Bestärkungsmechanismen:** „Ich sehe, dass unsere Strukturen, Prozesse und Systeme die Veränderungen unterstützen, die ich vornehmen soll."

V. Hucke, *Mit Vielfalt und Fairness zum Erfolg*,
DOI 10.1007/978-3-658-16878-0_7

- **Fähigkeiten für die Veränderung:** „Ich habe die Fähigkeiten und Gelegenheit, in der neuen Art und Weise zu agieren."
- **Vorbilder:** „Ich sehe, dass sich Führungskräfte, meine Kolleginnen und Kollegen und andere Beschäftigte anders verhalten."

Im Folgenden möchte ich drei Konzepte vorstellen, die helfen, eine wirkungsvolle D&I-Strategie zu entwickeln.

Change-Programme gehören in den meisten Organisationen mittlerweile fast schon zur täglichen Praxis. Das Modell, das nach meiner Erfahrung in den meisten Unternehmen eingesetzt wird, um den Wandel zu unterstützen, ist das **Acht-Stufen-Modell von John P. Kotter.** Aufgrund des hohen Bekanntheitsgrades nutze ich es daher auch in diesem Buch. Grundsätzlich ist es allerdings empfehlenswert, bei der Strategieentwicklung auf den Angang zu setzen, der Kolleginnen und Kollegen bekannt und vertraut ist. Andernfalls droht die Gefahr, dass man mehr Zeit mit Erläuterungen als mit echter Arbeit verbringt.

Die meisten Change-Management-Ansätze gehen relativ gradlinig und rational zur Sache. Das gilt auch für Kotter. Dabei scheitern viele Programme genau daran. Die Gefahr droht auch im D&I-Kontext, wo zudem unbewusste Annahmen viele Diskussionen erschweren. Verdeckte Aspekte, die das Verhalten unterschiedlicher Stakeholder beeinflussen, sind der Schwerpunkt der **„Sechs Dimensionen" von Robert J. Marshak.** Sein Modell untersucht den Einfluss von Faktoren wie unterschiedlichen Interessen, Emotionen und Werten, die Veränderungsprogramme häufig zum Scheitern bringen.

Das dritte Thema, dass ich anreißen möchte, ist **Agiles Change-Management,** das in Zeiten von Lean und Scrum zunehmend an Bedeutung gewinnt. Der Angang ist im D&I-Umfeld extrem hilfreich, weil er darauf angelegt ist, kontinuierlich zu lernen und besser zu werden, statt zunächst die perfekte Strategie zu entwickeln, anschließend abzustimmen und erst dann zu implementieren. Wo es sich sonst angesichts der Vielzahl unterschiedlicher Stakeholder und Interessen endlos hinziehen kann, bis man mit der Implementierung beginnt, gewinnt man viel Zeit, wenn man das Programm in einzelne gut verdauliche Happen zerteilt und sie jeweils mit den relevanten Ansprechpartnerinnen und Ansprechpartnern bespricht und vereinbart.

7.1 Kotters Acht-Stufen-Modell

Nach Kotter sind für erfolgreichen Wandel drei Phasen bzw. acht Stufen nötig. Weil es in Unternehmen klare Vorstellungen davon gibt, wie „wir die Dinge hier machen", gilt es zunächst, die bestehende Situation „aufzutauen" (Stufe 1–4), um die Voraussetzung – quasi die Beweglichkeit – für Neues zu schaffen. Erst dann etabliert man die gewünschten Veränderungen (Stufe 5–7). Schließlich wird dann die veränderte Situation bzw. Handlungsweisen wieder „eingefroren", um ein stabiles Umfeld zu schaffen (Stufe 8) [3].

In Bezug auf D&I könnte das dann wie in Tab. 7.1 aussehen.

Tab. 7.1 Kotters Acht-Stufen-Modell für D&I. (Basierend auf „Why Transformation Efforts Fail", John P. Kotter, Januar 2007)

	Was	Wie	Typische Probleme/Barrieren
1	Ein Gefühl der Dringlichkeit erzeugen	Identifikation von D&I-relevanten Unternehmensprioritäten. Ein D&I Audit (mehr dazu in Kap. 8) hilft zu identifizieren, wo die aktuelle und - falls fortgeschrieben - zukünftige Situation Unternehmensziele gefährdet	Es gelingt nicht, einen überzeugenden und relevanten Business Case bzw. „Case for Change" aufzubauen. Erforderliche Daten stehen nicht zur Verfügung
2	Koalitionen aufbauen	Maßgebliche Stakeholder identifizieren und priorisieren. Unterstützung gewinnen	Die erforderliche Unterstützung fehlt bzw. wichtige Stakeholder sind nur angeblich überzeugt. Notwendige Veränderungen haben „keine Priorität" und bleiben in Schlüsselprozessen unberücksichtigt
3	Vision und Strategie entwickeln	Gemeinsam eine Vision der Veränderung entwickeln. Relevante Maßnahmen identifizieren, um die gewünschte Veränderung zu erzielen	Statt einer Vision, die von klaren Prioritäten unterstützt wird, entsteht ein Waschzettel mit unterschiedlichsten Maßnahmen. Es gibt Menschen die „gewinnen" bzw. „verlieren"
4	Die Vision kommunizieren	Die Vision und die unterstützenden Maßnahmen über alle verfügbaren Kanäle kommunizieren (im Rahmen der meisten D&I-Strategien und insbesondere bei einem agilen Angang lohnt es sich zu überlegen, wann tatsächlich wie viel an wen kommuniziert werden soll – dazu mehr in Kap. 11). Neues Verhalten vorleben	Es gibt eine große Ankündigung zur Bedeutung von D&I, aber keine weiteren Informationen zu Maßnahmen und Ergebnissen. Es wird der Eindruck vermittelt, es handele sich um ein „Sozialprojekt" und diene der Unterstützung von Minderheiten. Über die Bedeutung von D&I wird vorzugsweise zum internationalen Frauentag berichtet, keine Einbettung in die reguläre (Führungs-) Kommunikation
5	Andere befähigen, die Vision zu unterstützen	Hindernisse abbauen. Prozesse und Systeme verändern, die die Vision unterminieren. Neue Ideen fördern und aufgreifen	Territoriales Verhalten. Fehlende Abstimmung und unterschiedliche Prioritäten bzw. Terminplanung, die die Einführung blockieren

(Fortsetzung)

Tab. 7.1 (Fortsetzung)

	Was	Wie	Typische Probleme/Barrieren
6	Schnelle Ergebnisse einplanen und abliefern	Verbesserte Ergebnisse einplanen und erzielen. Verbesserungen anerkennen und feiern	Sich ausschließlich ambitionierte Ziele für die mittlere und längere Zukunft setzen, keine Meilensteine. Überambitionierte (frustrierende) oder irrelevante (lachhafte) Ziele
7	Erfolge konsolidieren und neue Projekte starten	Erfolge nutzen, um neue Unterstützung zu gewinnen und weitere Veränderungen zu erzielen. Neue Themen und Projekte identifizieren und umsetzen	Nach ersten Ergebnissen erwarten, dass die weitere Veränderung „von selbst" erfolgt, und Bemühungen reduzieren oder einstellen
8	Neue Ansätze verankern	Den Zusammenhang zwischen Veränderung und Unternehmenserfolg darstellen. Neue Arbeitsweisen verstetigen	D&I wird als separate Initiative behandelt, für die es definierte Verantwortliche gibt

Viele D&I-Verantwortliche starten mit einem relativ schwammigen Auftrag. Die Strategieentwicklung findet häufig eher „bottom-up" als „top-down" statt. Deshalb ist es oft unmöglich, die acht Stufen tatsächlich eine nach der anderen zu durchlaufen. Stattdessen muss man zwischen den einzelnen Stufen hin und her navigieren, bis die erforderliche Abstimmung erfolgt ist, oder sie bei Bedarf bei unterschiedlichen Maßnahmen erneut durchlaufen. Das gilt insbesondere für die „Auftau-Phase". Wie das im Einzelnen aussehen kann, wie eine Strategie entwickelt wird und wie sich mit den typischen Fehlern und Barrieren umgehen lässt, erläutere ich ab Kap. 8.

7.2 Die sechs Dimensionen von Robert J. Marshak

Die Kotter-Übersicht wirkt relativ klar, strukturiert und logisch und erweckt die Hoffnung, dass man sich in seinem – natürlich gut geplanten – Change-Programm Schritt für Schritt von Stufe zu Stufe arbeitet.

Robert J. Marshak ist da weniger optimistisch. Er ist überzeugt, dass es sechs Dimensionen gibt, die bei Veränderungsprojekten berücksichtigt werden müssen. Fünf davon sind verdeckt und werden gerne ignoriert. Er kritisiert, dass die meisten Unternehmen auf einen rationalen „Case for Change" setzen und davon ausgehen, dass eine schlüssige Argumentation die Beteiligten überzeugt und ausreichend ist, um sie zu motivieren [4].

Seines Erachtens bleiben beim Versuch, einen rein rationalen Ansatz zu verfolgen, wichtige Aspekte außen vor, die Menschen wirklich bewegen können:

> Stellen Sie sich die gleiche [„I have a dream"-] Rede vor, wenn Dr. King stattdessen eine Analyse der Anzahl oder des Anteils an Diskriminierungsfällen im letzten Jahr präsentiert hätte und die Marktkräfte, die sich positiv oder negativ auf eine gerechtere Gesellschaft auswirken.[1]

Dass allein der Business Case nicht ausreicht, um D&I auf die Geschäftsagenda zu katapultieren, ist vielen D&I-Verantwortlichen schmerzhaft bewusst. Da lohnt es sich, in das Modell von Marshak tiefer einzusteigen und besonders die verdeckten Aspekte zu untersuchen (Tab. 7.2).

Wer diese unterschiedlichen Gesichtspunkte berücksichtigt, kann leichter identifizieren, was in einer Organisation üblicherweise „auf den Tisch kommt" bzw. „unter den Teppich gekehrt" wird. Auf dieser Basis lässt sich erfolgreicher agieren. Zwei Dinge gilt es dabei zu berücksichtigen, um sich selbst und anderen gerecht zu werden:

1. Es werden immer Dinge verborgen bleiben.
2. Verborgene Aspekte sollten nicht bewertet werden. Schließlich gibt es gute und schlechte Gründe, Dinge zu verstecken – und zuweilen passiert es auch völlig unbewusst.

Bei der Suche nach versteckten Dynamiken, die es im Rahmen der Strategie zu adressieren gilt, hilft ein geschulter Blick. Insbesondere lohnt es sich, auf die folgenden Indikatoren zu achten:

- **Wiederkehrende Muster und Argumente:** Wird immer wieder das gleiche hervorgehoben oder kritisiert oder zeigen sich Trends in der Datenanalyse?
- **Zusammenhänge:** Wie wirkt sich der Kontext aus? Sind einzelne Situationen besonders relevant?
- **Betonungen und Auslassungen:** Was wird besonders hervorgehoben? Was bleibt unerwähnt oder wird heruntergespielt?

Einfluss auf die Veränderung nehmen

Um die Ängste zu adressieren, die im Rahmen eines Change-Programms entstehen können, gibt es einige Grundregeln:

Ein sicheres Umfeld schaffen: Menschen dürfen nicht den Eindruck haben, dass sie „etwas riskieren", wenn sie sich öffnen. Ich hatte bereits erwähnt, dass Menschen, die „anders" sind, weniger Feedback erhalten. Einer der Gründe: Die Verantwortlichen fürchten sich vor Reaktionen, mit denen sie nicht umgehen können oder möchten. Zudem ist der D&I-Bereich voller potenzieller „Tretminen" und viele Menschen haben

[1]Originaltext: „Imagine the same speech if Dr. King had presented an analysis of the number or the percentage of discriminatory events in the past year and the market forces that positively or negatively impact on a more just society" (eigene Übersetzung der Autorin).

Tab. 7.2 Die sechs Dimensionen nach Robert J. Marshak. (Nach „Covert Processes at Work – Managing the Five Hidden Dimensions of Organizational Change“)

Verstand	Rationale und analytische Logik	Hier geht es um den rationalen Business Case. Er illustriert auf Basis von Daten und Fakten, warum die Dinge nicht bleiben können, wie sie sind und wieso die Veränderung einen Gewinn darstellt
Politik	Individuelle und Gruppeninteressen	Obwohl häufig ignoriert verfolgen einzelne Beschäftigte, Teams oder Organisationsteile eigene Interessen. Diese können eigennützig sein oder sie sollen dem Gemeinwohl dienen. Dann scheren Menschen beispielsweise aus den Vorgaben aus, weil sie auf Basis der eigenen Erfahrungen oder Einschätzung denken: „So funktioniert das nicht“
Inspiration	Wertebasierendes und visionäres Bestreben	Für die meisten Veränderungsprojekte gibt es eine Vision, die oft eine Kurzfassung des rationalen Business Case darstellt: „Wir wollen die Größten/Besten/Schnellsten sein, weil sich der Markt verändert.“ Inspirierende Visionen sprechen dagegen das Herz und die Werte der Beteiligten an – wie die „I have a dream“-Rede von Martin Luther King
Emotion	Affektive und reaktive Gefühle	Traditionell wurden Emotionen als Feind rationaler Entscheidungen gesehen und im professionellen Umfeld ignoriert oder unterdrückt. Auch im Rahmen von Veränderungsprozessen werden sie daher üblicherweise von den Beteiligten nicht offen adressiert, sondern höchstens hinter vorgehaltener Hand geteilt. Andererseits wird zunehmend akzeptiert, dass größere Veränderungen ähnliche Reaktionen hervorrufen, wie sie Elisabeth Kübler-Ross als Phasen des Sterbens beschreibt: Leugnen, Wut, Verhandlung, Depression, Akzeptanz – und bei Veränderungen dann schließlich das adaptierte, neue Verhalten
Mentalität/ Mindset	Glaubenssätze und Annahmen	Wie jeder D&I-Verantwortliche weiß, wird die Wahrnehmung von Menschen von ihren Erfahrungen und unbewussten Denkmustern/Unconscious Bias geprägt. Das beeinflusst natürlich auch ihre Sicht auf das aktuelle Geschehen und ihre Fähigkeit, zukünftig in relevanten Situationen das neue, gewünschte Verhalten an den Tag zu legen
Psychodynamiken	Angstbasierte und unbewusste Verteidigung	Da die meisten Veränderungsprozesse zumindest bei einem Teil der Betroffenen Ängste auslösen, ist es wichtig zu verstehen, wie diese ihr Verhalten beeinflussen werden. Während manche Reaktionen dabei bewusst und kalkuliert sind, gilt es, auch mit unbewusstem Verhalten umzugehen

Angst davor, etwas Falsches zu sagen. Das gilt nicht ausschließlich in Bezug auf Themen, die oft als kompliziert wahrgenommen werden, wie beispielsweise Sexualität. Mich hat – wohlgemerkt in Europa – einmal eine junge Frau gefragt, wie man schwarze Menschen korrekt bezeichnet, ob das alles Afroamerikaner seien.

Menschen bewegen, nicht entlarven: Gerade in einem extrem sensiblen Umfeld, ist es wichtig, Menschen dazu zu bringen, dass sie sich etwas trauen – und ihnen die Furcht davor zu nehmen, sich zu blamieren. Das schöne Sprichwort „jeder kann wenigstens noch als schlechtes Beispiel dienen", sollte man im D&I-Kontext tunlichst nicht anwenden.

Von der Annahme ausgehen, dass Menschen sich bemühen, ihr Bestes zu geben: Üblicherweise bemühen sich Menschen, das Richtige zu tun, selbst wenn die Ergebnisse zuweilen hinter den Erwartungen zurückbleiben. Statt ihnen also mit Vorhaltungen und Vorwürfen zu begegnen, sollte man versuchen zu verstehen, warum sie agieren wie sie agieren, und bei Bedarf Unterstützung anzubieten.

In den Spiegel schauen: Um Veränderungen erfolgreich voranzutreiben, ist eine gute Selbstwahrnehmung erforderlich und es gilt regelmäßig, das eigene Verhalten und seine Reaktionen zu hinterfragen. Nur so lässt sich sicherstellen, dass man sich tatsächlich mit den Problemen beschäftigt – statt nur mit der eigenen Wahrnehmung von ihnen.

Mit den Erwartungen an die Person und die Rolle in Einklang sein: Gerade wenn man Dinge unter dem Teppich hervorholt, ist es wichtig, dass das von anderen akzeptiert wird. Das setzt voraus, dass es in Einklang mit dem steht, was diese von einer Person oder einer Rolle erwarten. Wer den Eindruck hinterlässt, Grundregeln in inakzeptabler Weise zu verletzen, brennt Brücken ab, die man später noch braucht.

Eine Reihe Regeln sind wichtig, um überhaupt Dinge auf den Tisch bringen zu können – und um sicherzustellen, dass sie nicht bei erster Gelegenheit wieder heruntergewischt werden:

1. Legitimität, d. h., es wird akzeptiert, dass jemand das Recht und die Kompetenz hat, sich zu einem Thema zu äußern. Eventuell spricht besser jemand aus dem Marketing über die Bedürfnisse unterschiedlicher Zielgruppen und die damit eingehenden Wachstumspotenziale als jemand aus dem D&I-Bereich.
2. Die richtigen Konditionen, d. h. wie die Maßnahmen dargestellt, einsortiert oder eingebettet werden. Statt sich auf separate D&I-Initiativen zu konzentrieren, hilft es oft, erforderliche Veränderungen in andere Projekte oder Initiativen zu integrieren.
3. Strategisch sein, d. h. sich auf diejenigen Dinge konzentrieren, die wirklich wichtig sind.
4. Zuweilen subtil sein, d. h. auch entscheiden, wann man etwas ignoriert – oder auf Neuhochdeutsch: „Pick your battles".

Wer jetzt leichte Panik verspürt und sich fragt, wie man das alles bewältigen soll, der wird sich über „Agiles Change-Management" freuen, das die Dinge wieder in die richtige Perspektive bringt.

7.3 Agiles Change-Management

Agiles Change-Management trägt dem Umstand Rechnung, dass traditionelle Veränderungskonzepte oft nicht mehr mit dem steigenden Veränderungsbedarf in Einklang stehen. Statt einen fein abgestimmten Gesamtplan zu entwickeln, der versucht, alle Eventualitäten abzudecken, wird die Veränderung in viele kleine Schritte bzw. Verbesserungen unterteilt und in einem iterativen Prozess implementiert (siehe Abb. 7.1).

Jede Iteration besteht dabei aus drei Phasen: „entdecken und planen", „verändern und testen" und „umsetzen und anwenden" [5] (Tab. 7.3).

Dieses Verfahren trägt dem Umstand Rechnung, dass sich im Verlauf von größeren Projekten mit längerer Laufzeit zumeist viele Veränderungen bei Rahmenbedingungen und Anforderungen ergeben. Das birgt die Gefahr, dass die mit viel Mühe entwickelte Lösung längst nicht mehr dem Bedarf entspricht, wenn sie denn endlich fertiggestellt ist.

Zudem bergen klassische Verfahren ein weiteres Problem: Wer einmal in ein größeres IT-Projekt involviert war, weiß, wie unglaublich schwer es zu Projektstart ist, die zukünftige Wunschlösung zu definieren. Schließlich ist diese zumeist weit vom traurigen Status quo entfernt. Man kann sich deshalb nicht einmal vorstellen, wie sie aussehen sollte, und hat keine Ahnung, was realisierbar und sinnvoll ist. Agile Veränderungsprojekte haben

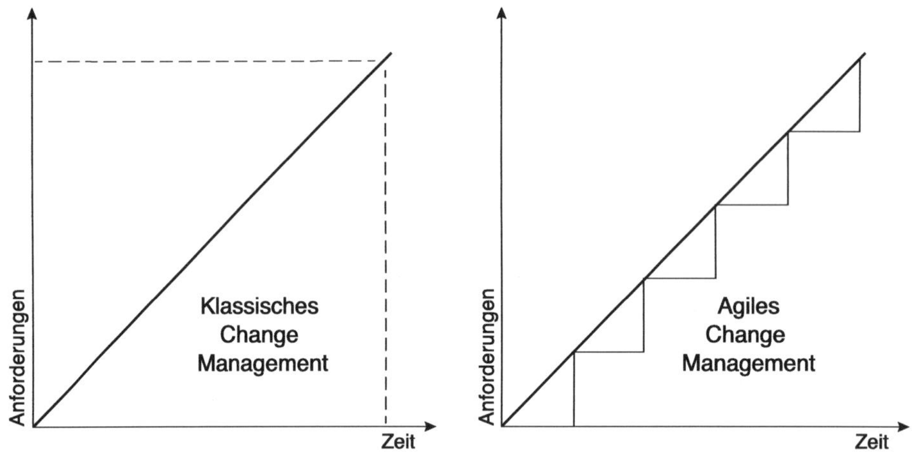

Abb. 7.1 Agile Veränderungsprozesse

Tab. 7.3 Iterationen, um Agiles Change-Management im D&I-Kontext zu nutzen. (Nach Melanie Franklin, „Agile Change Management")

Entdecken und planen	Verändern und testen	Umsetzen und anwenden
Was ist die Situation? Was ist das Problem? Wer sind die Stakeholder?	Was ist die Wunschsituation? Wie kann sie erreicht werden? Gibt es Abhängigkeiten?	Veränderung implementieren Ergebnisse messen

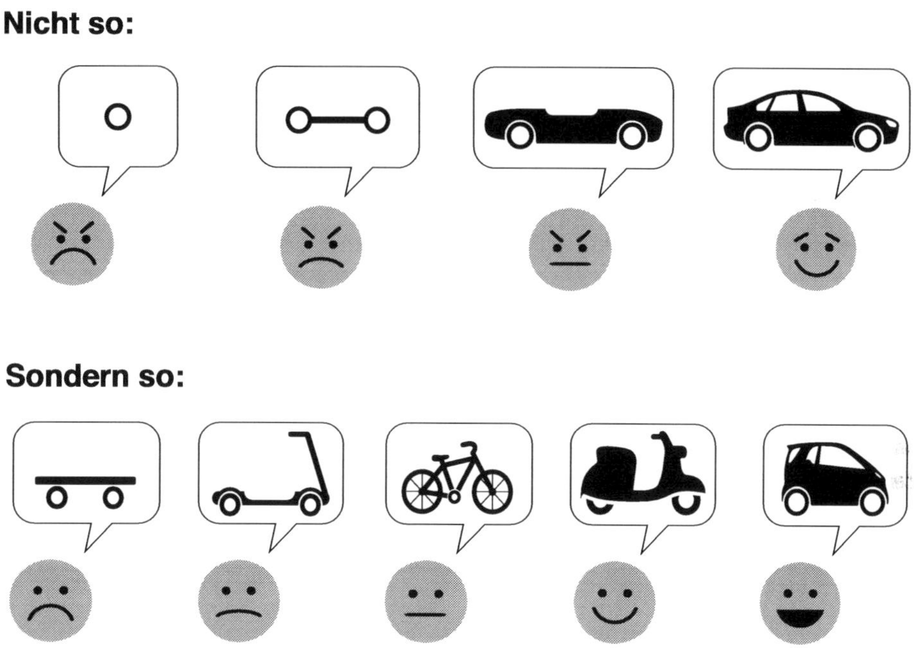

Abb. 7.2 Lösungen werden in Kooperation entwickelt

den Vorteil, dass die Veränderung in kleinen Schritten erfolgt. Zwischenergebnisse werden mit den Verantwortlichen abgestimmt. Mit wachsender Erfahrung wird gemeinsam über die Zeit ein zunehmend besseres „Produkt" entwickelt (siehe Abb. 7.2).

Für den Einsatz im D&I-Umfeld ist ein agiler Angang noch aus einem weiteren Grund besonders geeignet: Um Veränderungen erfolgreich voranzutreiben, ist es erforderlich, Einfluss auf verschiedenste Prozesse einer Organisation zu nehmen. Sie alle müssen das Streben nach mehr Vielfalt und einem fairen Arbeitsumfeld unterstützen. Üblicherweise ist das D&I-Team allerdings für keinen der Prozesse verantwortlich. Dadurch ist der Einfluss – unter anderem auf die Terminplanung für Revisionen – sehr begrenzt. Es hilft daher, flexibel genug zu sein, um sich am Zeitplan der Kolleginnen und Kollegen zu orientieren.

In Kap. 4 hatte ich dargestellt, dass oft versucht wird, das Problem mangelnder Zuständigkeit dadurch zu lösen, dass dem Vorstand ein umfassender Gesamtplan zur Freigabe vorgelegt wird. Allerdings wird der Plan meistens schon in der Abstimmungsphase massiv verwässert, weil verschiedene Stakeholder mit unterschiedlichen Interessen Einfluss auf den gesamten Prozess nehmen. Von der ursprünglichen Idee bleibt da oft nicht viel übrig, selbst wenn Einzelne sehr kooperativ sind.

Im Rahmen eines agilen Angangs brauche ich nur grünes Licht für einen groben Rahmen oder eine generische Unterstützung – quasi ein „D&I ist uns wichtig" – und stimme dann die einzelnen Maßnahmen mit den jeweils Verantwortlichen ab. Dabei kann ich dann auch ihre Zeitplanung berücksichtigen. Indem ich ihrem Takt folge, sind nach meiner Erfahrung viele Ansprechpartner zu weit umfassenderen Änderungen bereit, während sie nur minimale Anpassungen vornehmen würden, wenn diese zu einem definierten Zeitpunkt zu erfolgen hätten. Auch gut: Sollte ich in einem Schlüsselprozess mit echten Bremsern konfrontiert sein, zerschießen mir diese nicht die gesamte Strategie. Denn die hoffentlich produktiven Gespräche und Diskussionen mit anderen Abteilungen finden ohne sie statt.

Ein erheblicher Teil des Angangs wird damit nicht mehr klassisch „top-down" oder – wie im Rahmen von Mitarbeiternetzwerken und Graswurzelbewegungen üblich – „bottom-up" getragen. Stattdessen nutze ich – wie in Abb. 7.3 dargestellt – wichtige Partnerinnen und Partner als „Nukleus für Veränderung".

Nicht den Überblick verlieren

Bei einem agilen Angang ist es eine der größten Herausforderungen, den Überblick zu behalten. Zudem heißt es sicherstellen, dass die unterschiedlichen Maßnahmen die wesentlichen Barrieren angemessen adressieren und eine schlüssige Gesamtstrategie ergeben. Damit sieht die Implementierung einer D&I-Strategie auf Basis agiler Methoden grundsätzlich anders aus, als dass bei einem traditionellen Ansatz der Fall ist.

Beispiel

Im Rahmen eines „klassischen" Angangs würde in den meisten Organisationen zunächst ein Plan entworfen und anschließend mit allen maßgeblichen Stakeholdern abgestimmt, um ihn schließlich dem Vorstand vorzustellen. Die suggerierte hohe Aufmerksamkeit und die Furcht Einzelner, im Vergleich zu den Kolleginnen und Kollegen schlecht abzuschneiden, macht die Abstimmung oft zu einem quasi endlosen Prozess, in dem sich die

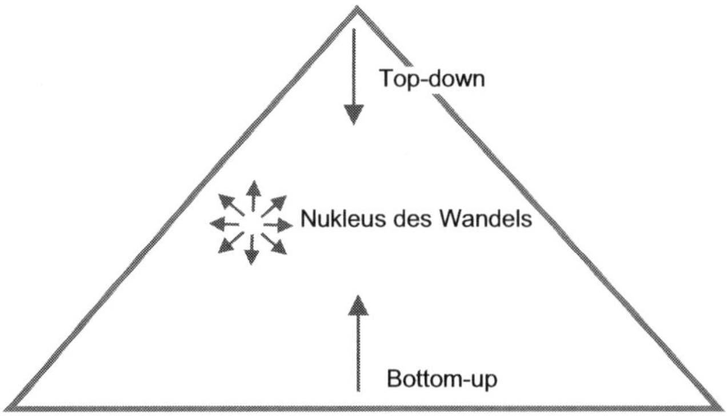

Abb. 7.3 Drei Richtungen, um Wandel voranzutreiben

Beteiligten schließlich auf eine Minimallösung einigen. Diese wird mit Glück vom Vorstand akzeptiert, wenn man Pech hat, geht der Vorgang in die nächste Runde.

Im Endeffekt wird dann häufig ein Ziel für einen Zeitraum von drei oder fünf Jahren vereinbart. Nach dieser anstrengenden Übung harrt die Führungsriege der Dinge, die da kommen mögen. Der verabschiedete Plan wird implementiert und oft selbst dann nicht mehr adaptiert, wenn einzelne Maßnahmen hinter den Erwartungen zurückbleiben. Der erforderliche Abstimmungsbedarf wäre einfach zu hoch. Nach drei – respektive fünf – Jahren werden dann die Ergebnisse präsentiert und alle wundern sich, warum die vereinbarten Ziele nicht erreicht wurden. Selbst wenn im Verlauf ein Zwischencheck stattfindet, der die Alarmglocken klingeln lassen sollte, einigen sich zumeist die Beteiligten schnell, dass noch nichts verloren ist und man sich jetzt einfach noch viel mehr Mühe geben wird. Passieren tut dann oft nichts.

Bei einer „agilen" D&I-Strategie werden mit den unterschiedlichen Stakeholdern jeweils relevante Einzelmaßnahmen besprochen und vereinbart, die – je nachdem was sonst gerade in der Organisation vorgeht – mit vernünftigem Aufwand realisiert werden können. Nach der Implementierung wird überprüft, ob die Ergebnisse den Erwartungen entsprechen bzw. welche weiteren Schritte erforderlich sind. Bleibt ein Ansatz hinter den Erwartungen zurück, wird er – je nach Bedarf – überarbeitet oder aufgegeben und durch alternative Maßnahmen ersetzt.

Für die D&I-Verantwortlichen ist es dabei entscheidend, sich nicht in den Einzelmaßnahmen zu verlieren, sondern parallel das große Ganze im Blick zu behalten und zu gewährleisten, dass die – im D&I-Audit identifizierten – maßgeblichen Barrieren adressiert werden.

Gleichzeitig bietet der Ansatz aber die Flexibilität, Projekte zurückzustellen, wenn das Zeitfenster nicht passt oder wenn das Trainingsprogramm für neue Führungskräfte gerade komplett überarbeitet wurde und die Kolleginnen und Kollegen sich weigern, ein zusätzliches Modul einzubauen und die Skripte umzuschreiben, um das Thema einzubetten. In diesem Fall wird das notfalls bis zur nächsten geplanten Revision zurückgestellt und der bestehende Bedarf – „D&I-Kompetenz für neue Führungskräfte aufbauen" – anders adressiert.

7.4 Sich selbst verändern

Alle wollen die Welt verändern, aber keiner sich selbst. Leo Tolstoi

Eine ganz wichtige Rolle in jedem Veränderungsprojekt spielt natürlich nicht nur die Situation und das Umfeld oder die anderen, sondern man selbst. Viele Veränderungsprojekte scheitern ausgerechnet daran, dass die Beteiligten die Notwendigkeit übersehen, auch sich selbst zu ändern. Dass ist wie bei den Vorurteilen: Die meisten Menschen sind sicher, dass sie weniger anfällig sind als der Durchschnitt der Bevölkerung [6]. Das rächt sich regelmäßig.

„Jedes Spiel besteht aus zwei Teilen, einem äußeren und einem inneren", beschreibt das W. Timothy Gallway. „Das äußere Spiel wird gegen einen externen Gegner gespielt [...]. Das innere Spiel [...] ist das Spiel, das im Kopf des Spielers stattfindet [...] und es wird gespielt, um alle Denkmuster zu überwinden, die eine großartige Leistung verhindern würden[2]" [7].

7.4.1 Das äußere Spiel verbessern

Ein Aspekt, der bei der Fähigkeit, Veränderungen zu erreichen, eine Rolle spielt, ist die Frage, woraus man seine Autorität bezieht. Dabei gibt es mehr Optionen als die – hierarchische – Position. Autorität lässt sich in einem Veränderungsprojekt aus vier Aspekten ziehen [5]:

- **Strukturell,** d. h. aus der eigenen Funktion, dem Stellenwert, den sie in der Organisation hat und damit oft aus dem Titel. Einem Chief Diversity Officer oder Vizepräsident D&I wird potenziell mehr Bedeutung zugestanden als einem „Manager".
- **Spezialistentum:** Die Meinung eines anerkannten Experten oder einer Expertin ist hoffentlich gefragt, wenn relevante Themen besprochen werden – oder zumindest gibt es geringeren Zweifel an der inhaltlichen Kompetenz.
- **Interpersonell:** Wer es versteht, schlagkräftige Beziehungen aufzubauen und zu nutzen, führt durch andere und kann – ohne formelle Autorität – Veränderungen erreichen.
- **Physisch:** Das steht für die Fähigkeit, durch das eigene Auftreten und die Präsenz andere mitzureißen und ihre Aufmerksamkeit zu halten. Hier haben wir die klassischen Charismatikerinnen und Charismatiker, die andere begeistern können – und potenziell weiß keiner, warum. Aber natürlich kann jede bzw. jeder daran arbeiten, klarer, verständlicher und inspirierender zu kommunizieren. Das ermöglicht wiederum, die anderen besser zu verstehen und stärker auf sie einzugehen. So fällt es denen leichter, den Veränderungsbedarf und ihre Rolle darin zu begreifen und zu akzeptieren. Mehr dazu in Kap. 11.

Ein zweiter Gesichtspunkt, um Einfluss zu nehmen, ist, wie man eine Verbindung zu anderen aufbaut. Auch dabei gibt es eine Reihe von Optionen, die man nutzen und trainieren kann [8]

- Eine Möglichkeit ist wieder die **Qualifikation,** die allerdings nicht unbedingt formal sein muss. Warum haben andere Grund, der Qualifikation zu vertrauen? Was versetzt

---

[2]Originaltext: „Every game is composed of two parts, an outer game and an inner game. The outer game is played against an external opponent [...]. The inner game [...] is the game that takes place in the mind of the player [...] and it is played to overcome all habits of mind which inhibit excellence in performance" (eigene Übersetzung der Autorin).

einen in die Lage, andere anzuleiten? Welche ähnlichen Herausforderungen hat man erfolgreich gestemmt?

- Welche **Erfahrungen** teilt man? Wie lässt sich ein gemeinsamer Bezugsrahmen schaffen, der eine offenere und ehrlichere Kommunikation ermöglicht und die Veränderungsbereitschaft stärkt?
- Und schließlich gemeinsame **Ziele.** Wie gelingt es selbst angesichts unterschiedlicher Schwerpunkte und Prioritäten, Interessen zu identifizieren, die man gemeinsam verfolgt. Das bildet einen Schwerpunkt in Kap. 8.

7.4.2 Das innere Spiel trainieren

Für ein erfolgreiches „inneres Spiel" sind zwei Aspekte wichtig: sich selbst zu kennen und zu verstehen, wo man gerade „steht" [2].

Sich selbst kennen

Sich selbst zu kennen heißt, sich seiner Eigenschaften, Gewohnheiten, Hoffnungen, Stärken und Schwächen bewusst zu sein. Dafür stehen eine Vielzahl psychometrischer Tests – MBTI, Insights, Strengths Finder etc. – zur Verfügung. Zudem helfen die eigene Erfahrung sowie Gespräche mit Menschen, die einen mögen oder weniger schätzen. Hilfreich ist auch ein „360-Grad-Feedback", also die Rückmeldung von Vorgesetzten, Kolleginnen und Kollegen ebenso wie Mitarbeiterinnen und Mitarbeitern, wie es in vielen Unternehmen genutzt wird.

Im Anhang gibt es zusätzlich einige Materialien, die weitere Orientierung geben können:

- Ein – sehr umfangreiches – Kompetenzmodell für D&I-Verantwortliche (siehe Anhang) [9]. Gerade weil es ausgesprochen ambitioniert ist, bietet es eine gute Grundlage, um die Anforderungen an die Funktion für die eigene Firma zu definieren bzw. zu überdenken und zu überprüfen, wo die eigenen Schwerpunkte und Stärken liegen.
- Einen Fragebogen, mit dessen Unterstützung man die eigene Persönlichkeit und bevorzugtes Verhalten reflektieren kann (siehe Anhang).
- Ein Fragebogen, der hilft einzuschätzen, wie gut man wichtige Fähigkeiten beherrscht, die für Veränderungsprojekte erforderlich sind (siehe Anhang).

Ein klarer Blick auf sich selbst ermöglicht es zu entscheiden, welche Erfordernisse der Funktion man bereits abdeckt, was man lernen möchte und wo es gilt, Unterstützung zu finden, um bestehende Lücken auszugleichen. Nicht zu vergessen: Man ist am produktivsten, wenn man Dinge tut, die einem liegen.

Selbstreflexion beleuchtet außerdem die eigenen blinden Flecke und hilft zu verstehen, wo man sich im Weg steht, weil man beispielsweise ein Verhalten demonstriert, dass in einer bestimmten Situation wenig hilfreich ist.

Wissen, wo man steht

Eine Voraussetzung dafür ist, sich im Klaren zu sein, „wo man steht". Jeder kennt sicherlich Situationen, in denen man explodiert und sich anschließend ärgert, weil das nicht gut oder klug war. Ein besseres Verständnis dafür, was in unterschiedlichen Situationen in einem vorgeht und warum, hilft dabei, die Auslöser ungewünschter Reaktionen vorab zu erkennen. Dann kann man bewusst und überlegt agieren, statt reflexartig zu handeln. Hilfestellung, um emotionale Auslöser zu identifizieren, gibt der Fragebogen (siehe Anhang).

Tab. 7.4 Die großen vier im inneren Team. (Nach Erika Ariel Fox, „Winning from within")

Der innere Verhandlungsführer	Fokus der Aufmerksamkeit	Energiequelle und Fähigkeit	Stärke
Der „inspirierende Träumer"/der Vorstandsvorsitzende	Was ich will Was ich nicht will	Intuition -> Innovation	Kreativität • Vision entwickeln • Sich trauen, Träume zu verfolgen • Den Weg nach vorne erahnen
Der „analytische Denker"/der Finanzvorstand	Meine Meinung Meine Ideen	Vernunft -> Analysen	Klarheit • Fakten und Logik anwenden • Konsequenzen berücksichtigen • Alle Perspektiven berücksichtigen
Der „emotionale Liebhaber"/der Personalvorstand	Wie wir uns beide fühlen Wie sehr wir uns vertrauen	Emotion -> Beziehungen	Mitgefühl • Über Emotionen Verbindungen herstellen • Vertrauen aufbauen und bewahren • Mit anderen zusammenarbeiten
Der „praktische Krieger"/der Vorstand fürs Operative	Was getan werden muss Wo die Grenzen sind	Willenskraft -> Leistung	Mut • Schmerzhafte Wahrheiten aussprechen • Seinen Standpunkt bewahren • Handeln

Schließlich ist in vielen Fällen nicht das Problem, dass wir nicht wüssten, was wir tun sollten, oder nicht könnten, was wir tun müssten. Stattdessen hindert uns etwas daran, die geeignetste, angemessenste oder klügste Reaktion an den Tag zu legen. Erika Ariel Fox berichtet von einem hochkarätig besetzten Sommerkurs zu Verhandlungstechniken, den sie an der Harvard-Universität durchführt. In einer der Übungen werden dabei die Teilnehmenden zu einem persönlichen Problem gecoacht, mit dem sie besonders ringen. Ein Teilnehmer des Kurses war ein Richter des US-Verfassungsgerichts und sie beschreibt, dass sie unsicher war, ob sie dieses ganz gewiss besonders schwierige Problem würde lösen können. Sie wurde überrascht. „Seit 50 Jahren sucht mir meine Frau meine Krawatte aus – und ich hasse es", berichtete er. „Ich übe im Kopf, wie ich es ihr erkläre, aber ich kann es ihr nicht sagen." Ganz offensichtlich – schloss sie daraus – besaß er die erforderlichen Fähigkeiten; weiteres Üben würde also nichts bringen. Stattdessen galt es, ihm dabei zu helfen, die innere Stimme zu adressieren, die ihm vorschrieb, er solle nicht sagen. Inzwischen wählt der Richter seine Krawatten übrigens selber aus [7].

Ein Modell, um die eigenen Handlungsoptionen zu erweitern, ist das Konzept des inneren „Executive Teams". Es beschreibt Rollen, in die man schlüpfen kann, um in verschiedenen Situationen angemessen zu reagieren. Wer sich diese Möglichkeiten bewusst macht und sie trainiert, kann der Außenwelt je nach Situation leichter mit dem richtigen „Teammitglied" begegnen (Tab. 7.4).

Was Sie aus diesem Kapitel mitnehmen sollten

- Die Entwicklung und Umsetzung einer D&I-Strategie ist klassisches Change-Management.
- Ein strukturiertes Change-Management-Modell hilft dabei, unterschiedliche Aspekte zu berücksichtigen und die verschiedenen Phasen zu planen. Damit unterstützt es eine erfolgreiche Umsetzung. Es lohnt sich zu überprüfen, welcher Angang in der eigenen Organisation genutzt wird, um auf Vertrautes aufzubauen.
- In der Strategie sollten nicht nur rationale Aspekte – der Business Case/Case for Change – berücksichtigt werden. Es gilt auch, den Einfluss der Unternehmenskultur, von Emotionen, Ängsten und unterschiedlichen Interessen zu verstehen und ihnen Rechnung zu tragen.
- Ein agiler Change-Management-Ansatz ist für den Einsatz im D&I-Umfeld oft besonders geeignet, weil sich bei der Planung unterschiedliche zeitliche Rahmenbedingungen wichtiger Stakeholder berücksichtigen lassen. Zudem verringert sich der Abstimmungsbedarf und Veränderungen können schneller implementiert werden.
- Das persönliche Verhalten und die eigenen Fähigkeiten beeinflussen die Erfolgswahrscheinlichkeit, daher gilt es, auch sich selbst zu hinterfragen und weiterzuentwickeln.

Wichtige Fragen zu Ihrer eigenen Strategie

Welches Change-Management-Modell nutze ich bzw. wird im Unternehmen genutzt und ist besonders geeignet? Gilt es besonderen Anforderungen Rechnung zu tragen?	
Welche Phasen sind in der bisherigen Planung gut abgedeckt, was kommt potenziell zu kurz? Sind alle Perspektiven aus dem McKinsey-Einflussmodell berücksichtigt?	
Welche verdeckten Dimensionen haben vermutlich besonderen Einfluss auf die Umsetzung der D&I-Strategie? Wo sind sie mir bereits begegnet? Wie stellen sie sich dar?	
Mit welchen besonderen Herausforderungen rechne ich? Wo gibt es Chancen?	
Wie kann ich mir weitere Klarheit verschaffen? Mit wem sollte ich reden? Welche Daten sollte ich angucken?	
Welche Verhaltensweisen muss ich zeigen, um verdeckte Dimensionen zu verstehen und zu adressieren?	
Welches Verhalten fällt mir leicht? Wo werde ich ringen?	
Wie kann ich konstruktives Verhalten üben? In welchen Situationen (auch privat)? Wer kann mir helfen und Feedback geben?	
Welche erforderlichen Kompetenzen bringe ich mit, wo bin ich stark? Was muss und möchte ich lernen und üben?	
In welchen Bereichen werde ich mir Hilfe suchen müssen bzw. möchte ich mir Hilfe holen? Wer kann helfen?	
Wie sehen meine Ziele für verschiedene Zeiträume aus (qualitativ und quantitativ)? Wie werde ich Erfolge messen? Sind meine Erwartungen realistisch?	
Welches Ziel, das ich in absehbarer Zeit erreichen kann, ist mir besonders wichtig? Woran erkenne ich Erfolg? Wie werde ich ihn feiern?	
Was tue ich, um den Spaß an der Arbeit zu bewahren? Wo suche ich mir Ausgleich?	

D&I-Kompetenz-Modell. (Basierend auf Indra Lahiri, The Conference Board, „Creating a Competency Model for Diversity and Inclusion Practitioners“ [eigene Übersetzung])

1. Change-Management	2. Diversity, Inclusion und globale Perspektive
Organisationsentwicklung • Versteht und unterstützt Veränderungsprozesse bis zum Abschluss • Gewinnt Unterstützung von Führung und Linie *Kommunikation* • Kommuniziert das ganze Spektrum von „Inclusion“ • Nutzt verschiedene Kommunikationskanäle • Balancierte globale Perspektive und notwendige Flexibilität für lokale Anpassungen • Hat wichtige Geschäftsanforderungen im Blick • Vermittelt die Vorteile von D&I • Versteht und adressiert mögliche negative Konsequenzen • Verfolgt und kommuniziert Fortschritte und Rückschritte in der Umsetzung der Strategie • Versteht und adressiert Herausforderungen, Barrieren und Chancen *Kritische Interventionen* • Bietet zeitgerechte und hilfreiche Interventionen, wo Entwicklungen aufgrund von Diversity-Belangen behindert werden	*Kulturelle Kompetenz* • Versteht unterschiedliche kulturelle Perspektiven, Werte und Normen • Kann den Stil flexibel anpassen, um innerhalb verschiedenster kultureller Dimensionen und Kontexte erfolgreich zu sein • Versteht die Dynamik von Konflikten, Spannungen, Missverständnissen, aber auch Chancen, die aus der Zusammenarbeit zwischen Kulturen und anderen unterschiedlichen Zielgruppen entstehen • Versteht Geschichte, Kontext, Geografie, Religionen und Sprachen der Regionen, in denen die Organisation tätig ist • Spricht mindestens eine Fremdsprache fließend *Verhandlung und Moderation* • Verhandelt und vermittelt über kulturelle Unterschiede, Konflikte, Spannungen und Missverständnisse hinweg *Kontinuierliches Lernen* • Erkennt und adressiert die eigenen Wahrnehmungsfilter, Privilegien, Vorurteile und kulturellen Präferenzen • Ist kontinuierlichem Lernen, Verbesserungen in Diversity, Inclusion und kulturellen Kompetenzen verpflichtet • Erfragt und nutzt Feedback aus vielfältigen Quellen *Komplexe Gruppendynamiken* • Versteht und managt komplexe Gruppendynamiken und Unsicherheiten *Urteilsvermögen* • Erkennt, wann es gilt nachzufragen, sich einzusetzen, Themen voranzutreiben oder zu entscheiden *Fachkompetenz* • Kennt und nutzt erfolgreiche Ansätze für D&I-Lösungen, -Strategien, -Systeme, -Politik usw. • Versteht verdeckte und komplexe D&I-Belange, insbesondere in Bezug auf Minderheitenkulturen (die sich nach Regionen unterscheiden, aber häufig Frauen, Menschen mit Behinderungen, ältere Menschen und ethnische oder religiöse Minderheiten beinhalten) • Etabliert und managt erfolgreich D&I-Councils • Arbeitet mit anderen funktionellen Teams zusammen • Ist ein Vorbild für ein wertschätzendes und kulturell passendes Verhalten

(Fortsetzung)

(Fortsetzung)

3. Unternehmerische Fähigkeiten *Kenntnis des externen Marktes* • Versteht aktuelle globale und lokale Trends/Veränderungen und ihren Einfluss auf D&I • Sammelt und nutzt Wettbewerbsinformationen • Versteht Anforderungen und Bedürfnisse unterschiedlicher Konsumenten- bzw. Kundengruppen • Versteht das aktuelle globale soziopolitische Umfeld • Versteht den Kontext und die gewonnenen Erfahrungen *Betriebswissenschaftliche Kenntnisse* • Versteht den Einfluss von finanziellen, wirtschaftlichen und marktbezogenen Einflussfaktoren auf das Ergebnis • Versteht zentrale Geschäftsstrategien • Besitzt solides Finanz-Know-how • Nutzt Informationen aus unterschiedlichen Disziplinen und Quellen, um Ideen und Lösungen für Herausforderungen für die Organisation anzubieten *Diversity & Inclusion ROI/Rendite* • Ermittelt und kommuniziert, welchen Beitrag D&I zur Geschäftsstrategie und dem Ergebnis leistet • Identifiziert, wie D&I zur Beschäftigten- und HR-Strategie und dem Unternehmenserfolg beiträgt • Gestaltet und entwickelt D&I-Messkriterien, die die Wirkung demonstrieren	**4. Strategische externe Partnerschaften** *Corporate Social Responsibility Politik ehörden* • Kennt aktuelle Diskussionen (z. B. Gesellschaft, BR, Umfeld, Behörden, Politik, Kunden und verwandte Trends) • Antizipiert und adressiert Stakeholder-Anforderungen erfolgreich (z. B. Interessengruppen, „Communities", NGOs) • Erkennt und adressiert Menschenrechtsprobleme durch Regelungen und Arbeitsweisen • Nimmt durch Kommunikation Einfluss auf Medien und Markt, um das Unternehmen wettbewerbsfähig zu positionieren *Strategische Allianzen* • Baut relevante Partnerschaften auf und nutzt Beziehungen zu wichtigen externen Organisationen und Kontakte zur Verbesserung der Geschäftsergebnisse *Vielfältige Kundengruppen und Lieferanten (Supplier Diversity)* • Identifiziert und entwickelt Partnerschaften und nutzt Beziehungen zu maßgeblichen „diversen" Lieferanten, Organisationen und Kundengruppen, um – Lieferkette zu stärken – Marktanteile, Umsätze und Kundenloyalität zu steigern *Marken- / Reputationsmanagement* • Nimmt positiven Einfluss auf Medien und Markt • Entwickelt aktive strategische Partnerschaften mit internen Zielgruppen • Unterstützt „Communities", in denen das Unternehmen operiert	**5. Integrität** *Ethik* • Handelt ethisch und mit Integrität • Schafft Vertrauen durch die eigenen Handlungen • Spricht überlegt und mit Takt • Ist Stimme für Perspektiven, Ebenen und Kulturen, die sonst nicht repräsentiert wären *Belastbarkeit Resilience* • Verfolgt Ziele mit Entschlossenheit und Energie. Gibt selten auf, insbesondere wenn Widerstände bestehen • Bewahrt eine positive und konstruktive Sicht *Einfluss* • Verhandelt und überzeugt erfolgreich auf unterschiedlichen Ebenen der Organisation • Navigiert sicher im Unternehmen und hat Einfluss in jede Richtung • Hört zu und passt den Angang der Zielgruppe an • Adressiert und löst Konflikte erfolgreich *Empathie* • Versteht Standpunkte und Emotionen anderer und ihren Kontext. Das gilt für Minderheiten & Mitglieder der Mehrheitskultur • Zeigt Verständnis für die Perspektive anderer • Versteht sowohl Mitglieder der Mehrheitskultur als auch Minderheiten zu motivieren *Kommunikation* • Weiß, wo es Ressourcen gibt, und versteht sie zu nutzen • Kommuniziert effektiv • Gewinnt die Zuhörer

(Fortsetzung)

(Fortsetzung)

6. Vision und strategische Führung	7. Kompetenz im Personalwesen
Die Zukunft von D&I • Arbeitet mit anderen zusammen, um eine inspirierende, überzeugende und relevante Vision von der Zukunft von D&I zu entwickeln • Bemüht sich aktiv um neue Ideen, Erfahrungen und den Kontakt mit Vordenkern • Ist ein Katalysator des Wandels. Übersetzt bzw. schafft Verbindungen zwischen neuen Ideen und Anwendungen • Erklärt neue Ansätze in einer verständlichen, innovativen und inspirierenden Art *Pragmatismus* • Unterscheidet zwischen Strategie und Taktik • Treibt die Verständigung zwischen Kunden, Partnern und anderen Stakeholdern voran • Ist pragmatisch und arbeitet erfolgreich innerhalb der bestehenden Realitäten • Schafft selbst die Basis, um Einfluss auf allen Ebenen des Unternehmens zu nehmen *Politische Gewandtheit* • Moderiert und regelt komplexe und sensible Angelegenheiten • Weiß zu wem bzw. wohin zu gehen, um Dinge zu regeln (inklusive der Arbeit mit dem Vorstand und der Führungsriege) • Kollaboriert mit anderen Funktionen, um maximale Ergebnisse zu erzielen (insbesondere Personalwesen, Organisationsentwicklung, Führungskräfteentwicklung) • Versteht es, über die Macht der Position hinaus Einfluss zu nehmen • Wird auf allen Ebenen als Partner für Rat und Empfehlungen in vertraulichen Angelegenheiten gesehen	*Vergütungssysteme, Talent-Management, Organisationsentwicklung, Work-Life-Balance, Trainings* • Versteht die wesentlichen Grundsätze und Arbeitsweisen von Kompensations- und Belohnungssystemen, Regelungen und führenden Ansätze („good practices“) • Bietet Ansätze, um Gleichbehandlung zu gewährleisten und Unterschiede zu beseitigen • Kennt Programme, Regelungen und führende Praktiken, um Gleichbehandlung zu gewährleisten und um D&I-Ziele zu erreichen – u. a. bei der Besetzung von Stellen (inkl. Rekrutierung), Organisationsentwicklung, Work-Life-Balance, Nachfolgeplanung, Training und Personalentwicklung sowie Leistungsbeurteilung *Einhaltung gesetzlicher Regelungen* • Versteht relevante Gesetze, Regelungen und behördliche Anforderungen und ihren Einfluss auf die Geschäftstätigkeit • Stellt ihre Einhaltung durch effektive Programme, Regelungen und Arbeitsweisen sicher *Mitarbeiterbeziehungen* • Arbeitet – je nach Situation – mit anderen zusammen, um individuelle und Gruppenkonflikte zu lösen (inklusive der Entwicklung und Bereitstellung wirksamer Interventionen) • Bewahrt und verbessert das Arbeitsumfeld – auch angesichts von Veränderungen und Herausforderungen im Umfeld

Selbstverständnis entwickeln. (Nach Erika Ariel Fox, „Winning from within“ [eigene Übersetzung])

Was sind meine grundlegendsten Eigenschaften und in welchem Verhältnis stehen sie zueinander?	
Welche Ressourcen und Fähigkeiten stehen mir durch meine verschiedenen Facetten zur Verfügung?	
In welchen Situationen nutze ich welches Mitglied meines inneren „Executive Teams“ und was ist der Nutzen bzw. was sind die Kosten meiner Wahl?	
Nutze ich alle Eigenschaften, die mir zur Verfügung stehen oder verlasse ich mich meistens auf eine oder höchstens zwei?	
Wie kann ich diejenigen Fähigkeiten weiterentwickeln, die aktuell nicht zu meinem aktiven „Handlungsschatz“ gehören?	

Die eigene Veränderungskompetenz einschätzen. (Nach Melanie Franklin, „Agile Change Management“ [eigene Übersetzung])

	Wie gut sind Sie und ggf. Ihr Team gerüstet?		
	Sehr gut	Akzeptabel	Gar nicht
Roadmap			
Kann die Veränderung als strategische Initiative begreifen und die Vorteile für die Organisation identifizieren und benennen			
Hat ein klares Verständnis für externe Faktoren, die Einfluss auf den Veränderungsbedarf haben			
Kann das Veränderungsprojekt als eine Serie taktischer Initiativen begreifen, die geplant und durchgeführt werden müssen und für die Unterstützung und Ressourcen erforderlich sind			
Kann die Systeme und Strukturen schaffen, um die Arbeit zu organisieren und Ergebnisse zu kontrollieren			

(Fortsetzung)

(Fortsetzung)

	Wie gut sind Sie und ggf. Ihr Team gerüstet?		
	Sehr gut	Akzeptabel	Gar nicht
Versteht den zu erwartenden Einfluss der einzelnen Maßnahmen auf verschiedene Stakeholder und berücksichtigt das bei der Planung			
Überprüft den Einfluss der einzelnen Maßnahmen und den Zusammenhang mit anderen Initiativen ebenso wie die Auswirkungen auf das gewünschte Ergebnis			
Kann anderen die Roadmap erklären			
Beziehungen			
Kann einschätzen, wo Veränderungen erforderlich sind			
Baut Beziehungen mit wichtigen Stakeholdern auf			
Baut Vertrauen auf und vermittelt Zuversicht bezüglich der Strategie			
Bietet Unterstützung an, wo Veränderungen stocken oder Zweifel aufkommen			
Agiert als Vorbild und zeigt die gewünschten Verhaltensweisen von Anfang an			
Wird von wichtigen Stakeholdern respektiert und hat die erforderliche Glaubwürdigkeit für die Rolle			
Umfeld			
Kann die Veränderungsbereitschaft einschätzen und problematische Aspekte adressieren bzw. in der Planung berücksichtigen			
Identifiziert Risiken und hat einen Plan „B“			
Hält die Balance zwischen verfügbarer Energie für den Wandel und der Maßnahmenplanung und stellt sicher, dass den Beteiligten unterwegs nicht die Luft ausgeht			

Emotionale Auslöser für Ärger und Wut verstehen. (Nach Melanie Franklin, „Agile Change Management“ [eigene Übersetzung])

Wie hat sich die Frustration ausgewirkt?	
Durch die Fähigkeit, sich auf die Aufgabe zu konzentrieren	
Auf Ihre Arbeitsgeschwindigkeit	
Auf die Mühe, die Sie sich gegeben haben	
Wie Sie anderen Ihre Arbeit beschreiben	
Auf Ihre Einstellung und Haltung	
Welche Faktoren haben zur Frustration geführt?	
Geringer Glaube in die Bedeutung oder Wirkung der eigenen Arbeit	
Unzureichende Autonomie und Kontrolle	
Die Fähigkeiten, die Sie eingesetzt haben: • solche, bei denen eine hohe Kompetenz besteht oder • die Sie gerade erst lernen oder gelernt haben	
Die Menschen, mit denen Sie zusammenarbeiten: • bekannt oder unbekannt • aus der eigenen oder anderen Organisationen	
Zeitdruck: • selbst gemacht oder aufgrund der Situation • unrealistisch oder weil nicht alle Aspekte berücksichtigt wurden	
Umfang der Erfahrung mit vergleichbaren Situationen	
Was hätten Sie tun können, um die Situation zu verbessern?	
Andere um Hilfe bitten	
Mehr Zeit einfordern, um den Druck zu reduzieren	

Emotionale Auslöser für Freude und Begeisterung verstehen. (Nach Melanie Franklin, „Agile Change Management“ [eigene Übersetzung])

Wie hat sich die Freude ausgewirkt?	
Auf Ihre Arbeitsgeschwindigkeit	
Auf die Mühe, die Sie sich gegeben haben	
Wie Sie anderen Ihre Arbeit beschreiben	
Auf Ihre Einstellung und Haltung	
Welche Faktoren hatten einen Einfluss auf Ihre Begeisterung?	
Der Glaube an die Bedeutung oder Wirkung der eigenen Arbeit	
Autonomie und Kontrolle	
Die Fähigkeiten, die Sie eingesetzt haben: • solche, bei denen eine hohe Kompetenz besteht oder • die Sie gerade erst lernen oder gelernt haben	
Die Menschen, mit denen Sie zusammenarbeiten: • bekannt oder unbekannt • aus der eigenen oder anderen Organisationen	
Zeitdruck: • selbst gemacht oder aufgrund der Situation • unrealistisch oder weil nicht alle Aspekte berücksichtigt wurden	
Umfang der Erfahrung mit vergleichbaren Situationen	
Was hätten Sie tun können, um die Situation noch stärker zu nutzen?	
Andere an den Erfahrungen teilhaben lassen und ihnen die gleichen Fähigkeiten vermitteln	
Anderen Ihre Arbeit und den Nutzen erklären	

Literatur

1 Keller, Scott, und Colin Price. 2011. Organizational health: The ultimate competitive advantage. *McKinsey Quarterly* 2 (6): 94–107.
2. Boaz, Nate, und Erica Ariel Fox. 2014. Change leader, change thyself. McKinsey Quarterly. http://www.mckinsey.com/global-themes/leadership/change-leader-change-thyself. Zugegriffen: 15. Febr. 2017
3. Kotter, John P. 2007. Leading change: Why transformation efforts fail. https://hbr.org/2007/01/leading-change-why-transformation-efforts-fail. Zugegriffen: 15. Febr. 2017.
4. Marshak, Robert J. 2006. *Covert processes at work – Managing the five hidden dimensions of organizational change*. San Fransisco: Berrett-Koehler.
5. Franklin, Melanie. 2014. *Agile change management*. London: Kogan Page.
6. Pronin, Emily, Daniel Y. Lin, und Lee Ross. 2002. The bias blind spot: Perceptions of bias in self versus others. Personality and Social Psychology Bulletin. http://journals.sagepub.com/doi/abs/10.1177/0146167202286008. Zugegriffen: 15. Febr. 2017.
7. Fox, Erika Ariel. 2013. *Winning from within*. New York: HarperCollins.
8. Duarte, Nancy. 2010. *Resonate: Present visual stories that transform audiences*. Hoboken: Wiley.
9. Lahiri, Indra. 2008. *Creating a competency model for diversity and inclusion practitioners*. New York: The Conference Board.

8 Dringlichkeit erzeugen

▶ In diesem Kapitel geht es um die erste Stufe des Kotter-Change-Modells: darum, den „Business Case" oder „Case for Change" aufzubauen, der erklärt, warum eine Veränderung dringend erforderlich ist. Dazu gilt es, denn Status quo zu verstehen und mit wichtigen Unternehmenszielen abzugleichen. So lässt sich die Diskrepanz zwischen dem, was ist, und dem, was erforderlich wäre, identifizieren. Schließlich ist auch eine Situation, die als unbefriedigend wahrgenommen wird, nicht per se ein Problem. Das gilt nur, wenn sie von anderen ebenso beurteilt wird.

Die Übungen in diesem Kapitel helfen Ihnen zu klären

- welche Schwerpunkte die D&I-Strategie setzen muss, um Unternehmensstrategie und -ziele zu unterstützen;
- den Status quo zu verstehen und einzuschätzen, wie vielfältig Ihre Organisation aktuell ist;
- Barrieren für eine inklusive Kultur zu erkennen.

Um sich zu verändern, braucht man einen Grund. Je überzeugender, attraktiver oder inspirierender dieser ist oder je schmerzhafter sich die Realität erweist, desto williger wird jemand sich an einem Veränderungsprozess beteiligen. Kurz gesagt: Je stärker der Case, desto schneller der Wandel.

Gleichzeitig gilt: Solange die Unterstützung von Beteiligten fehlt, die unmittelbaren Einfluss auf die Veränderung haben, wird es nicht gelingen, Fortschritte zu erzielen. Diese Unterstützung gewinnt man nur, wenn ein Thema relevant ist, wenn es ein Problem löst bzw. zu einem besseren Ergebnis führt.

V. Hucke, *Mit Vielfalt und Fairness zum Erfolg*,
DOI 10.1007/978-3-658-16878-0_8

8.1 Geschäfts- und D&I-Strategie verknüpfen

Für eine erfolgreiche Strategie ist es daher unerlässlich, einen unmittelbaren Zusammenhang zwischen den Prioritäten des Unternehmens oder relevanter Ansprechpartner und den D&I-Bemühungen herzustellen. Wem das nicht gelingt, versucht quasi mit seinen Ideen und Hinweisen vom Rand aus Einfluss auf das Spiel zu nehmen, ist aber leider nicht der Trainer. Die Rolle entspricht eher der eines ganz besonders nervtötenden Zuschauers. Der hat offensichtlich nicht wirklich eine Vorstellung davon, was auf dem Platz passiert, worum es im Spiel tatsächlich geht und welche Prioritäten die Mannschaft hat. Das hindert ihn nicht daran, von der Seitenlinie Empfehlungen zu schreien. Er wird dann schlicht ignoriert – oder eventuell irgendwann des Platzes verwiesen.

> Das Ziel des Business Case oder „Case for Change" ist es, anderen bewusst zu machen, dass sie davon profitieren, ein vielfältigeres Unternehmen mit einer inklusiven Kultur zu schaffen.

Um als „Problemlöser" gesehen zu werden, muss die D&I-Strategie einen unmittelbaren Bezug zu Prioritäten des Unternehmens oder einzelnen wichtigen Stakeholder haben. Deshalb lohnt es sich zunächst, mit einigen Kolleginnen und Kollegen zu besprechen, was im Unternehmen gerade passiert, welche Prioritäten es gibt und warum das im D&I-Kontext relevant sein könnte. Das kann dann in etwa so aussehen, wie in Tab. 8.1 dargestellt.

Diese Übung hilft dabei zu überlegen, was im Unternehmen aktuell wichtig ist. Das sind Aspekte, die potenziell einen starken Veränderungshebel bieten. Auch wenn Dinge ohnehin in Bewegung sind – nach Kotter „aufgetaut" – fällt es leichter, Veränderungen, die die D&I-Agenda unterstützen, zu integrieren. Themen, die einem nicht im Laufe eines Mittagessens oder einer Besprechung von 30 min bis maximal einer Stunde einfallen, sind nach aller Voraussetzung nicht entscheidend – sonst werden sie später einfach ergänzt.

Im Anschluss gilt es zu identifizieren, welche Themen tatsächlich das größte Potenzial bieten. Wer unbegrenzte Kapazitäten hat, kann theoretisch beliebig viele parallel eruieren. Für alle anderen lohnt es sich, bereits in dieser Phase Aspekte zu priorisieren.

Die Entscheidungskriterien unterscheiden sich dabei je nach Organisation und Typ. Ein paar gilt es jedoch in jedem Fall zu integrieren:

- **Schnelle Ergebnisse ermöglichen:** Mindestens ein Thema bearbeiten, mit dem sich kurzfristig Ergebnisse erzielen lassen. Das erhöht nicht nur die eigene Motivation. Die Chance, breitere Unterstützung zu gewinnen steigt, wenn man Erfolge vermelden kann, bei denen andere hoffen, sie wiederholen zu können.
- **Augen auf für aktuelle Anlässe:** Chancen nutzen, die verstreichen, wenn man nicht rechtzeitig aktiv wird. In der obigen Liste gilt das z. B. für Nachfolgeplanung und Recruiting. Wo der Prozess überarbeitet ist und die neue Strategie steht, wird es ungleich schwieriger, Veränderungen zu erreichen.

Tab. 8.1 Beispiel: D&I-Bezug von aktuellem Unternehmensgeschehen

Verschiebung der globalen Umsatzstruktur/ Hohe Umsatzziele für „neue“ geografische Märkte	Spiegelt unsere Belegschaft und Führungskräfte die neue Struktur bzw. Ziele wider? Sieht das lokale Führungsteam so aus, dass unsere Kundinnen und Kunden annehmen können, dass wir sie verstehen? Können wir ihnen authentisch begegnen, z. B. in Bezug auf Sprache und das Verständnis kultureller Werte? Gibt es gesetzliche Regelungen, etwa zum Anteil lokaler Beschäftigter auf unterschiedlichen Ebenen? Werden wir denen gerecht?
Weitere Differenzierung des Produktportfolios und gezielte Ansprache unterschiedlicher Kundensegmente	In welchen Bereichen sollen neue Lösungen entwickelt werden? Wie sehen die Entscheiderinnen und Entscheider aus? Wie vergleicht sich das mit unseren Innovations- und Marketing-Teams? Welche Unternehmen sind Vorbilder? Wie sehen die aus?
Frauenquote – Berichterstattung ist kurzfristig fällig	Wo stehen wir? Wo stehen Wettbewerber bzw. die Unternehmen, mit denen wir uns vergleichen? Gibt es wichtige externe Kontakte – z. B. zu Kundinnen und Kunden oder zur Politik –, die klare Erwartungen an uns haben? Hat es Auswirkungen, wenn wir diesen nicht entsprechen?
Prozess zur Personalentwicklung und Nachfolgeplanung wird gerade überarbeitet	Warum wird der Prozess überarbeitet? Haben sich die Anforderungen verändert? Werden dabei auch Aspekte berücksichtigt, die aus D&I-Sicht wichtig sind? Wer wurde bisher „entwickelt“? Welche Kandidatinnen und Kandidaten sind tatsächlich aufgestiegen? Entsprechen aktuelle bzw. geplante Ergebnisse aus demografischer Sicht der zukünftigen Umsatzstruktur?
Wechsel an der Spitze des Recruitings	Hat das Auswirkungen auf die Strategie? Gibt es Veränderungsbedarf? Wer wird aktuell – demografisch gesehen – eingestellt? Wie verhält sich das zum Arbeitsmarkt und der Unternehmensentwicklung?
Sorge bzgl. „Engagement Level“, d. h. Mitarbeiterbindung. Ergebnisse der Befragung werden vorgestellt	Wie sehen die Ergebnisse aus? Gibt es Unterschiede im Antwortverhalten verschiedener Zielgruppen, also z. B. Männer und Frauen, ältere und jüngere Mitarbeiterinnen und Mitarbeiter, Beschäftigte in verschiedenen Geografien …?
Alles soll „agil“ sein	Was heißt das? Welche Aktivitäten, Funktionen und Prozesse sind betroffen? Welche Veränderungen sind geplant?

- **Auf eigene Stärken und starke Partnerschaften bauen:** Einen erheblichen Einfluss auf die Erfolgswahrscheinlichkeit hat aber auch die Frage, wie wohl sich die D&I-Verantwortlichen mit einem Thema fühlen, wie man potenziell eigene Schwächen ausgleichen kann und wie man die Einstellung wichtiger Ansprechpartnerinnen und -partner zum Thema einschätzt.

> Wer Angst vor einem Thema hat, weil es groß oder kompliziert erscheint, nicht den eigenen Stärken entspricht oder die entsprechenden Kolleginnen und Kollegen in der Vergangenheit wenig hilfreich waren, sollte überlegen, wer helfen kann oder wie man die erforderliche Kompetenz aufbaut. Ein Kollege von mir hat immer darauf bestanden, mit „Hans" statt „Hänschen" zu sprechen, weil er überzeugt war, dass nur das dem Thema und seiner eigenen Rolle gerecht wird. Ich habe es eher mit „Du hast nur eine Chance, einen ersten Eindruck zu machen" gehalten und mich bei Bedarf in Sachen Gesprächspartner von unten hochgearbeitet.

Für die priorisierten Themen gilt es dann zu klären, ob sie tatsächlich einen Hebel bieten. Dafür gibt es zwei relevante Voraussetzungen:

1. Es besteht ein Problem.
2. Die Verantwortlichen sind interessiert daran – oder zumindest bereit –, etwas an der Situation zu verändern.

Um ein Problem zu identifizieren, ist es mit Gemeinplätzen allerdings nicht getan. Wer in einem Unternehmen, für das Innovation entscheidend ist und das – trotz homogener Teams – auf seine Innovationskraft stolz ist, mit der Aussage landen will „die Forschung belegt aber, dass Sie mit einem vielfältigeren Team noch viel innovativer wären", wird die Gesprächspartnerinnen und -partner höchstens verärgern. Statt zu versuchen, hilfreiche Tipps aus der Hüfte zu schießen, gilt es einen tieferen Einblick zu gewinnen – und das geht oft nur gemeinsam mit ihnen.

8.2 D&I-Audit

Ein Meilenstein im Rahmen der Strategieentwicklung ist ein D&I-Audit. Dabei geht es darum zu verstehen, was aus D&I-Sicht im Unternehmen passiert. Der einfachste Startpunkt ist meistens – trotz der häufig weniger als perfekten Personaldatensysteme – eine Untersuchung wesentlicher HR-Trends. Dabei lohnt es sich, sowohl quantitative als auch qualitative Methoden zu nutzen, um nicht nur zu sehen, was vor sich geht, sondern auch zu verstehen, warum.

> Verschaffen Sie sich zunächst einen groben Überblick über die wesentlichen Trends und konzentrieren sich dann auf Aspekte, die Sie im Rahmen der aktuellen Planung tatsächlich adressieren wollen.

8.2.1 Quantitative Analysen

Um eine gute Lösung entwickeln zu können, ist es erforderlich, Probleme klar einzugrenzen. Je nach Typ sind die dafür notwendigen Analysen ein kompletter Horror oder sehr, sehr spannend.

> In jedem Fall ist es wichtig zu realisieren, wann man „genug weiß", um damit arbeiten zu können. Ein Kriterium ist dabei, wie maßgebliche Entscheider „ticken" und was erforderlich ist, um sie zu überzeugen. Ebenso wichtig: Lassen Sie sich nicht in endlose Datenbeschaffungsschleifen schicken, wenn Sie eine klare Vorstellung der erforderlichen Maßnahmen haben.

Typische Fragen, die im Rahmen einer quantitativen Analyse untersucht werden

Gesamt

- Wie sieht die Beschäftigtenstruktur aus?
- (Wie) unterscheiden sich die Anteile unterschiedlicher Gruppen auf verschiedenen Ebenen bzw. in verschiedenen Funktionen oder Organisationen?
- Gibt es Vergleiche zum Arbeits- oder Absatzmarkt?

Einstellungen/Recruiting

- Wer wird eingestellt? Stimmt das mit der Verfügbarkeit am Arbeitsmarkt überein?
- Wo gehen „Minderheiten" im Prozess verloren?
  - Sie bewerben sich nicht.
  - Ihre Bewerbungen werden nicht berücksichtigt, sie fallen schon im ersten Screening raus.
  - Sie werden nicht zum Gespräch eingeladen bzw. kommen nicht in die engere Wahl.
  - Sie werden nicht genommen.

Auch hier gilt: Informationen, die für die Analyse eigentlich wichtig wären, werden oft nicht erhoben, etwa das Geschlecht von Menschen, die sich bewerben. Hier kann es hilfreich sein, mit den Kolleginnen und Kollegen aus dem Bereich Recruiting zu sprechen, die oft einen guten Überblick haben und genau wissen, an welcher Stelle im Prozess ggf. der Vielfalt der Garaus gemacht wird.

Beförderungen

- Wer wird befördert? Entspricht der Anteil der Beförderungen ihrem Anteil an der entsprechenden Basis – also der demografischen Verteilung auf einer Ebene?

- Haben verschiedene Menschen zum Zeitpunkt der Beförderung gleich viel Erfahrung bzw. eine vergleichbare Beschäftigungsdauer in ihrer alten Rolle?
- Gleichen sich Leistungs- und Potenzialbeurteilungen unterschiedlicher Gruppen? Haben sie eine vergleichbare Wirkung – hat z. B. eine gute Beurteilung oder Prognose vergleichbare Auswirkungen auf Gehalt und/oder Beförderungen?
- Sieht die längerfristige Entwicklung verschiedener Gruppen von Beschäftigten ähnlich aus? Gleichen sich Beschäftigungsdauer und Entwicklungsgeschwindigkeit? Oder macht eine Gruppe intern Karriere und andere werden in Leitungsfunktionen vor allem von außen eingestellt?

Austritte

- Gibt es unterschiedliche Trends bei Menschen, die das Unternehmen verlassen?
  - Ist der Anteil einzelner Beschäftigtengruppen höher?
  - Verlassen bestimmte Gruppen das Unternehmen überproportional häufig in bestimmten Karrierephasen, auf einer bestimmten Ebene oder in einer bestimmten Lebensphase?
  - Haben verschiedene Menschen, die das Unternehmen verlassen, eine vergleichbare Betriebszugehörigkeit oder verlässt eine Gruppe relativ schnell wieder das Unternehmen?

Mitarbeiterbefragung

- Gleichen sich die Einschätzungen zum Unternehmen bei typischen Fragen über verschiedene Beschäftigtengruppen hinweg?
  - Sind alle der Ansicht „jeder wird mit Respekt behandelt" und hat „gleiche Chancen"?
  - Machen unterschiedliche Menschen die Erfahrung, dass „verschiedene Perspektiven geschätzt werden" oder gilt das nur für Mitglieder der Mehrheitskultur?
  - Gilt das auch zu unterschiedlichen Phasen der Karriere oder sind zu Beginn der Karriere alle begeistert und später nur noch manche?

In den meisten Unternehmen gibt es im Antwortverhalten gewaltige Unterschiede. Während Mitglieder der Mehrheitskultur mit zunehmender Seniorität vom eigenen Arbeitgeber immer begeisterter sind, nimmt diese für andere Beschäftigtengruppen deutlich ab.

Meistens stehen längst nicht alle Daten zur Verfügung, die man für eine quantitative Analyse eigentlich gerne hätte. Oft gibt es aber Lösungen, um diese Lücken auszugleichen, indem man sich beispielsweise überlegt, welchen Zusammenhang es zu verstehen gilt und welche alternativen Informationen dabei helfen können, ein Problem einzugrenzen. Oft ist es auch möglich, für eine Stichprobe Daten manuell aufzubereiten, wenn die Information entscheidend ist. Spaß macht das nicht.

Eine erste quantitative Untersuchung bietet meistens einen guten Anhaltspunkt, wo es sich lohnt genauer hinzusehen. Ein wichtiger Punkt, weil er mir häufiger begegnet: Um ein klares Bild zu bekommen, ist es erforderlich, die Daten zu Veränderungen auf die jeweilige Grundgesamtheit zu beziehen, also z. B. nicht nur zu gucken, wie hoch der Anteil an Männern bzw. Frauen an den Menschen ist, die das Unternehmen auf einer bestimmten Ebene verlassen. Ich muss auch berücksichtigen, wie hoch ihr Anteil an den entsprechenden Gesamtbeschäftigten ist. Damit ergibt sich oft ein ganz anderes Bild.

Beispiel

Eines der großartigsten Beispiele, wie man Daten verständlich visualisieren und nutzen kann, um Missverständnisse aufzuklären, ist sicherlich noch immer der TED-Talk „The best stats you've ever seen" von Hans Rosling, Experte für Weltgesundheit. Er berichtet in dem Video unter anderem von einer simplen Übung zur Kindersterblichkeit in unterschiedlichen Ländern, die er mit Vordiplomstudenten am Karolinska-Institut in Schweden durchgeführt hatte. „Ich habe gezeigt, dass schwedische Top-Studenten statistisch signifikant weniger über die Welt wissen als Schimpansen [...]. Wenn ich denen zwei Bananen anbiete, eine für Sri Lanka und eine für die Türkei, treffen sie in der Hälfte der Fälle die richtige Wahl. Für die Studenten galt das nicht. Aber das Problem war nicht Ahnungslosigkeit, sondern eine vorgefasste Meinung[1]" [1].

Um die maßgeblichen Einflussfaktoren zu verstehen, die zu den Personaltrends führen, werden qualitative Verfahren genutzt, also z. B. Interviews oder Fokusgruppen.

8.2.2 Qualitative Analysen

Qualitative Verfahren sind auch deshalb wichtig, weil der Datenanalyse klare Grenzen gesetzt sind: Informationen liegen zumeist nur in Bezug auf Geschlecht und Alter vor. Schon die Nationalität, die im Rahmen internationaler Strategien oft relevant ist, wird häufig nicht erfasst. In den USA gibt es potenziell zwar Informationen zur Ethnie der lokalen Beschäftigten, die auf Basis klar definierter Anforderungen genutzt werden können, dagegen ist jede Aufschlüsselung nach Alter hochgradig kritisch und schreit geradezu „Diskriminierung". Daten zu Menschen mit Behinderungen werden – aufgrund gesetzlicher Regelungen – zwar in vielen Ländern erfasst, allerdings unterscheiden sich die Definitionen und die Daten sind daher nicht vergleichbar. Qualitative Verfahren

[1]Originatext: „I have shown that Swedish top students know statistically significant less than the chimpanzee. Because the chimpanzee would score half right. If I gave them two bananas with Sri Lanka and Turkey, they would be right half of the time. But the students are not. The problem for me was not ignorance but preconceived ideas" (Eigene Übersetzung der Autorin).

bieten einen Ausweg, wo zu relevanten Zielgruppen keine quantitative Analyse möglich ist. Sie können auch Klarheit schaffen, wo Daten potenziell irreführend sind.

Beispiel

Im Rahmen einer quantitativen Befragung gab die überwältigende Mehrheit der Beschäftigten an, bei der Arbeit Ort und Zeit in einem vernünftigen Rahmen selbst definieren zu können. In Fokusgruppen wurde dagegen von vielen Beteiligten angegeben, dass sie kritische Kommentare hören, wenn sie später kommen oder früher gehen, bzw. dass sie den Eindruck haben, sie würden im Home-Office häufiger „Kontrollanrufe" erhalten, und müssten darauf achten, dass sie ständig als „Online" zu sehen sind.

In einer detaillierteren Analyse zeigten die Daten dann den gleichen Trend: Selbst diejenigen Befragten, die angaben, flexibel arbeiten zu können, waren mit großer Mehrheit der Ansicht, dass es sich negativ auf die Leistungsbeurteilung auswirke, nicht am Arbeitsplatz sichtbar zu sein.

Qualitative Ansätze vermitteln einen Eindruck davon, wie unterschiedliche Menschen das Unternehmen und seine Kultur erleben, welchen Herausforderungen sie begegnen und was sich verändern muss, damit verschiedene Menschen tatsächlich die gleiche Wertschätzung und ein Umfeld erleben, in dem sie ihren vollen Beitrag zum Erfolg leisten können.

Es kann hilfreich sein, sich bereits vor einer qualitativen Untersuchung Gedanken zu machen, in welchen Prozessen anscheinend Barrieren bestehen, wer die jeweiligen Stakeholder sind und anzufangen, sich über die Beziehung zu ihnen und über das eigene Netzwerk Gedanken zu machen. Auf dieser Basis lässt sich leichter entscheiden, ob relevante Kolleginnen und Kollegen bereits zu diesem Punkt in die Analyse einbezogen werden sollten oder ob mehr Klarheit erforderlich ist, um ihre Unterstützung zu gewinnen.

8.3 Nicht jede Situation ist für alle ein Problem

Für den „Case for Change" ist es allerdings nicht nur wichtig zu identifizieren, was passiert, sondern auch warum es ein Problem ist, wenn nur bestimmte Menschen eingestellt werden, aufsteigen oder wenn andere in Scharen die Organisation verlassen. Schließlich ist nicht jeder der Ansicht, dass mehr Vielfalt eine Priorität ist, und bisher hatte man es ja auch ziemlich nett. Es Kann also durchaus helfen, eine Übersicht wie Tab. 8.2 auszufüllen und dabei die Prioritäten aus der Übung zur Tab. 8.1 zu berücksichtigen.

Man darf aber nicht vergessen, dass die eigenen Interessen die Sicht unterschiedlicher Stakeholder beeinflussen. Wer als Personalbeschaffer ausschließlich die Auswirkungen auf das Unternehmen im Sinn hat, wird eine hohe Fluktuation als Problem wahrnehmen. Wer ein Imperium aufbauen will, sieht das ganz anders. Dann ist sie eine Chance, um das Team und damit potenziell den eigenen Einfluss auszubauen. Ändern wird sich diese

Tab. 8.2 Warum ist der Status quo ein Problem?

Was (Status quo/Trend)	Mögliche Auswirkungen	Wie lässt sich das Problem demonstrieren/quantifizieren?

Sichtweise erst, wenn sich der Eindruck breitmacht, das Recruiting sei einfach nicht in der Lage, geeignete Kandidaten ranzuschaffen.

▶ Selbst wenn Sie eine Vorstellung davon haben, warum etwas für jemand anders ein Problem darstellen könnte, sehen die das eventuell ganz anders. Klarheit kann daher nur ein Gespräch vermitteln.

Was Sie aus diesem Kapitel mitnehmen sollten

- Um als „Problemlöser“ – und nicht als irrelevant oder sogar als Störfaktor – gesehen zu werden, muss die D&I-Strategie einen unmittelbaren Bezug zu Prioritäten des Unternehmens oder zu einzelnen wichtigen Stakeholdern haben.
- Ein D&I-Audit, das sowohl quantitative als auch qualitative Untersuchungen enthält, verschafft einen Überblick über den Status quo und welche (kulturellen) Faktoren zu ihm beitragen.
- Ob bzw. wo der Status quo ein Problem darstellt, beurteilen unterschiedliche Stakeholder basierend auf den eigenen Interessen und Anforderungen.

Literatur

1. Hans Rosling. 2006. The best stats you've ever seen. https://www.ted.com/talks/hans_rosling_shows_the_best_stats_you_ve_ever_seen#t-121770. Zugegriffen: 22. Febr. 2017.

Koalitionen aufbauen

9

▶ Koalitionen mit starken Partnern sind eine Voraussetzung, um Veränderungen zu erreichen. Sie sind der Fokus der zweiten Stufe vom Kotter-Change-Modell und von diesem Kapitel. Basierend auf dem „Case for Change" gilt es, maßgebliche Stakeholder zu identifizieren, die den Wandel unterstützen.

Die Übungen in diesem Kapitel helfen Ihnen zu klären:

- welche Stakeholder für Ihre Strategie maßgeblich sind und was sie umtreibt;
- wie wichtige Ansprechpartner zu Ihnen und zum Thema stehen;
- wie Sie Einfluss nehmen können.

9.1 Stakeholder-Analyse

Wer aus dem D&I-Audit einen Überblick über die bestehenden Barrieren für ein wirklich vielfältiges Unternehmen und eine wertschätzende, faire Kultur hat, kann darangehen, die richtigen Partnerinnen und Partner zu finden. Dabei gilt es zunächst diejenigen zu identifizieren, die einen Grund haben, eine Veränderung zu unterstützen. Weil es ihnen hilft, bestehende Herausforderungen zu adressieren, weil sie davon überzeugt sind, dass es fair und richtig ist, wenn unterschiedliche Menschen gleiche Chancen haben oder weil sie einen anderen Anlass haben, die Agenda zu unterstützen. Gleichzeitig sollte man klären, wer Veränderungen potenziell im Weg stehen wird.

V. Hucke, *Mit Vielfalt und Fairness zum Erfolg*,
DOI 10.1007/978-3-658-16878-0_9

Ein guter Ausgangspunkt ist eine Mindmap der Organisation, wie im Beispiel in Abb. 9.1. Selbstverständlich müssen die einzelnen Organisationsteile weiter ausgeführt werden, um wichtige Kontakte zu enthalten.

„Wichtig" können Kontakte aus unterschiedlichen Gründen sein: weil sie Einfluss haben – aufgrund ihrer Position, Funktion oder aufgrund ihres Netzwerks. Weil sie das Thema besonders engagiert unterstützen. Aber auch, weil sie bereits in der Vergangenheit Bemühungen torpediert haben und deshalb Aufmerksamkeit bedürfen.

Die folgenden Fragen sind geeignet, die Position unterschiedlicher Stakeholder zu klären und diese anschließend zu kategorisieren, wie in Tab. 9.1 dargestellt.

- Wie stehen die Betroffenen zum Thema?
- Wie haben sie sich in der Vergangenheit verhalten?
- Welche Bedeutung hat das Thema für sie? Fühlen sie sich verantwortlich?
- Was geht gerade sonst für sie vor? Wie wird das ihre Reaktionen beeinflussen?

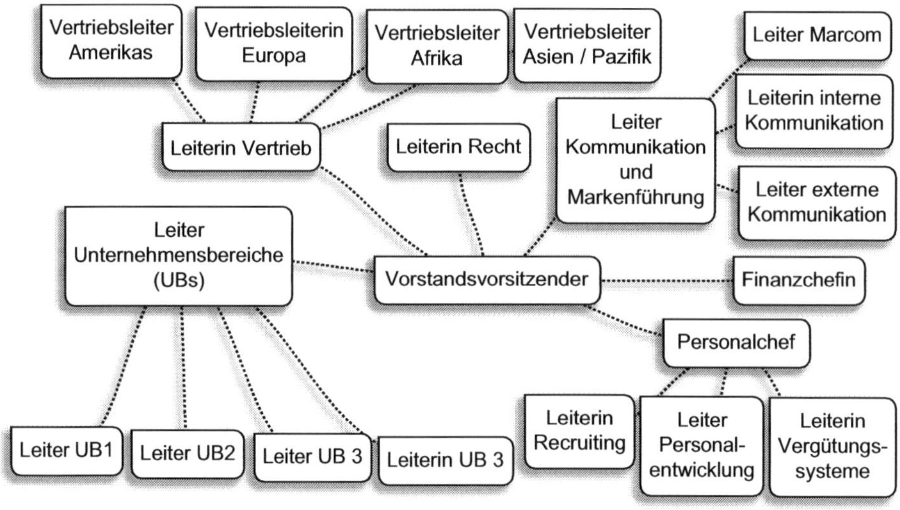

Abb. 9.1 Stakeholder-Überblick

Tab. 9.1 Stakeholder kategorisieren

	Er oder sie verfolgt die gleichen Ziele	Er oder sie verfolgt gegensätzliche Ziele
Sie vertrauen diesem Menschen	Partnerinnen und Partner (++)	Gegnerinnen und Gegner (–)
Sie vertrauen diesem Menschen nicht	Allianz (+)	Feind (– –)

Ich erlebe es regelmäßig, dass sich Gesprächspartner schwer damit tun, den Begriff „Feind“ im Unternehmenskontext zu nutzen. Ganz besonders häufig begegnet mir das in Asien. Ich halte den Begriff trotzdem für hilfreich, um für sich selbst die Situation zu klären. Natürlich geht es nicht darum, das grundsätzliche Verhältnis zu einem anderen Menschen zu beschreiben, sondern ausschließlich um Ihre Einschätzung seiner oder ihrer Haltung zu einem bestimmten Thema.

Jemand, der gegensätzliche Ziele verfolgt und dem Sie nicht vertrauen, könnte Ihnen bei Gelegenheit das Messer in den Rücken rammen, um die eigene Position zu verbessern oder Ziele durchzusetzen. Das wäre dann eindeutig ein Feind – und es hilft, sich darüber im Klaren zu sein. Mit ein bisschen Glück haben Sie nicht viele und können die verbleibenden durch eine kluge Stakeholder-Planung neutralisieren oder sogar zu einer produktiveren Beziehung entwickeln.

Auch nicht vergessen: die eigene Sicht von Zeit zu Zeit zu überprüfen und mit Fakten zu untermauern, um keinen Vorurteilen zum Opfer zu fallen. Zudem sollte man seine Übersicht besser nicht offen herumliegen lassen.

Stakeholder priorisieren

Statt eines produktiven Stakeholder-Managements erlebe ich in der Praxis leider öfters einen anderen Trend: logische Partnerinnen und Partner und besonders Allianzen werden mit Misstrauen betrachtet und es wird versucht, sie „auszubooten“. Dafür gibt es nach meiner Erfahrung zwei Gründe:

1. **Territoriales Verhalten,** d. h., D&I ist „mein“ Thema. Ich bin der Experte bzw. die Expertin und will diese Position nicht teilen. Solange nur ich dazu spreche und berate, gibt mir das von Zeit zu Zeit Zugang zu wichtigen Führungskräften. Das bestätigt meine Bedeutung und ist mir wichtig – insbesondere, wenn mein Selbstvertrauen angekratzt ist, weil die Unterstützung fehlt, Fortschritte gering sind oder der Frust langsam steigt.
2. Ich ignoriere, dass andere **andere Ziele** verfolgen **und Messkriterien** haben, die ihr Verhalten beeinflussen, und halte sie stattdessen für unfähig oder unwillig. Ein Beispiel dafür war der Bereich Recruiting in Kap. 4. Das Team wurde an der Besetzungsdauer gemessen und das stand im Konflikt mit der Vorgabe, grundsätzlich auch Kandidatinnen zu präsentieren.

Im Endeffekt boykottiert man mit einer solchen Haltung den eigenen Erfolg, denn selbstverständlich ist es hilfreich, wenn andere mit im Boot sind. Wenn Kolleginnen und Kollegen bei Einstellungen „Vielfalt“ mit im Blick haben. Wenn diejenigen das Thema auf der Uhr haben, die tatsächlich im Raum sitzen, wenn bei den häufig üblichen „Kalibrierungssitzungen“ zur Personalbeurteilung organisationsübergreifend diskutiert wird, wer die größten Talente sind. Wenn sich die Kolleginnen und Kollegen von „Reward“ selbst um faire Gehaltsmodelle und Vergütungssysteme bemühen. Wer glaubt, er oder sie könnte das alles am besten selbst regeln, ist automatisch zum Scheitern verurteilt.

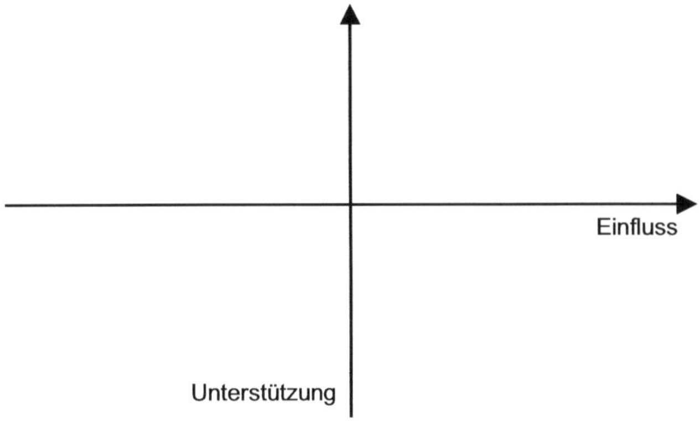

Abb. 9.2 Stakeholder priorisieren

Um möglichst willige und schlagkräftige Unterstützung zu gewinnen, hilft das Modell in Abb. 9.2.

Die Position auf der y-Achse entspricht dabei den Einschätzungen aus Tab. 9.1. Die auf der x-Achse wird durch den Einfluss definiert. Der besteht z. B. aufgrund der Hierarchie, der Rolle in einem kritischen Prozess oder auch weil jemand einen maßgeblichen Stakeholder besonders gut kennt oder ihm oder ihr in relevanten Situationen begegnet.

Bei der Planung ist es sinnvoll, sich zunächst auf den oberen rechten Quadranten zu konzentrieren. Hier finden sie diejenigen Stakeholder, die besonders großen Einfluss haben und ihre Bemühungen unterstützen.

> Auch bei dieser Übung gilt: nicht übertreiben. Es ist keine Wissenschaft und es gibt für Fleiß keinen goldenen Stern. Es reicht völlig, sich zunächst einen groben Überblick zu verschaffen und die Übersicht bei Bedarf zu überprüfen und zu ergänzen. Ziel ist es, die Sache „agil" anzugehen, also immer nur mit der gerade erforderlichen Tiefe.

9.2 Stakeholder verstehen

Voraussetzung für erfolgreiche Koalitionen ist es, zu verstehen, was andere Menschen umtreibt, was ihre Probleme sind und woran ihr Erfolg gemessen wird. Auf dieser Basis lassen sich dann gemeinsame Interessen identifizieren und Maßnahmen planen, die von den relevanten Beteiligten tatsächlich unterstützt werden. Natürlich ist es dafür erforderlich, miteinander zu reden und die Positionen zu klären. Wie die Vorbereitung auf eine solche Diskussion aussehen kann, illustriert Tab. 9.2.

Tab. 9.2 Beispiel: Stakeholder verstehen

Stakeholder	Welchen Beitrag sollen sie im Rahmen der Strategie leisten?	Was sind ihre originären Probleme, Prioritäten und Ziele?
Personalentwicklung	Entwicklungsprogramme sollen helfen, dass (zukünftige) Führungskräfte den Wert von Diversity und Inclusion verstehen, begreifen, welchen Beitrag sie selbst leisten können, und lernen, wie sie das im eigenen Führungsverhalten umsetzen	• Entwicklungsprogramme anbieten, die den aktuellen Anforderungen der Organisation gerecht werden. • Lösungen sollen dem aktuellen Stand der Wissenschaft entsprechen. • Enge Budgetvorgaben und Kostendruck. • …
Recruiting/ Personalbeschaffung	Anzahl qualifizierter, „vielfältiger“ Kandidatinnen und Kandidaten erhöhen, um so den Anteil „diverser“ Einstellungen zu steigern	• Hohe Anzahl Personalanforderungen. • Druck von Vorgesetzten, die offene Positionen schnell besetzen wollen. • Klare und ambitionierte Vorgaben, wie schnell Stellen zu besetzen sind. Diese sind bezahlungsrelevant. • …
Regionalchef Asien	Helfen, einen besseren „Nationalitäten-Mix“ in Top-Führungspositionen zu erreichen. Den Anteil „lokaler“ Führungskräfte im Management steigern, die Entwicklung und Entsendung lokaler Leistungsträger unterstützen	• Umsatzziele erreichen. • In einem überhitzten Arbeitsmarkt Schlüsselpositionen besetzt halten. • Hohe Fluktuation. • …
…		

Diese Übung zeigt auch, wo Ziele konträr entgegengesetzt und Konflikte damit vorprogrammiert sind, wenn es nicht gelingt, Alternativen zu vereinbaren.

Um in solchen Fällen produktiv zusammenzuarbeiten, ist es zunächst einmal wichtig, die Kompetenz der anderen anzuerkennen und zu akzeptieren, dass sie wissen, was sie tun. Zweitens hilft es, sich zu vergegenwärtigen, dass Menschen üblicherweise das Richtige tun wollen.

Beispiel

Was würde das dann für das Beispiel Einstellungen heißen?

In einem konstruktiven Gespräch gilt es zunächst zu klären, wie die anderen zu der eigenen Lösungsidee – „grundsätzlich muss im Rahmen jeder Stellenbesetzung auch eine Frau berücksichtigt werden“ – stehen. Was gibt es für Vorbehalte? Warum? Gibt es eine Möglichkeit, diese aufzulösen – beispielsweise die Zielvorgabe für die Besetzungsdauer zu verlängern? Wie würde sich das im täglichen Leben auswirken? Wie würde es die Beziehung und den Umgang mit denjenigen verändern, die händeringend ihre Positionen besetzt haben wollen?

Wie könnten Alternativen aussehen, falls neue Zielvorgaben keine Lösung darstellen oder nicht realisierbar sind? Welchen Beitrag kann der Bereich Personalbeschaffung leisten? Was sind aus ihrer Sicht Barrieren, die sich adressieren lassen? Wo können Prozesse überarbeitet werden, um den Anteil vielfältiger Einstellungen zu erhöhen. Kurz: Wie kann eine Intervention aussehen, die dem Schirm gleicht, der im Beispiel der Sinfonieorchester die Erfolgswahrscheinlichkeit für Musikerinnen beim Vorspielen steigerte?

Ein paar Grundregeln helfen, um Rapport – also ein vertrauensvolles Verhältnis – zu wichtigen Stakeholdern aufzubauen [1]. (Mehr zum Thema Kommunikation finden Sie in Kap. 11).

Finden Sie eine gemeinsame Basis. Investieren Sie genug Zeit, um in die Beziehung zu investieren. und konzentrieren Sie sich nicht nur auf Ihre Agenda. Nehmen Sie sich vor, Ihren Gesprächspartner oder die Gesprächspartnerin interessant zu finden. Eine solche Haltung beeinflusst die Beziehung positiv. Überprüfen Sie eigene negative Annahmen, die Ihre Sicht auf das Gegenüber beeinflussen.

Beispiel

Bedenken Sie auch: Alle möchten gerne gehört werden und ihre Meinung zum Besten geben. Zwei Psychologen der Harvard-Universität haben festgestellt, dass sie dafür sogar bereit sind, finanzielle Einbußen hinzunehmen. Sie gaben Freiwilligen die Möglichkeit, über Sachthemen oder über ihre eigenen Interessen zu sprechen. Abhängig vom Thema gab es ein kleines finanzielles Dankeschön. Die meisten entscheiden sich, über sich selbst zu sprechen, obwohl es dafür weniger Geld gab [2].

Stellen Sie gute Fragen. Seien Sie neugierig darauf, was der oder die andere zu sagen hat. Fragen Sie nicht nur Fakten ab, sondern besprechen Sie auch Meinungen und Ideen. Bemühen Sie sich, verborgene Aspekte auf den Tisch zu bringen.

Etablieren Sie ein Ingroup-Gefühl. Suchen und unterstreichen Sie Gemeinsamkeiten, die Vertrauen schaffen.

Geben Sie auch Dinge von sich Preis. Jedes Gespräch ist ein Geben und Nehmen. Wer sich dem oder der anderen öffnet, wird ebenfalls mit einer größeren Offenheit belohnt.

Vermeiden Sie Unterbrechungen. Sorgen Sie für eine ruhige und entspannte Gesprächsatmosphäre. Führen Sie Gespräche zu einem Zeitpunkt, in dem die Beteiligten nicht ausschließlich physisch anwesend sind, sondern sich tatsächlich vollständig auf das Gespräch einlassen können.

Was Sie aus diesem Kapitel mitnehmen sollten

- Eine Stakeholder-Analyse verschafft einen Überblick über die Haltung, die Bedeutung und die Beziehungen unterschiedlicher Ansprechpartner, die für den Erfolg wichtig sind.

- Um sich zu verändern bzw. eine Veränderung zu unterstützen, ist ein guter Grund erforderlich. Um erfolgreiche Koalitionen aufzubauen, gilt es daher zu verstehen, was andere Menschen umtreibt, was ihre Probleme sind und woran ihr Erfolg gemessen wird. Das bildet die Basis, um gemeinsame Ziele zu definieren und produktiv zusammenzuarbeiten.
- Grundsätzlich gilt: Investieren Sie nicht zu viel Zeit in die Analyse. Es ist wichtiger, die Beziehung zu Stakeholdern zu pflegen, mit ihnen zu arbeiten, Lösungen zu entwickeln und zu implementieren, als die Strategie zu perfektionieren. Das Signal für den Start ist „gut genug", nicht die Hoffnung auf eine perfekte Lösung.
- Finden Sie geeignete Wege, um Rapport – also ein vertrauensvolles Verhältnis – zu wichtigen Stakeholdern aufzubauen.

Literatur

1. Webb, Caroline. 2016. *How to have a good day.* London: Crown Business.
2. Tamir, Diana I., und Jason P. Mitchel. 2012. Disclosing information about the self is intrinsically rewarding, März 2012. http://www.pnas.org/content/109/21/8038.full. Zugegriffen: 25. Febr. 2017.

Vision und Strategie entwickeln 10

> Eine klare Strategie und inspirierende Vision sind wichtige Bausteine, um Veränderungen zu erzielen. In diesem Kapitel geht es darum, die Erkenntnisse aus dem D&I-Audit in einen strukturierten und zielgerichteten Maßnahmenplan zu übersetzen und Prioritäten zu definieren. Das schafft die Basis für eine Vision, die eine klare Richtung vorgibt und andere bewegt, den Wandel zu unterstützen.

Die Übungen in diesem Kapitel helfen:

- die Themenfelder zu identifizieren, die im Rahmen der D&I-Strategie von Bedeutung sind;
- ein D&I-Framework zu entwickeln;
- Maßnahmen zu priorisieren.

Wie bereits erläutert, hilft Aktionismus bei D&I nicht viel und Veränderungen werden selten im Rahmen eines vom Vorstand geführten Generalstabsplan umgesetzt, der parallel alle erforderlichen Aspekte adressiert. Umso wichtiger ist es, eine Strategie und Vision zu entwickeln, die klare Prioritäten setzen, den aktuellen Realitäten Rechnung tragen und größtmögliche Ergebnisse erzielen.

Dabei können sich Vision und Ziele sowohl auf das gesamte Unternehmen als auch auf einzelne Organisationsteile oder Prozesse beziehen, je nachdem welche Unterstützung besteht. Das Maß der Unterstützung ist dabei wichtiger als das Veränderungspotenzial. Es lohnt sich immer, den Fokus da zu setzen, wo Stakeholder tatsächlich etwas verändern wollen, selbst wenn es nur auf einen kleinen Teil der Organisation oder einzelne Prozesse Auswirkungen hat. Wer mit einer lauwarmen Zusage für das Gesamtunternehmen loszieht und hofft, dass schon was passieren wird, weil theoretisch so viel

V. Hucke, *Mit Vielfalt und Fairness zum Erfolg*,
DOI 10.1007/978-3-658-16878-0_10

Potenzial besteht, wird zumeist enttäuscht. Wenn Unterstützung fehlt, ist es wichtig, das zu realisieren und die Strategie darauf abzustimmen.

Um das ganz klar zu sagen: Wer den Vorstand und wichtige Stakeholder voll hinter sich weiß, ist in einer großartigen Situation. Man hat damit den perfekten Ausgangspunkt, um die ganz großen Hebel anzusetzen und D&I-Anforderungen konsequent in alle relevanten Prozesse zu integrieren. An einer grundsätzlichen Herausforderung ändert das jedoch nichts: Die Unterstützung des Vorstands allein ist nicht genug. Der Wandel muss auf unterschiedlichsten Ebenen und von vielen Beteiligten und Betroffenen mitgetragen werden. Die Notwendigkeit, eine klare Strategie und überzeugende Vision zu entwickeln, bleibt die gleiche.

10.1 Strategie definieren

Auch für einen agilen Angang ist es wichtig, sich zunächst einen Überblick über den bestehenden Veränderungsbedarf zu schaffen und die Themen zu sortieren. Das schafft die Basis für das „D&I-Framework". Es bildet den Rahmen, um zu gewährleisten, dass die wichtigsten Barrieren adressiert werden, Maßnahmen tatsächlich zielgerichtet sind, und es hilft, einen „Waschzettel" in eine strukturierte Strategie zu übersetzen.

▶ Unterschätzen Sie dennoch den „Waschzettel" nicht. Es lohnt sich, Ideen zu notieren, auf die man zu einem späteren Zeitpunkt zurückkommen möchte. Das verhindert, dass man sich zu lange in der Analysephase aufhält, um alle Eventualitäten zu berücksichtigen, stellt aber trotzdem sicher, dass man interessante Ideen und Einsichten nicht aus den Augen verliert.

10.1.1 D&I-Framework entwickeln

Um der eigenen Strategie Struktur zu geben, hilft die folgende Übung:

1. Wichtige Ergebnisse aus dem D&I-Audit auf einzelne Post-its schreiben. Das gilt für quantitative Ergebnisse aus der Analyse der HR-Daten oder der Mitarbeiterbefragung ebenso wie für Schwerpunktthemen oder typische Zitate aus der qualitativen Untersuchung. Erfassen Sie bei den quantitativen Ergebnissen sowohl Informationen zum Status quo – wie z. B. bestimmte Gruppen sind unterrepräsentiert –, aber auch Trends: Mitglieder bestimmter Gruppen werden seltener befördert oder verlassen eher das Unternehmen.
2. Sortieren Sie die Zettel nach Themenblöcken bzw. nach Problemfeldern, die auf Basis Ihrer Ergebnisse sinnvoll sind. Das können verschiedene Phasen des Mitarbeiterlebenszyklus sein, wie z. B. „Eintritte", „Entwicklung und Beförderung" und „Austritte"; es könnte sinnvoll sein, nach Zielgruppen Ihrer D&I-Strategie zu sortieren

oder auch nach Auffälligkeiten, die sich je nach Hierarchieebene ergeben. Gucken Sie dabei auch nach „roten Fäden“, die die unterschiedlichen Informationen miteinander verbinden und dabei helfen, Trends zu erkennen oder einem Problem auf den Grund zu gehen.

3. Im nächsten Schritt heißt es, Überschriften für die unterschiedlichen Themenblöcke zu definieren, die die Zielsetzung Ihrer D&I-Strategie beschreiben.

Ein Framework, das quasi die gesamte D&I-Strategie auf einen Blick zeigt, könnte wie in Abb. 10.1 dargestellt aussehen.

Dabei werden die „fokussierten Strategien“, die dabei helfen, maßgebliche Barrieren zu adressieren, in der Darstellung noch um „Prioritäten“ – „Vielfalt“ und ein „inklusives Umfeld“ als separate Schwerpunkte – ergänzt.

Dafür gibt es natürlich einen Grund:

Ich erlebe oft Diskussionen, in denen der Vorwurf erhoben wird, dass sich D&I-Strategien zu stark darauf konzentrieren, die Vielfalt im Unternehmen zu steigern, und dadurch eventuell die inklusive Unternehmenskultur in Vergessenheit gerät. Als „Befreiungsschlag“ wird dann entschieden, D&I in I&D umzubenennen, um den Kulturaspekt in den Vordergrund zu stellen. Als ich bei Philips tätig war, habe ich das auch in Erwägung gezogen, bin aber leider gescheitert, weil sich das Akronym schon der Bereich Innovation & Design gesichert hatte. Im Endeffekt war das egal. Viele Menschen wissen ohnehin nicht, was „Inclusion & Diversity“ bedeutet, und haben keine Ahnung, wofür „D&I“ steht. Die Feinheiten von „I&D“ können sie also kaum würdigen. Der Gedanke ist daher ein bisschen weniger brillant, als Menschen annehmen, die zu tief im Thema stecken. Stattdessen würde ich empfehlen zu erklären, dass Diversity und Inclusion zwei verschiedene Seiten

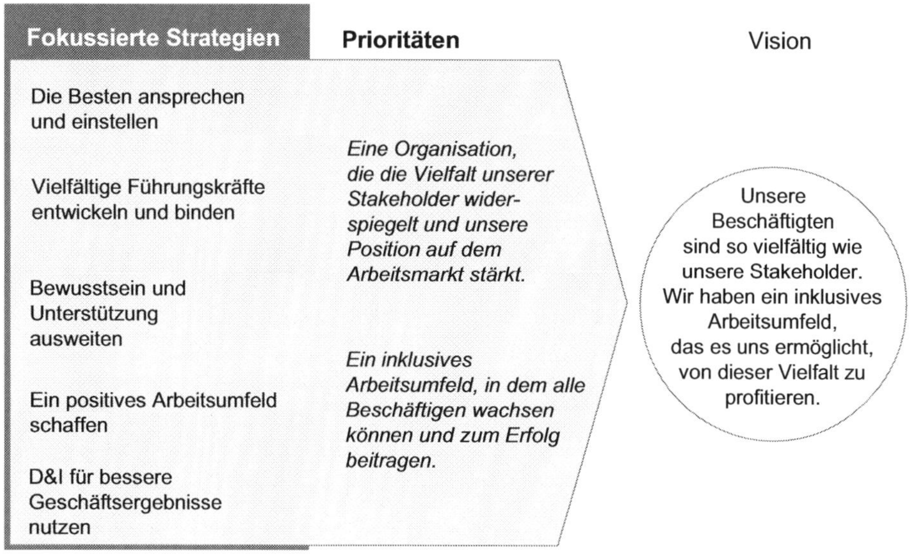

Abb. 10.1 D&I-Framework

einer Medaille sind und dass ohne eine wertschätzende Kultur, die allen zugute kommt, keine Veränderungen erzielt werden können.

10.1.2 Prioritäten setzen

Im nächsten Schritt gilt es zu verstehen und zu vereinbaren, welche Probleme und Barrieren adressiert werden sollten – und welche im aktuellen Umfeld tatsächlich adressiert werden können. Dafür ist es wichtig, das Problem und relevante Lösungen klar einzukreisen.

Beispiel

Ein Beispiel: Bei ihrer Untersuchung für die Studie „Women in the Workplace 2016“, haben McKinsey und LeanIn festgestellt, dass für jeweils 100 Frauen 130 Männer auf die erste Führungsebene befördert werden [1]. Viele D&I-Verantwortliche kennen das aus dem eigenen Unternehmen. Mit Maßnahmen, die weiter oben in der Hierarchie ansetzen, wird eine weit kleinere Zielgruppe adressiert, und es ist unmöglich, diesen frühen „Frauenschwund“ auszugleichen. Das gilt vor allem, weil der Status quo durch die große Zahl der nachrückenden Männer weiter zementiert wird. Solche Erkenntnisse, die das D&I-Audit liefert, sind wichtig, um zu entscheiden, wo Prioritäten gesetzt werden sollten.

Stattdessen nehmen sich viele Konzerne vor, Führungsfrauen aus anderen Unternehmen abzuwerben, um den Anteil an Frauen in Führungspositionen schnell zu steigern. Wer keine gute Historie darin hat, neue Mitarbeiterinnen in den oberen Ebenen erfolgreich zu integrieren, tut damit keinem der Beteiligten einen Gefallen. Die Kandidatin ist oft schneller wieder weg, als sie da war. Aufgrund der anstehenden Nachbesetzung – oft durch einen Headhunter – ist so was teuer. Die – wieder offene – Position ist eine Belastung für die Organisation, Stereotypen und Zweifel, die vermutlich den Aufstieg interner Kandidatinnen bereits behindert haben, werden verstärkt – und die Auswirkungen für die Neu-Arbeitslose sind dabei noch nicht einmal berücksichtigt.

Unter solchen Umständen lohnt es, eine parallele Strategie zu fahren: zum einen zu prüfen, was getan werden kann, damit die Neueinsteigerinnen erfolgreich sind, und gleichzeitig einen Schwerpunkt darauf zu legen, den Anteil interner Beförderungen zu steigern. Das kann zwar länger dauern, liefert aber häufig nachhaltigere Ergebnisse. Schließlich ist es auch nicht wirklich eine schnelle Lösung für mehr Vielfalt, mal eine Frau in einer Führungsposition gehabt zu haben.

Auf Basis einer Übersicht relevanter Schwerpunkte, gilt es dann zu priorisieren, welche in der aktuellen agilen Veränderungsiteration adressiert werden. Dabei ist es hilfreich, eine adaptierte Fassung der Eisenhower-Matrix (siehe Abb. 10.2) zu nutzen.

Dabei gibt die Position auf der y-Achse ein Indiz der Bedeutung bzw. erwarteten Wirkung einer Maßnahme. Die x-Achse zeigt, ob sie ins aktuelle Geschehen passt.

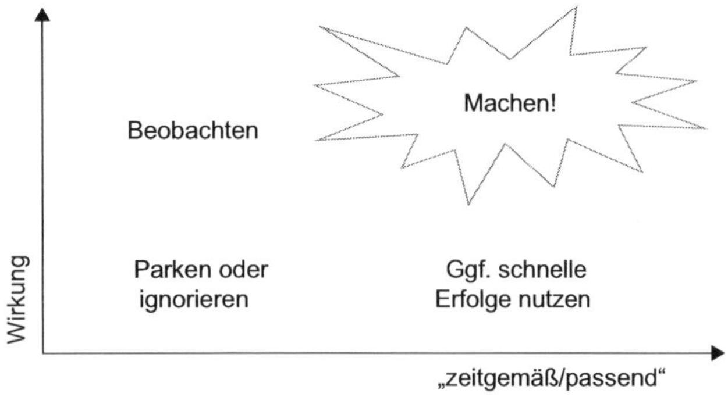

Abb. 10.2 D&I-Matrix nach Eisenhower

Um sich nicht zu verzetteln, ist es sinnvoll, sich auf Aktivitäten zu konzentrieren, die möglichst viel bewirken, also auf den oberen rechten Quadranten. Den unteren rechten sollte man allerdings auf „quick wins" überprüfen, also auf Dinge, die zwar weniger relevant sind, sich aber leicht und schnell implementieren lassen. Für viele wirklich wirksame Themen gilt das leider nicht. Aber „schnelle Gewinne" können der eigenen Motivationen dienen und helfen, breitere Unterstützung zu gewinnen, weil Stakeholder sehen, dass sich etwas bewegt.

Die beiden linken Quadranten kann man aktuell getrost ignorieren, ganz egal wie gerne man die entsprechenden Maßnahmen realisiert sehen würde, denn sie passen nicht in die Zeit. Das kann daran liegen, dass sie Änderungen im IT-System erfordern würden, die absehbar nicht geplant sind. Es kann an einem maßgeblichen Entscheider liegen, an dem man sich die Zähne ausgebissen hat. Es können aber auch politische Gründe sein, aufgrund derer es zurzeit keine gute Idee ist, ein Thema auf den Tisch zu bringen.

10.2 Vision entwickeln

Im Rahmen des D&I-Audits wurde identifiziert, welche Barrieren für vielfältige Beschäftigte bestehen und wo die Kultur nicht gar so „inklusiv" ist, wie man es sich wünschen würde. Wo die Ideen und Meinungen einzelner Beschäftigter oder Mitarbeitergruppen nicht gehört, nicht geschätzt oder vielleicht noch nicht einmal adressiert werden. Wo Faktoren ihren Aufstieg und ihre Arbeit behindern, die mit der persönlichen Qualifikation absolut nichts zu tun haben. Wie das zukünftig stattdessen aussehen soll, beschreibt die Vision, egal ob es sich um eine für das gesamte Unternehmen oder einen einzelnen Prozess – wie die Entwicklung talentierter Mitarbeiterinnen und Mitarbeiter oder die Nachfolgeplanung – handelt.

Eine Vision entwirft ein Bild von der Zukunft und vermittelt auf implizite oder explizite Weise, warum es für Menschen erstrebenswert ist, diese Zukunft zu erschaffen [2].

Es gibt drei Gründe, warum sich eine gute Vision positiv auf den Wandel auswirkt:

1. Sie hilft dabei, Entscheidungen zu treffen. Ganz einfaches Beispiel: Wenn die Vision sagt, ich will von Frankfurt nach Hamburg, dann gibt es keinen Abstecher nach München, selbst wenn das auch eine schöne Stadt ist, denn das liegt definitiv nicht auf dem Weg.
2. Sie motiviert Menschen dazu, die Veränderung zu unterstützen. Wenn ich weiß, dass und warum es nordwärts geht, und akzeptiere, dass Hamburg eine tolle Stadt ist, fällt es mir leichter, ein anderes Urlaubsziel aufzugeben.
3. Sie hilft, das Handeln unterschiedlicher Menschen zu koordinieren: Wenn ich mich mit Freunden zu einem City-Trip treffen will, gelingt das eher, wenn wir uns darauf einigen, uns in Hamburg zu treffen, als „in einer attraktiven deutschen Stadt". Auch dann haben zwar potenziell alle eine wirklich gute Zeit – nur eben nicht unbedingt gemeinsam.

Daraus lassen sich dann auch leicht wichtige Merkmale für eine effektive Vision ableiten (Tab. 10.1).

Tab. 10.1 Merkmale von Visionen im D&I-Kontext

Effektive Visionen laut Kotter	Erfahrungen im D&I-Kontext
Vorstellbar: vermittelt ein Bild davon, wie die Zukunft aussehen wird **Erstrebenswert:** spricht die langfristigen Interessen von Beschäftigten, Kundinnen und Kunden, Investoren und anderen Stakeholdern an	Oft sind Visionen weder vorstellbar, noch sind sie für viele der Beteiligten besonders attraktiv. Wo sich die Vision auf Aspekte wie „mehr Frauen in Führung" beschränkt, mag zwar klar sein, „wie das aussieht", aber wie es sich anfühlt, bleibt vage – und es hat für viele potenziell negative Konnotationen. Das gilt besonders für die große Schar der Beschäftigten, die sich als fast sichere Verlierer betrachten werden. Die Interessen der verschiedenen Beteiligten und Betroffenen in der Kommunikation zu berücksichtigen, ist einer der Schwerpunkte in Kap. 11. Dies in der Vision zu tun, ist dafür eine Voraussetzung
Machbar: enthält realistische, erreichbare Ziele	Erstaunlich viele Unternehmen definieren Ziele, ohne die erforderlichen Simulationen durchzuführen, die ihnen sagen, ob sie realisierbar sind. Viele Ziele sind daher absolut unrealistisch – oder sie sind lachhaft. Zudem analysieren sie nicht, welches für sie spezifisch die wirklich maßgeblichen Stellschrauben sind, um Veränderungen zu erzielen. Stattdessen folgt die Zieldefinition häufig eher öffentlichkeitswirksamen „Trends". Mehr zum Thema Messkriterien in Kap. 13

(Fortsetzung)

Tab. 10.1 (Fortsetzung)

Fokussiert: ist ausreichend spezifisch, um Entscheidungsprozesse zu leiten	Nach meiner Erfahrung gibt es dabei zwei maßgebliche Probleme: Es herrscht nicht ausreichend Klarheit über den Business Case, über Barrieren und erforderliche Maßnahmen, und daher existiert auch keine zielgerichtete und fokussierte Strategie, was sich schließlich in der Vision widerspiegelt. Alternativ fehlt das Buy-in zu Strategie und Vision, sodass D&I-Aspekte in Entscheidungsprozessen von anderen Kriterien „übertrumpft" oder regelmäßig Ausnahmen gemacht werden
Flexibel: ist ausreichend generisch, um Eigeninitiative und flexible Antworten auf sich ändernde Bedingungen zuzulassen	Im D&I-Kontext geht es hier zumeist um den Wechsel vom „Imperialisten", der in der Zentrale Strategien entwickelt und sie gerne weltweit implementiert sehen möchte, zum „Globalisten", der Ziele bzw. Themen vorgibt und auf lokale Kompetenzen vertraut, um Maßnahmen anzupassen oder zu entwickeln
Kommunizierbar: kann leicht kommuniziert werden; kann mit Erfolg innerhalb von fünf Minuten erklärt werden	Wo eine Vision für einen Großteil der Zielgruppe nicht sonderlich attraktiv und dazu noch wenig konkret ist, sind der Kommunikation und Inspiration automatisch Grenzen gesetzt
Nach Robert J. Marshak sollte sie zusätzlich **inspirierend** sein und **Emotionen ansprechen**	

Was Sie aus diesem Kapitel mitnehmen sollten

- Für eine erfolgreiche Strategie ist die Unterstützung relevanter Stakeholder eine Voraussetzung und gibt die Schwerpunkte vor. Es ist besser, nur einzelne Prozesse oder Organisationsteile zu adressieren, als auf die Wirkung unverbindlicher Zusagen zu vertrauen.
- Indem man die Erkenntnisse aus dem D&I-Audit gruppiert, können die Themenfelder identifiziert werden, die im Rahmen der D&I-Strategie adressiert werden müssen.
- Auf dieser Basis kann ein D&I-Framework entwickelt werden, das den Bemühungen Struktur gibt und auch als Planungshilfe genutzt werden kann.
- Klare Prioritäten, die sich an der Bedeutung sowie Realisierbarkeit einzelner Maßnahmen orientieren, helfen dabei, möglichst schnell Ergebnisse zu erzielen, und verhindern, dass man sich verzettelt.
- Eine effektive Vision motiviert andere, den Wandel zu unterstützen; sie dient als Richtschnur für Entscheidungen und hilft, Bemühungen zu koordinieren.

Literatur

1. McKinsey und LeanIn. 2016. Women in the workplace 2016. https://womenintheworkplace.com. Zugegriffen: 4. März 2017.
2. Kotter, John P. 2011. *Leading change*. München: Vahlen.

Kommunizieren 11

> In diesem Kapitel geht es um Kommunikation. Zu wissen, mit wem man „es zu tun hat" und welche Erwartungen bzw. Anforderungen unterschiedliche Zielgruppen haben, ist eine Grundvoraussetzung für erfolgreiche Veränderungskommunikation. Deshalb stelle ich zunächst einige Verfahren vor, um Stakeholder-Gruppen zu segmentieren und ihre unterschiedlichen Bedürfnisse besser zu verstehen. Den Schwerpunkt im zweiten Teil des Kapitels bilden die unterschiedlichen Aspekte, die bei einem guten Kommunikationsplan berücksichtigt werden müssen. Beispiele illustrieren dabei, was schiefgehen kann, und werden von Erklärungen und Übungen ergänzt, die helfen, häufige Fehler zu vermeiden. Auf dieser Basis lässt sich ein Plan entwickeln, der die Strategie unterstützt.

Die Übungen in diesem Kapitel helfen Ihnen dabei:

- Stakeholder zu segmentieren,
- Botschaften und Kontaktfrequenz zu planen,
- unterschiedliche Zielgruppen und ihre Beweggründe zu verstehen,
- Prioritäten in der Kommunikation zu setzen,
- Kommunikationsziele festzulegen,
- einen Kommunikationsplan zu erstellen.

Kommunikation spielt in jedem Veränderungsprojekt – und definitiv im D&I-Kontext – eine gewaltige Rolle. Dabei gibt es eine ganze Reihe Stolperfallen, die sich mit guter Planung vermeiden lassen. Eine Voraussetzung dafür ist allerdings, ein klares Bild der eigenen Intentionen ebenso wie der Bedürfnisse verschiedener Zielgruppen zu haben. Das hilft zu entscheiden, ob einzelne Maßnahmen tatsächlich passend, sinnvoll und klug sind.

V. Hucke, *Mit Vielfalt und Fairness zum Erfolg*,
DOI 10.1007/978-3-658-16878-0_11

Ganz grob kann man typische Kommunikationsfehler in vier Kategorien unterteilen:

1. Die Inhalte sind für die Zielgruppe nicht relevant, nicht verständlich oder es ist nicht klar, was von ihnen erwartet wird.
2. Die Kommunikation trifft nicht den richtigen Ton, irritiert oder verärgert relevante Empfängergruppen und behindert daher die Veränderung, statt sie zu unterstützen.
3. Es besteht ein Ungleichgewicht zwischen dem, was kommuniziert, und dem, was getan wird. Es gibt lautstarke Ankündigungen, denen keine Konsequenzen folgen. Dadurch werden die einen verunsichert und bei anderen zunächst Hoffnungen geweckt, die anschließend enttäuscht werden.
4. Das Thema hat seinen eigenen „Kanal": Nur vom D&I-Team oder zu bestimmten Anlässen wird es erwähnt und bleibt bei aller anderen Kommunikation komplett unberücksichtigt. Damit wird es zum Nebenschauplatz ohne Relevanz.

11.1 Verstehen, wie Kommunikation abläuft

Erfolgreich zu kommunizieren setzt voraus, dass man weiß, was dabei vor sich geht. Abb. 11.1 zeigt ein klassisches Sender-Empfänger-Modell und illustriert, was passiert, wenn zwei Menschen miteinander reden, und welche Störfaktoren den Erfolg boykottieren können.

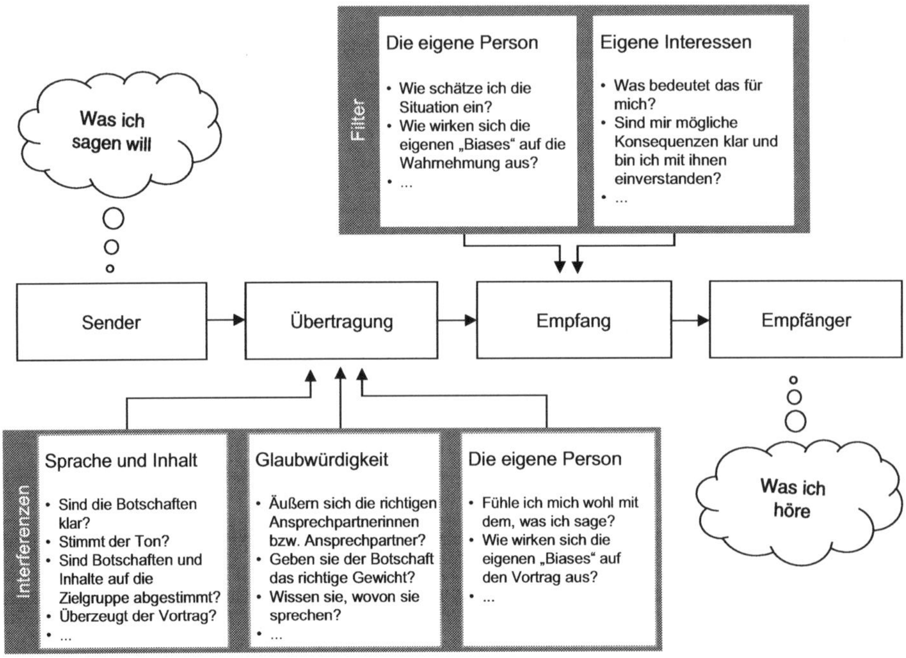

Abb. 11.1 Störfaktoren in der Kommunikation

Die Barrieren für eine gute Kommunikation kann man grob in zwei Kategorien einteilen: 1) Man kennt oder versteht die Empfänger nicht bzw. ignoriert ihre Interessen. 2) Die Absender sind nicht glaubwürdig, nicht klar oder nicht überzeugend. Wer sich dessen bewusst ist, kann diesen Aspekten in der Kommunikationsplanung Rechnung tragen. Das schafft die Voraussetzung, dass das, was jemand sagen möchte, beim Gegenüber auch ankommt. Auf den nächsten Seiten beschäftigen wir uns zunächst mit dem Empfänger oder der Empfängerin und wenden uns in der zweiten Hälfte des Kapitels den Sendenden zu.

11.2 Eine gemeinsame Basis schaffen

Die Grundvoraussetzung für gute Kommunikation ist Vertrauen. Wenn mir mein Gegenüber suspekt ist oder wenn ich glaube schon zu wissen, was er oder sie will – und dass das definitiv nicht in meinem Interesse ist –, schlägt der „Bestätigungs-Bias" zu. Dann fällt mir alles auf, was meines Erachtens beweist, dass mir jemand etwas vormachen will. Alternativ ist das Publikum überzeugt, es ginge sie alles nichts an und schaltet einfach ab. Beides bringt einen bei der Kommunikation nicht weiter.

Immerhin wird von den Beteiligten bei der Veränderungskommunikation ziemlich viel verlangt:

> Wenn Sie Menschen auffordern, ihre Arbeitsweisen zu verändern, verlangen Sie eigentlich etwas anderes: Sie wollen, dass sie Ihnen glauben, es sei besser, Dinge anders zu machen – und was sie getan haben, bevor Sie aufgetaucht sind, soll falsch gewesen sein[1] [1].

Um jemand dazu zu bewegen, eigene Überzeugungen über Bord zu werfen, muss er oder sie Vertrauen in Sie haben. Auf die verschiedenen Faktoren, auf die sich Autorität stützt – die Position, Fachkenntnis, interpersonelle (Beziehungen) und physische (Auftreten) Aspekte – bin ich in Kap. 7 kurz eingegangen. In diesem Kapitel geht es um die letzten beiden Möglichkeiten.

Ein maßgeblicher Faktor, um Einfluss zu nehmen, ist eine gemeinsame Basis. Sie ist die Voraussetzung, um eine Beziehung aufzubauen und Vertrauen zu schaffen. Je größer diese Basis – die beispielsweise auf gemeinsamen Werten, Erfahrungen oder Zielen basieren kann –, desto größer ist auch die Bereitschaft, sich auf eine Veränderung einzulassen. Wen viel verbindet, ist leichter überzeugt, dass sich andere für die gemeinsamen Interessen einsetzen. Das macht es für eine erfolgreiche Kommunikation so entscheidend, diese Basis zu stärken (siehe Abb. 11.2).

---

[1]Originaltext: „When you ask someone to change how they work, what you are actually asking them is to believe that doing things differently is the right thing to be doing, and that how they have been working before you came into the picture is now the wrong thing to do" (eigene Übersetzung der Autorin).

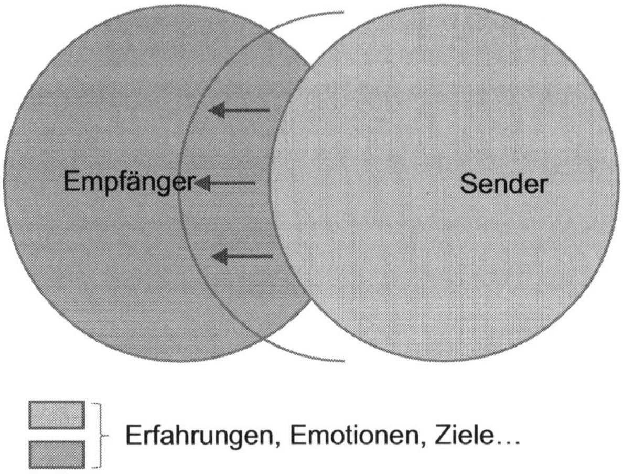

Abb 11.2 Die gemeinsame Basis stärken. (Nach Nancy Duarte, „Resonate")

Dafür muss man die Interessen, Wünsche und Ängste unterschiedlicher Zielgruppen verstehen. Das ist die Voraussetzung, um gemeinsame Bezugspunkte zu identifizieren und Vertrauen aufzubauen. In diesen Beziehungsaufbau zu investieren lohnt sich, denn die Qualität der Beziehung hat unmittelbaren Einfluss auf die Bereitschaft, neue Dinge auszuprobieren, und damit auf die Veränderungsgeschwindigkeit (siehe Abb. 11.3).

Beispiel

Einen der Gründe, warum es so entscheidend ist, auf das Gegenüber einzugehen, hat Amy Arnsten, Professorin für Neurobiologie an der Yale-Universität herausgefunden: Wer auch nur ein unbestimmtes Gefühl empfindet, dass man ihm oder ihr Vorwürfe macht, schaltet in einen Defensiv-Modus um. Das führt automatisch dazu, dass Ressourcen im Gehirn neu verteilt werden. Es schaltet umgehend auf „schnelles Denken" um. Das ist eine gute Idee, um bei der Begegnung mit einem Tiger über „fight or flight" – also kämpfen oder fliehen – zu entscheiden. In den meisten Situationen im Arbeitsalltag hat es allerdings vor allem die Konsequenz, dass bewusste Überlegungen und Abwägungen ausgesetzt werden [2].

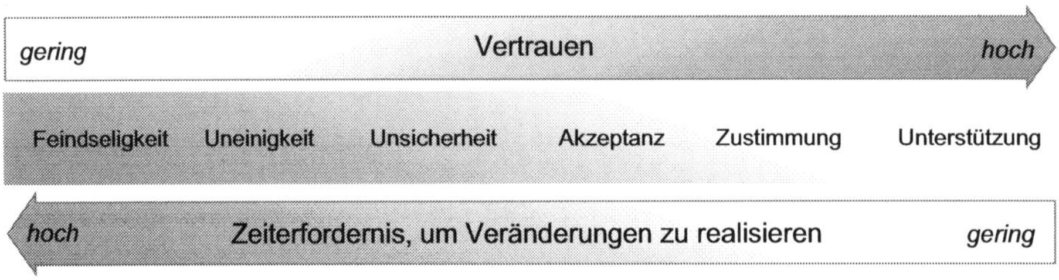

Abb 11.3 Vertrauen beeinflusst die Veränderungsgeschwindigkeit. (Nach Melanie Franklin, „Agile Change Management")

Zwei Ansätze, die dabei helfen, in der direkten Kommunikation Vertrauen zu stärken – aktives Zuhören und empathische Kommunikation –, stelle am Ende des Kapitels vor. Diese Verfahren lassen sich jedoch nicht nur in der individuellen Kommunikation nutzen, sie können auch auf die Massenkommunikation übertragen werden – vorausgesetzt, man kennt seine Zielgruppe.

11.3 Seine Zielgruppen kennen

> Eine Präsentation zu entwickeln, ohne seine Zielgruppe im Kopf zu haben, ist wie einen Liebesbrief zu schreiben und ihn an „wen es betreffen mag" zu adressieren[2] Ken Haemer [3].

Um der Zielgruppe bzw. den unterschiedlichen Zielgruppen gerecht zu werden, gilt es sich zunächst klar zu machen, für wen welche Informationen eigentlich relevant sind, und die verschiedenen Empfänger entsprechend zu segmentieren. Dafür gibt es zwei Modelle, die ein unterschiedliches Ziel bzw. Nutzen haben und auf die Übungen aus Kap. 9 aufbauen.

11.3.1 Zielgruppen segmentieren

Das erste Modell – (siehe Abb. 11.4) – vermittelt einen Überblick darüber, welches Informationsinteresse jeweils besteht. Schließlich muss bzw. will nicht jeder alles wissen und der Kommunikationsbedarf unterscheidet sich je nach Zielgruppe ganz erheblich.

Entsprechend erfolgt die Segmentierung zwischen Menschen, die die Veränderung mitgestalten müssen, betroffen oder einfach nur interessiert sind.

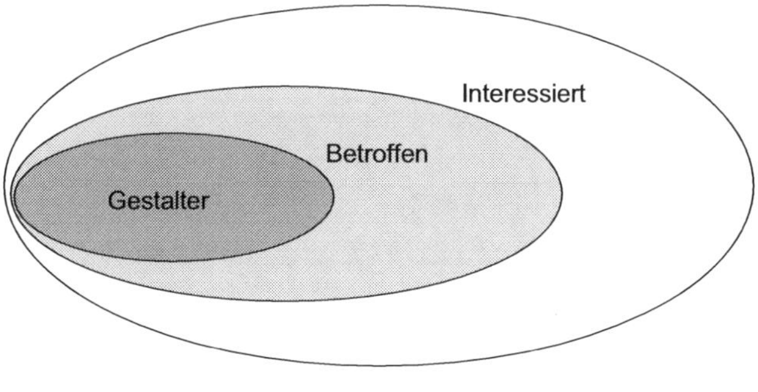

Abb. 11.4 Zielgruppen segmentieren

[2]Originaltext: „Designing a presentation without an audience in mind is like writing a love letter and addressing it 'to whom it may concern'" (eigene Übersetzung der Autorin).

Tab. 11.1 Stakeholder können unterschiedliche Rollen wahrnehmen. (Nach Nancy Duarte, „Resonate")

Wer sie sind	„Macher"	„Lieferanten"	„Beeinflusser"	„Erfinder"
Was sie tun	Aktivitäten starten, Dinge erledigen	Ressourcen beschaffen	Wahrnehmung verändern	Ideen generieren
Wie sie es machen	Wenn sie wissen, worum es geht, legen sie los. Sie rekrutieren und motivieren andere zur Mitarbeit	Sie verfügen über die erforderlichen Ressourcen – über Manpower oder Budgets –, die für den Erfolg wichtig sind	Sie können Einzelne und Gruppen – egal ob groß oder klein – umstimmen und dazu bewegen, neue Ideen anzunehmen und zu unterstützen	Sie haben überraschende und ungewöhnliche Ideen und liefern neue Perspektiven, um die Strategie zu stärken und über neue Kanäle zu kommunizieren

Bei einer Prozessänderung beispielsweise wären

- die „Gestalter" diejenigen, die aktiv werden müssen, um sie zu realisieren.
- „Betroffene" sind alle, die zukünftig mit einem veränderten Prozess arbeiten müssen.
- Alle anderen sind bestenfalls interessiert.

Eine wichtige Zielgruppe heißt es zusätzlich im zu Blick behalten, sogenannte „Gatekeeper". Dass sind diejenigen im Unternehmen, die wichtige Unterstützung geben können, wenn sie der Strategie positiv gegenüberstehen, und die Ihnen andernfalls das Leben deutlich erschweren können. Viele von ihnen werden sich unter den „Gestaltern" befinden, aber insbesondere die Kommunikationsabteilung verdient zusätzlich Aufmerksamkeit. Sie hat einen maßgeblichen Einfluss auf die Entwicklung der Marke und darauf, welche Themen in der Kommunikation besonders sichtbar werden. Zudem verfügt sie über die Kompetenz, Themen zielgruppengerecht aufzubereiten. Davon abgesehen können die Kolleginnen und Kollegen oft Situationen „retten". So etwa, wenn der Vorstandsvorsitzende im Video zum Jahresrückblick konsequent nur von „Mitarbeitern" spricht. Dann sind sie im Raum und können darum bitten, die Aufnahme zu wiederholen und auch die „Mitarbeiterinnen" zu adressieren.

Es ist daher erforderlich, sich zu überlegen, was man von den besonders einflussreichen Stakeholdern braucht. So kann die Kommunikation zielgenau und motivierend gestaltet werden. Eine Unterteilung könnte dabei wie in Tab. 11.1 dargestellt aussehen.

11.3.2 Zielgruppen gewichten

Ein zweites Modell, um die Kommunikation auf unterschiedliche Bedürfnisse anzupassen, ist eine Matrix (siehe Abb. 11.5), die den Einfluss und das Interesse unterschiedlicher Stakeholder berücksichtigt. Damit lassen sich Inhalt bzw. Detailierungsgrad und

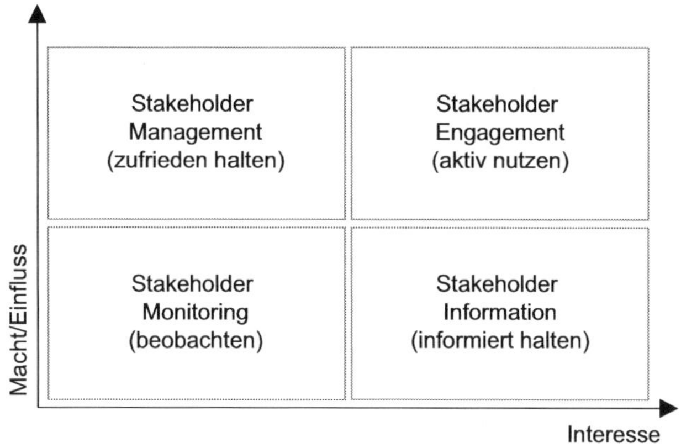

Abb. 11.5 Einfluss-Interesse-Matrix. (Nach Stephen Cummings und Duncan Angwin, „Strategy Builder: How to create and communicate more effective strategies“)

Frequenz der Kommunikation planen. Nur wer den Erwartungen und Interessen seiner Stakeholder gerecht wird, kann den Einfluss der Unterstützer voll nutzen und ermöglicht ihnen, bei passenden Gelegenheiten ihr Gewicht in die Waagschale zu werfen. Zudem lässt sich Störfeuer vermeiden, das andernfalls wichtige Projekte behindern kann.

Der „Einfluss“ unterschiedlicher Ansprechpartner hängt nicht unbedingt bzw. nicht ausschließlich von der Hierarchieebene ab. So können z. B. Kolleginnen oder Kollegen irgendwo im Bereich Weiterbildung massiven Einfluss auf die Strategie nehmen, wenn sie eine wichtige Rolle bei der Entwicklung von Programmen haben, mit denen neue Führungskräfte fit für ihre Aufgabe gemacht werden.

11.3.3 Zielgruppen verstehen

Du bist der Mentor. Du bist Yoda, du bist nicht Luke Skywalker[3] Nancy Duarte [4].

Natürlich kann man bei einem großen Veränderungsprogramm nicht mit jeder bzw. jedem Einzelnen reden. Es gilt, andere Lösungen zu finden, um in der Breite Einfluss zu nehmen. Schließlich sind geringe Vielfalt und Kulturbarrieren nicht „Ihr persönliches“ Problem, sondern eine Herausforderung für die Organisation. Entsprechend können Sie es auch nicht als „Held“ alleine lösen. Stattdessen gilt es, anderen dabei zu helfen, Verfahren und Verhalten zu verändern.

Dafür muss man wissen, mit wem man es eigentlich zu tun hat. Die vorangegangenen Übungen haben geholfen, Stakeholder nach ihrer Rolle im Rahmen der D&I-Strategie zu segmentieren. Allerdings gibt es viele andere Aspekte, die ihre Haltung beeinflussen und die man verstehen muss, um den richtigen Ton zu treffen.

[3]You are the mentor. You're Yoda, not Luke Skywalker.

In diesem Kontext sind sogenannte „Personas" ein hilfreiches Konzept. Das sind stereotypische Vertreter unterschiedlicher Gruppen, die von der Veränderung betroffen sind bzw. an die sich die Kommunikation richtet. Wer sie entwickelt, setzt sich intensiv mit den unterschiedlichen Perspektiven seiner Stakeholder auseinander und kann ihre Interessen und Beweggründe besser verstehen.

> Um mit dem Konzept zu arbeiten, ist es wichtig, eine vernünftige Balance zwischen „spezifisch genug" und „nicht übertreiben" zu finden. Wer sich auf „Mann/Frau" oder „hat Behinderung/hat keine" beschränkt, kann sich die Übung auch schenken. Wer die Individualität aller Beschäftigten abbilden will, kommt niemals zum Ende.

Aspekte, die für die Übung relevant sind:

- Geben Sie ihren Personas Namen und ein eindeutiges Profil, das auf der Position bzw. Funktion beruht.
- Stellen Sie sicher, dass sie die Mehrheitskultur und maßgebliche „Minderheiten" abdecken. Denken Sie dabei auch an wichtige unsichtbare Merkmale. Wenn es eine Präferenz für einen bestimmten Führungsstil gibt, entwickeln sie auch Personas, die einen anderen Stil anwenden, und beschreiben sie, wie sich das auf die Betroffenen auswirkt.
- Geben Sie Ihren Personas ein Profil, das sowohl berufliche wie auch private Erfahrungen berücksichtigt, die die Einstellung zur D&I-Strategie beeinflussen.
- Stellen Sie sicher, dass Sie bei der Entwicklung der Personas wichtige Erkenntnisse aus dem D&I-Audit berücksichtigen und sie mit den beschriebenen Problemen konfrontiert sind.
- Halten Sie die Profile möglichst knapp, aber stellen Sie sicher, dass ein Eindruck von einer Person und ihrer Motivation entsteht.
- Bitten Sie ein paar Kolleginnen und Kollegen, gemeinsam mit Ihnen Personas zu entwickeln, damit andere Perspektiven und Sichtweisen repräsentiert werden. Die Personas sollen zwar stereotypische Charaktere darstellen, aber nicht ausschließlich auf den Ihren basieren.

Beispiel

Eine Persona kann beispielsweise so aussehen:

Hans ist seit 10 Jahren im Unternehmen tätig und hat es inzwischen zum Abteilungsleiter im Controlling gebracht. Dafür hat er hart gearbeitet und darauf ist er stolz. In den ersten Jahren seiner Karriere war er in einer Niederlassung tätig, arbeitet aber inzwischen seit fünf Jahren in der Zentrale. Er hat festgestellt, wie viel mehr er seitdem mitkriegt.

Mit Kolleginnen und Kollegen der internationalen Tochtergesellschaften hat er fast täglich zu tun und findet die Zusammenarbeit und Verständigung manchmal schwierig. Zuweilen sind sie bei Telefonkonferenzen schlecht zu verstehen oder die Verbindung bricht gleich ganz zusammen. Manchmal werden Vereinbarungen nicht eingehalten und er erhält Informationen, die für seine Arbeit wichtig sind, verzögert oder unvollständig. Das ärgert ihn und er reagiert wütend und kurz angebunden. Nachher tut ihm das leid, und er merkt, dass die anderen es ihm übel nehmen.

Hans ist verheiratet und hat zwei Kinder. Seine Frau ist jeweils ein Jahr nach der Geburt wieder in den Job eingestiegen und arbeitet Teilzeit. Ihr Beruf ist ihr wichtig. Obwohl sie meistens die Kinder aus dem Kindergarten abholt, ist es zuweilen schwierig, die Familie zu koordinieren. Veranstaltungen wie Theatervorstellungen seiner Kinder verpasst Hans öfters, und es gibt jedes Mal Stress. Trotzdem fällt es ihm schwer, die Firma rechtzeitig zu verlassen, selbst wenn das im Prinzip möglich wäre. Hans hat das Gefühl, dass die Kollegen und vor allem sein Chef ihm dann schräge Blicke zuwerfen.

Überlegen Sie, was unterschiedliche Personas bewegt:

- Was will der Vorstandsvorsitzende, Herr Müller, dem Aufsichtsrat und Aktionäre im Nacken sitzen?
- Wie ist das Leben für Steve, den introvertierten Kollegen aus dem Marketing?
- Was ist mit Workaholic Linda, die im Prinzip nur Karriere machen will und genervt ist, weil alle erwarten, dass sie sich im Frauennetzwerk engagiert?
- Was denkt Huy, der sich vom Informationsfluss abgeschnitten fühlt und auf dem Absprung ist?
- Oder Katrin, die lesbisch, aber bei der Arbeit nicht „out“ ist, weil sie die Bemerkungen und Blicke in der Abteilung fürchtet?

Ein paar Punkte sollten Sie beachten:

- Die Übung soll Spaß machen, aber nehmen Sie trotzdem Ihre Personas ernst.
- Stellen Sie sicher, dass Sie die Mehrheitskultur gut repräsentiert haben, um auch ihre Vielfalt abzubilden.
- Seien Sie gnädig mit Ihren Charakteren und überlegen Sie, was ihre Handlungen beeinflusst. Gehen Sie davon aus, dass sie nicht einfach „link“ sind, sondern „gute“ – wenn auch für Sie eventuell nicht nachvollziehbare – Gründe für ihr Handeln haben.

▶ Entwickeln Sie nur Charaktere, die für Ihren Kontext relevant sind. Fangen Sie lieber mit wenigen an und erweitern Sie Ihr Ensemble, wenn Sie feststellen, dass jemand fehlt.

Überlegen Sie im nächsten Schritt, wie die Personas zu den im Rahmen der Strategie geplanten Veränderungen und zur Vision stehen. Am besten funktioniert das, wenn Sie die Aspekte in einer Tabelle zusammenstellen. Dafür können Sie ggf. mit verschiedenen Kolleginnen und Kollegen zunächst die Einschätzungen auf Post-its sammeln, die anschließend konsolidiert werden. Ein solcher Ansatz hilft, dass verschiedene Perspektiven Berücksichtigung finden. Das Ergebnis könnte dann etwa so aussehen wie Tab. 11.2.

Tab. 11.2 Hoffnungen, Befürchtungen und Perspektiven der Personas unterscheiden sich

	Hans	Herr Müller	Steve
Welche Befürchtungen verbindet sie/er mit der D&I-Strategie?	• Bei „Diversity" geht es nur um Frauen. Mit seiner Kariere ist dann Schluss. • Es gilt schon wieder ein Training zu machen und er hat schon genug zu tun • …		
Welche Aspekte könnten einleuchten?	• Eine starke Präsenzkultur ist mit einem modernen Familienbild kaum zu vereinbaren. • Ein gutes interkulturelles Verständnis ist im globalen Kontext wichtig und erleichtert die Zusammenarbeit • …		
Wie kann er / sie persönlich profitieren?	• Nie mehr ein Theaterstück verpassen. • Angenehmere, stressfreiere Zusammenarbeit und bessere Atmosphäre		

Wer ein klareres Bild von verschiedenen Zielgruppen hat, kann ihre Bedürfnisse und Ziele in der Kommunikation berücksichtigen und hervorheben, wie unterschiedliche Menschen von der Veränderung profitieren. Damit entfernt man sich vom zweidimensionalen Verständnis von „Gewinnern" und „Verlierern" und schafft die Basis, um mehr Menschen für den Wandel zu gewinnen.

11.4 Sagen und Tun in Einklang bringen

Diversity und Inclusion sind en vogue. In einer aktuellen Untersuchung von PwC berichten 91 % der Befragten, dass ihre Organisation angibt, für sie sei D&I eine Priorität. Gleichzeitig sagen 48 %, dass es bei ihnen eine Aufstiegsbarriere sei, „anders" zu sein [5]. Die restlichen 52 % genießen potenziell unsichtbare Privilegien. Noch kritischer sahen es die Befragten bei einer Untersuchung von Unternehmen in London. Zwar gaben 84 % der Organisationen an, dass die Unternehmensspitze D&I unterstütze – aber nur traurige 15 % ihrer Beschäftigten bekamen davon tatsächlich etwas mit [6]. Das illustriert ein typisches Problem vieler Organisationen: Es wird mehr gesagt als gemacht.

Aber die Hoffnung trügt, dass ein demonstratives Bekenntnis für eine positive Entwicklung ausreichend ist oder vielleicht sogar eine Alternative zu ernsthafter Veränderung darstellen könnte. Ganz im Gegenteil: Zu viel zu kommunizieren kann den Bemühungen massiv Steine in den Weg legen.

Beispiel

Eine Organisation hatte sehr öffentlichkeitswirksam geäußert, dass Vielfalt für sie einen ganz besonders hohen Stellenwert habe und der Anteil an Frauen in Führungspositionen deutlich gesteigert werden solle. Noch bevor die erste Maßnahme implementiert worden war, beschwerten sich die ersten Männer in der Personalabteilung und klagten über die massive Diskriminierung, die sie inzwischen erlebten. Das mag lachhaft erscheinen, lustig oder hilfreich ist es nicht.

Im Prinzip folgt der Kommunikationsplan dem Stakeholder-Modell in Abb. 11.4. Im Rahmen der Strategieentwicklung gilt es zunächst mit den „Gestaltern" zu kommunizieren, die Einfluss auf Design und Zeitplan haben. Im nächsten Schritt müssen diejenigen informiert werden, die von der Veränderung betroffen sind. Welche Informationen anschließend – aktiv – weiterverbreitet werden sollen, muss im Einzelfall entschieden werden. Das ist genau wie bei der Produktkommunikation. Es wird nicht grundsätzlich eine TV-Kampagne gefahren, sondern die Kommunikationskanäle werden den Zielgruppen angepasst. Wo eine klare Segmentierung besteht, lassen sich auch die Botschaften auf die jeweiligen Bedürfnisse abstimmen und die Kommunikation wird relevanter und damit schlagkräftiger. Auch die Kommunikationsphasen sind mit denen in der Produktentwicklung vergleichbar: Zuerst wird eine Produktidee mit relevanten Ansprechpartnerinnen und -partnern validiert, dann geht es in die Entwicklung. Erst wenn absehbar ist, wann die Lösung tatsächlich verfügbar ist, beginnt die Kommunikation mit weiteren Zielgruppen, zunächst mit den Vertriebswegen und schließlich mit den Endkunden. Bei D&I ist das oft ganz anders: Da wird die erste Idee, ein Ziel oder eine Ambition mit großem „Tada!" kommuniziert – und dann hört man häufig nichts mehr.

Für eine spannende und motivierende Kommunikation lohnt es sich, ganz unterschiedliche Anlässe zu nutzen. Ein Aspekt ist dabei allerdings ganz wichtig: Natürlich gibt es Gelegenheiten und Themen, bei denen es empfehlenswert und sinnvoll ist, eine alleinstehende Maßnahme durchzuführen. Ein großer Teil der Kommunikation sollte aber in einen breiteren Kontext eingebettet sein. Nur so gelingt es zu demonstrieren, dass es dem Unternehmen mit Veränderungen ernst ist. Zudem werden andernfalls zu viele Zuhörer nicht erreicht.

> Nutzen Sie die gesamte Klaviatur möglicher Kommunikationsanlässe, aber stellen Sie unbedingt sicher, dass D&I nicht nur „im eigenen Kanal" stattfindet. Sonst bleibt D&I ein Sonderprojekt und wird nicht als Teil der Kultur sichtbar. Zudem schränken Sie Ihren Zuhörerkreis auf diejenigen ein, die sich ohnehin fürs Thema interessieren, statt die zu adressieren, die es zu überzeugen gilt.

Wenn es nicht Ihr Vorstandschef ist, der sich zum Thema äußert, ist das schade, schafft aber längst noch keine ausweglose Situation. Unterstützen Sie andere wichtige Stakeholder dabei, D&I-Aspekte zu adressieren, wenn sie im Rahmen ihrer Funktion sprechen. So lässt sich sicherstellen, dass D&I nicht als „Sozialprojekt" wahrgenommen wird, das sich aus Menschenfreundlichkeit um ganz besonders bedürftige Zielgruppen kümmert, sondern dass mit der Zeit alle Beschäftigten verstehen, dass Vielfalt, Chancengleichheit und eine wertschätzende Kultur maßgebliche Erfolgsfaktoren für das Unternehmen sind.

Dass eine engagierte Kommunikation „von oben" problematisch sein kann, wenn sie nicht auf anderen Ebenen reflektiert wird, demonstriert das folgende Beispiel:

Beispiel

Im September 2016 bringt PwC zu seiner „Diversity-Week" eine Broschüre heraus, um über Erfahrungen und Erfolge zu berichten. Das Vorwort schreibt der globale Chairman, Robert E. Moritz. Er berichtet, dass es bereits seit 12 Jahren eine globale D&I-Strategie gäbe, weil das Thema für den Geschäftserfolg entscheidend sei:

> Für PwC sind überall auf der Welt Vielfalt und alle einzubeziehen ganz wichtige Prioritäten. Um etwas zu bewirken und um unserem Umfeld, unseren Stakeholdern und unseren Klienten zu dienen, brauchen wir vielfältige Talente. Um die Probleme zu lösen, mit denen unsere Stakeholder konfrontiert sind, brauchen wir vielfältige Talente. Um Vertrauen aufzubauen, auch wo sich Sichtweisen unterscheiden, brauchen wir vielfältige Talente. Es ist zwingend erforderlich, dass wir vielfältige Fachleute anziehen, halten und entwickeln, um innovativ zu sein, um zu wachsen und einen Wettbewerbsvorteil im Markt zu bewahren[4] [7].

Das Zitat gefällt mir ausgesprochen gut, weil es sich nicht auf ein simples „mehr Vielfalt wäre schön" beschränkt, sondern Aspekte hervorhebt, die einen unmittelbaren Bezug zu fundamentalen Werten haben – wie z. B. „Vertrauen".

Ob allerdings alle Beschäftigten wissen, dass die Bedeutung von D&I für den Erfolg von PwC „huge" – also „gewaltig" – ist, wie er schreibt, bzw. ob alle Führungsteams diese Ansicht teilen, steht auf einem anderen Blatt. Auf der deutschen Internetseite zumindest ist – während ich dies schreibe – zu dem Thema, abgesehen von Pressemeldungen zum Status in anderen Branchen, nichts zu lesen.

Bei einem so massiven Ungleichgewicht in der Darstellung eines Themas stellt sich automatisch die Frage, ob tatsächlich eine breite Unterstützung für die Strategie besteht oder ob es sich nur um eine Idee aus dem „Elfenbeinturm" handelt, die mit der täglichen Realität nichts zu tun hat.

Ganz egal, wo sie einen Unterstützer finden, stellen Sie sicher, dass die Kommunikation nicht auf einer Ebene hängen bleibt, sondern gehen Sie die „Nahrungskette" herunter, um zu gewährleisten, dass die Botschaft konsequent an allen relevanten Stellen reflektiert ist. Da sie in diesem Fall schlicht der Organisationsstruktur von oben nach unten folgen, ist das üblicherweise kein Problem. Im PwC-Beispiel hätte das bedeutet, dass das globale Kommunikationsteam eine Vorgabe macht, wie ein Minimalstandard zur D&I-Berichterstattung auf den lokalen Internetseiten aussieht.

---

[4]Originaltext: „At PwC, diversity and inclusiveness are huge priorities for us around the world. To have impact and serve our communities, our stakeholders and our clients, we need diverse talent. To solve the problems our stakeholders are facing, we need diverse talent. To build trust across different points of view, we need diverse talent. It's imperative we attract, retain and develop diverse professionals to spur innovation, drive growth and sustain competitive advantage in the marketplace" (eigene Übersetzung der Autorin).

Auf Konsistenz gilt es auch in anderer Hinsicht zu achten, damit D&I nicht überraschend in einem Kontext hervorgehoben wird, in dem das Thema sonst keine Rolle spielt. Ein „Klassiker" sind dabei Personalankündigungen, bei denen – wenn es sich um eine Frau oder einen in anderer Form sichtbar „vielfältigen" Kandidat handelt –, gerne hervorgehoben wird, dass die Ernennung Teil der Diversity-Bemühungen sei. Das presst die Betroffenen gleich fest in die „Quoten-Ecke", weil der Eindruck entsteht, dies sei maßgeblich für die Entscheidung gewesen.

Beispiel

Eine besonders skurrile Situation habe ich bei einem internationalen Konzern erlebt. Dort hatte man sich in Sachen Vielfalt große Ziele gesetzt, die mit weit weniger Konsequenz verfolgt wurden. Entsprechend schäumte der Verantwortliche bei einer Personalentscheidung vor Begeisterung über: Man hatte nicht nur eine Frau eingestellt, sie war auch noch schwarz! Das musste die Welt erfahren! Dass es unpassend wäre, die Hautfarbe zu erwähnen, war ihm wohl selber klar. Darauf verfiel er auf eine Lösung, die er selbst vermutlich für schlicht brillant hielt, die bei anderen allerdings für Irritationen sorgte: Er ergänzte die Meldung um ein stolzes „hier ist ihr Foto!". Wohlgemerkt: Sonst wurden entsprechende Ankündigungen grundsätzlich ohne Bild verschickt.

11.5 Prioritäten setzen

Ebenso wie bei den Personas lohnt es sich auch, bei den Botschaften klare Prioritäten zu setzen und zu definieren, was wirklich wichtig ist. So traurig es ist: Sie müssen davon ausgehen, dass niemand das Thema so spannend findet wie Sie – Sie sind die Expertin bzw. der Experte – und daher ist es Ihre Verantwortung zu entscheiden, wer was wissen muss, um handlungsfähig zu sein.

Ein hilfreiches Instrument ist das sogenannte „Message House", das die wichtigsten Botschaften auf einer Seite zusammenfasst. Das verhilft zu einer konsistenten Kommunikation und stellt sicher, dass jeder Ansprechpartner zum gleichen Thema das Gleiche sagt. Es gewährleistet zudem, dass maßgebliche Zielgruppen durch regelmäßige Wiederholungen der gleichen Botschaften mit den Inhalten vertraut werden. Das rigide Format zwingt einen dazu, das Ganze auf ein sinnvolles Maß herunterzudampfen, denn selbstverständlich soll das Dokument lesbar bleiben. Weniger als 10-Punkt-Schriftgröße sollte man daher vermeiden.

Ein Message House kann für jedes Kommunikationsprojekt entwickelt werden. Für die langfristige strategische Kommunikation finde ich es hilfreich, eine Version wie in Abb. 11.6 dargestellt bereitzuhalten, für die weitestgehend der D&I-Plan einfach nur um 90 Grad gedreht wird.

Das Message House bringt den „Case for Change", die wichtigsten Elemente der Strategie und die Vision zusammen und illustriert, wie sie aufeinander einwirken. Auf einer Seite werden die Kernelemente der Strategie zusammengefasst. Diejenigen Informationen,

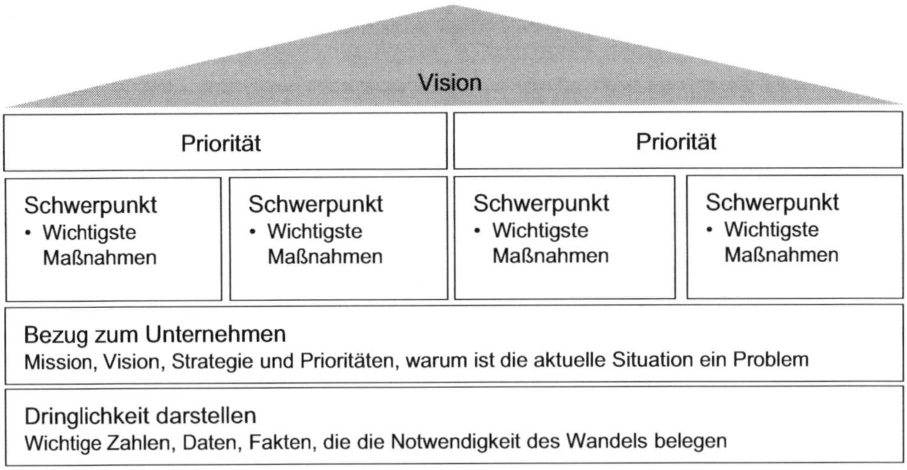

Abb. 11.6 Message House

die die Basis Ihrer Kommunikation darstellen. Damit die Botschaften wiedererkennbar sind, dürfen es nicht zu viele sein, seien Sie deshalb rigoros bei der Auswahl.

Schreiben Sie auf Basis des Message House auch Ihren „Elevator Pitch", eine kurze Erläuterung, die Sie bei Bedarf beim Warten auf den Fahrstuhl oder der Fahrt in den 4. oder 5. Stock abgeben könnten, um anderen die Bedeutung von D&I für Ihr Unternehmen und die wichtigsten Elemente der Strategie zu erläutern. Üben Sie den Kurzvortrag mit anderen – länger als 30 bis 45 sec sollte er nicht dauern.

▶ Überlegen Sie sich auch starke Bilder oder relevante Analogien. Die können sich die meisten leichter merken und sie machen die Inhalte greifbarer.

11.6 Kommunikationsplan entwickeln

11.6.1 Inhalte definieren

Grundsätzlich kann es drei Anlässe für Kommunikationsmaßnahmen geben, auf die ich im Folgenden näher eingehen werde:

1. Informationen und Neuigkeiten zur Strategie
2. D&I-Aktionen
3. Andere Ereignisse, die relevant sind

11.6.1.1 Informationen und Neuigkeiten zur Strategie

Denken Sie darüber nach, was für Gelegenheiten es gibt, über die Strategie zu kommunizieren bzw. ein Update zu geben. Der Projektplan hilft, Meilensteine zu identifizieren, von denen bestimmte Stakeholder, einzelne Gruppen oder die gesamte Organisation erfahren sollte.

Bedenken Sie, dass es nicht nur Kommunikation ist, wenn Sie einen Beitrag in der Firmenzeitschrift oder im Intranet veröffentlichen. Es ist ebenso wichtig zu entscheiden, bei welchen Gelegenheiten sie „Gestalter" – also die „Mitmacher" laut dem Stakeholder-Modell in Abb. 11.4 – oder „Betroffene" informieren sollten. Das sind diejenigen Zielgruppen, die einen wichtigen Einfluss auf Fortschritte haben und die es zu motivieren gilt, bei der Stange zu bleiben.

Dabei müssen nicht unbedingt Sie der Absender oder Lieferant der Inhalte sein. Ein Lob oder eine Aufmunterung von einer oder einem Vorgesetzten oder einem Mitglied des Führungskreises kann viel wichtiger, ein Bericht von Kolleginnen und Kollegen, die ihre Erfahrungen teilen, relevanter und hilfreicher sein als das dritte generische Update. Inhalt und Zielgruppe beeinflussen natürlich auch den geeigneten Kanal.

11.6.1.2 Spezifische D&I-Veranstaltungen

Eine logische Gelegenheit, um die Bedeutung von D&I zu beleuchten, sind spezifische D&I-Veranstaltungen, wie sie von vielen Unternehmen zu unterschiedlichen Gelegenheiten durchgeführt werden. Einige der Klassiker sind Diversity-Wochen, der Internationale Frauentag, der deutsche Diversity Tag, der von der Charta der Vielfalt ins Leben gerufen wurde, der „Black History Month" oder der UN-Welttag der kulturellen Vielfalt.

Während sie eine schöne Gelegenheit bieten, um Vielfalt zu feiern, gilt es einige Aspekte zu berücksichtigen, damit die Aktion nicht nach hinten losgeht:

Keine Blumen am Frauentag

Wer sich schwerpunktmäßig oder ausschließlich zum Internationalen Frauentag um weibliche Beschäftigte bemüht und sich darauf beschränkt, ihnen eine Blume zu schenken, tut sich damit keinen Gefallen. Solche Maßnahmen werden den Belangen der Betroffenen nicht gerecht. Für die wenigsten Frauen hat es Priorität, im Arbeitsleben Blumen zu erhalten. Wer das zum Fokus macht, zeigt ein gewaltiges Verständnisproblem. Zudem verstärkt es Stereotype. Noch schlimmer ist das nur bei Blumen am Valentinstag. Damit wird die Kollegin oder Mitarbeiterin endgültig zum „Herzchen" degradiert. Es ist ein typischer Fall einer gut gemeinten Geste, die oft anders ankommt als erhofft.

Beispiel

Wie weit verbreitet solche Fehler sind – und die zunehmend wütenderen Reaktionen in den sozialen Medien – zeigt alljährlich die Berichterstattung in den Medien.

Eine wenig glückliche Hand bewies 2017 beispielsweise die Polizei Brandenburg. „Herzlichen Glückwunsch zum #Frauentag! Einen besonderen Gruß möchten wir heute auch an unsere Kolleginnen richten, ohne die die tägliche Polizeiarbeit undenkbar wäre", twitterten sie. Doch leider zeigte der Sinnspruch, der den Tweet begleitete, ein verstaubtes Geschlechterbild: „Ladys, heute erledigen wir den Abwasch. Wir wünschen Euch einen entspannten #Weltfrauentag", war da zu lesen [8].

Den Vogel abgeschossen hat aber vermutlich der brasilianische Präsident Michel Temer. Beim Versuch, die wichtige Rolle der Frauen in der Gesellschaft zu unterstreichen, lobte er ihren Einfluss am häuslichen Herd. Schließlich sei es nicht das Verdienst des Mannes, sondern der Frau, wenn Kinder wohlerzogen seien. Auch ihre Bedeutung in der Wirtschaft hob er hervor: „Niemand ist fähiger, auf Preistreiberei im Supermarkt hinzuweisen, als die Frau". Die wütenden Reaktionen ließen erwartungsgemäß nicht lange auf sich warten [9].

Ohne Zweifel werden im internationalen Kontext vergleichbare Maßnahmen sehr unterschiedlich bewertet. In Indien beispielsweise ist es durchaus üblich, den Weltfrauentag in Unternehmen mit Schmink-Workshops und kostenlosen Maniküren zu begehen. Ich sehe das trotzdem kritisch. Nicht alles, was Menschen Freude macht, sendet deshalb die richtige Botschaft. Mit ein bisschen Fantasie lassen sich sicherlich andere Maßnahmen identifizieren, die auf ebenso große Begeisterung stoßen, aber einen größeren Beitrag zu einem modernen und gleichberechtigten Geschlechterbild leisten.

Stereotypische Maßnahmen sollte man natürlich nicht nur am Frauentag vermeiden, sondern auch an allen anderen Gedenktagen.

Der „Black History Month" ist nicht für Schwarze

D&I-Tage sollen Vielfalt zelebrieren und beleuchten, wie wichtig sie für das Unternehmen oder die Gesellschaft ist. Da macht es wenig Sinn, wenn bei den entsprechenden Veranstaltungen, die Gruppen jeweils unter sich bleiben. Ziel muss es stattdessen sein, Ansätze zu finden, mit denen ihre Herausforderungen und Verdienste einer möglichst breiten Zielgruppe sichtbar gemacht werden, um den Dialog zu erweitern.

Ebenso wichtig wie die Frage wer teilnimmt ist, wer auf den Veranstaltungen spricht. Wenn sich ausschließlich D&I-Verantwortliche zeigen und äußern, kann das die Bemühungen untergraben. Dann wird es potenziell als nette – aber eben doch irrelevante – Veranstaltung wahrgenommen.

Vielfalt kann nicht nur an einzelnen Tagen stattfinden

Wer hofft, mit einzelnen Veranstaltungen seiner Kommunikations- und Aktionspflicht genüge getan zu haben, irrt. Wer nicht plant, mehr zu tun, als sich einmal im Jahr öffentlichkeitswirksam zu äußern, sollte es besser lassen. Durch ein solches Verhalten wird sonst nur besonders deutlich, dass an den anderen 364 Tagen im Jahr die entsprechende Unterstützung fehlt.

11.6.1.3 D&I-Botschaften in einem anderen Kontext integrieren

Ein Gradmesser einer erfolgreichen Strategie ist, dass es an möglichst vielen Stellen gelingt, D&I-Aspekte in die sonstige Kommunikation einzubetten. Erst dann ist D&I tatsächlich im Unternehmen angekommen. Dabei geht es nicht darum, das Thema ganz besonders sichtbar zu machen – irritierend wie ein Werbeblock im Spielfilm. Ganz im Gegenteil sollte es als natürliches Element in die Kommunikation einfließen. Dafür gibt es eine Vielzahl an Möglichkeiten, die allerdings die Unterstützung der jeweiligen Fachkolleginnen und -kollegen oder von Mitgliedern des Führungsteams voraussetzen.

Beispiel

Ein paar Beispiele:

Die Beurteilungsgespräche stehen an. Es gilt sicherzustellen, dass Vorgesetzte bei ihrer Einschätzung bedenken, dass sich nicht alle Menschen mit gleicher Freude selbst loben und daher Erfolge in unterschiedlich schillernden Farben darstellen. Wer sich bei der Bewertung mehr auf die begeisterten Schilderungen der zu Beurteilenden als auf die eigene Einschätzung verlässt, kann ruhigeren Teammitgliedern Unrecht tun.

Gemeinsam mit den verantwortlichen Kolleginnen und Kollegen gilt es daher zu besprechen, wie sich diesem Faktor im Rahmen der geplanten Kommunikation Rechnung tragen lässt. Selbst wenn es viele Untersuchungen gibt, die zeigen, dass beispielsweise Frauen und Menschen aus Ostasien zu einer größeren Bescheidenheit tendieren, sollten die Vorgesetzten sie sicherlich nicht einfach besser bewerten und einen Doppelstandard etablieren. Schließlich gilt das nicht grundsätzlich. Und auch nicht alle Männer sind begnadete Selbstdarsteller. Sicherlich ist es auch keine gute Idee, allen Frauen und Chinesen eine E-Mail zu schicken und ihnen zu empfehlen, sich über den grünen Klee zu loben. Das wäre nicht nur sonderbar und unpassend, sondern würde auch „größtmögliches Eigenlob" zum gewünschten Standard erheben.

Allerdings kann es sich lohnen, Tipps und Tricks für die Vorbereitung zu kommunizieren und zu überlegen, wie man das gewünschte Verhalten unterstützen kann. Die Vorgesetzten könnten z. B. im Vorfeld identifizieren, welche Projekte aus ihrer Sicht besonders gelungen waren. Das ist Teil einer wertschätzenden Kultur und schafft einen guten Ausgangspunkt für das weitere Gespräch. Eine bessere Vorbereitung hilft aber auch Mitarbeiterinnen und Mitarbeitern, sich rechtzeitig Gedanken zu machen, welche Aspekte sie hervorheben möchten. Ein simpler Fragebogen könnte den Überlegungen Struktur geben und sie in die gewünschte Richtung lenken. Wenn Beschäftigte auch aufgefordert werden, über Messkriterien und Zielerreichung nachzudenken, kann das eventuell auch die ganz von sich Begeisterten ein Stück weit auf den Teppich zurückholen.

Anderes Beispiel: Es werden Finanzzahlen vorgestellt und einzelne neue Produkte erwähnt, die zukünftig zum Erfolg beitragen sollen. Dazu gehört auch ein Produkt für Konsumenten in Indien. In dem Fall wäre es gut zu erwähnen, wie entscheidend die Erfahrungen und Ideen der lokalen Kolleginnen und Kollegen waren, um eine Lösung zu entwickeln, die den Marktbedürfnissen gerecht wird.

In einem anderen Fall kann es sinnvoll sein hervorzuheben, wie viele Nationalitäten an einer Entwicklung beteiligt waren oder welche Rolle es für die Kundenzufriedenheit spielt, wenn im Call-Center Beschäftigte tätig sind, die die Sprache und Kultur der Anrufer verstehen.

11.6.1.4 Unterschwellige Botschaften beachten

Selbstverständlich ist es zudem erforderlich, auf unterschwellige Botschaften zu achten: Wer sagt, Vielfalt sei wichtig, aber in interner und externer Kommunikation kommen immer nur die Gleichen zu Wort, hat ein Glaubwürdigkeitsproblem. Wo dagegen ganz unterschiedliche Menschen auftreten, entsteht fast automatisch das Bild einer vielfältigen Organisation. Selbstverständlich setzt das voraus, dass die jeweiligen Ansprechpartner in ähnlichen Funktionen und auf vergleichbarer Ebene tätig sind. Wer dem Vorstandsteam die Dame vom Empfang entgegensetzt, damit auch eine Frau zu Wort kommt, tut sich damit keinen Gefallen. Das gilt auch, wenn bei jeder Gelegenheit der gleiche „Andere“ auftaucht, um für Farbe zu sorgen.

11.6.2 Verschiedene Kanäle, Formate und Instrumente nutzen

Unterschiedliche Kanäle zu nutzen und verschiedene Instrumente und Formate einzusetzen, sind zentrale Elemente einer gelungenen Kommunikation. Die Entscheidung hängt davon ab, wie man die Zielgruppe und den Kommunikationszweck am besten erreicht.

Dabei können und sollen sich verschiedene Kommunikationsformen ergänzen:

- **Statisches und Bewegtbild:** Nutzen Sie unbedingt neben Texten und Fotografien auch Videos. Die müssen nicht unbedingt aufwendig produziert werden – oft reicht bereits die Handykamera, um einen kurzen Clip zu produzieren.
- **„Monolog“ und Dialog:** Überlegen Sie, wie sie unterschiedlichen Zielgruppen einen Dialog ermöglichen können, statt sie ausschließlich mit Informationen zu versorgen. Ganz wichtig: Es müssen nicht alle mit Ihnen persönlich reden. Statten sie wichtige Stakeholder mit den erforderlichen Informationen und Kenntnissen aus, damit sie sich über das Thema unterhalten können. Egal, ob das bei Informationsveranstaltungen zur Unternehmensstrategie ist, im Rahmen von Führungskräftetrainings, wenn die Besetzung von Schlüsselpositionen diskutiert wird, oder einfach in der Kaffeeküche.
- **Online und offline:** Nutzen Sie Chats, Foren, Intranet und E-Mail, aber überlegen Sie auch, welche „Touchpoints“ – welche Berührungspunkte – es in der realen Welt gibt. Von der Blume zum Frauentag hatte ich dringend abgeraten, aber ich kenne Kollegen, die mit Tisch-Sets in der Kantine Gespräche angeregt haben, mit Plakaten für Aufmerksamkeit sorgen oder auf die Firmenzeitschrift schwören.

Bedenken Sie bei der Planung unbedingt, ob Aufwand und Ergebnis in einem vernünftigen Verhältnis stehen. Ich erlebe es oft – nicht nur im D&I-Kontext –, dass Verantwortliche ihren eigenen Newsletter aufsetzen und begeistert sind, dass sie endlich alle Themen, die aus ihrer Sicht wichtig sind, in angemessener Form und Länge darstellen können. Leider hat der Umstand, dass Informationen verfügbar sind, kaum Einfluss darauf, dass sie jemand zur Kenntnis nimmt. Wer seinen eigenen Kanal bespielt, erreicht zudem häufig nur die, die ohnehin interessiert oder überzeugt sind. Um Veränderung zu beschleunigen, gilt es dagegen, die Gruppe der Unterstützer zu erweitern und neue Zielgruppen zu erschließen.

Tab. 11.3 Mögliche Ziele von Kommunikationsmaßnahmen. (In Anlehnung an Nancy Duarte, „Resonate")

Einen Sinneswandel erreichen			
Von	Zu	Von	Zu
Ablehnend	Wertschätzend	Verständnislos	Verständnis-voll
Meinen	Wissen	Sabotieren	Ermöglichen
Desinteressiert	Neugierig	Skeptisch	Vertrauensvoll
Entmutigt	Ermutigt	Verhindern	Unterstützen
Negativ	Offen	Verzögern	Machen
Uneinig	Einig	Zwingen	Begeistern

11.6.3 Kommunikationsziele definieren

Kommunikation kann viel erreichen und ganz unterschiedliche Ziele verfolgen. Ein paar Ideen vermittelt Tab. 11.3.

Entscheiden Sie genau, was Sie mit welcher Maßnahme erreichen wollen, wer die Zielgruppe ist, und überlegen Sie auf dieser Basis, welcher Ansatz am erfolgversprechendsten ist. Im nächsten Schritt heißt es dann, relevante Messkriterien zu definieren. Nur wer vorher definiert, wie „gut" aussieht, kann nachher überprüfen, ob eine Aktion gelungen war, und mit jeder Maßnahme für die Zukunft lernen.

Allein der Umstand, dass etwas stattgefunden hat, mag eine echte Leistung sein, belegt aber noch keinen Erfolg. Überprüfen Sie daher kritisch, ob die gewählten Ziele tatsächlich ein relevanter Indikator für die Qualität sind. Nur so lässt sich gewährleisten, dass Sie Zeit und Energie bestmöglich nutzen und wirklich Fortschritte verzeichnen.

11.6.4 Übersichtsplan erstellen

Nachdem Sie Ihre Zielgruppen segmentiert und die Maßnahmen geplant haben, hilft es, sie in einen Jahresplan – wie in Tab. 11.4. dargestellt – zu übertragen, um zu überprüfen, ob die Aktivitäten die verschiedenen Schwerpunkte der Strategie gut wiedergeben und ob sie den Anforderungen unterschiedlicher Stakeholder gerecht werden.

Es ist normal, dass die kommenden Monate detaillierter geplant sind als der spätere Jahresverlauf. Selbstverständlich ist es auch nicht erforderlich, in jedem Monat zu jedem Thema mit jeder Zielgruppe zu kommunizieren.

Was dagegen wichtig ist: Schreiben Sie den Plan kontinuierlich fort und behalten Sie im Blick, wo Maßnahmen sich verschieben oder es grundsätzlich wenig zu berichten gibt. Das sind wichtige Indikatoren, dass eine Überprüfung der Strategie bzw. einzelner Schwerpunkte erforderlich ist.

Tab. 11.4 Beispiel: Übersichtsplan

	Monat 1		…		Monat 12	
Thema und Zielgruppe	Was	Wer	Was	Wer	Was	Wer
Schwerpunkt A						
Schwerpunkt B						
Schwerpunkt C						
Schwerpunkt D						

11.7 Erfolge feiern

> Es ist leichter, eine Veränderung positiv zu sehen, wenn sie in bestehende Erfolge eingebettet ist[5] Melanie Franklin [1].

Für eine erfolgreiche Strategie müssen Menschen bereit und motiviert sein, sich aktiv mit dem Thema auseinanderzusetzen und etwas zu bewegen. Dafür müssen sie davon überzeugt sein, dass sich die Mühe lohnt. Wer nur zu hören kriegt, was alles nicht funktioniert, schlecht ist und problematisch, wird bald gar nicht mehr zuhören. Wenn die D&I-Verantwortlichen in den Ruf geraten, die „Meckerabteilung" zu sein, stehen sie bald vor verschlossenen Türen.

Natürlich geht es nicht darum, alles rosarot zu zeichnen und vorzugeben, im Prinzip stünde alles zum Besten. Aber sichtbare Erfolge – selbst die kleinen – sind motivierend, sie regen den Wettbewerb zwischen unterschiedlichen Stakeholdern und Organisationsteilen an und helfen weitere Unterstützer zu gewinnen.

Deshalb ist es wichtig, Erfolge einzuplanen und die Augen dafür offenzuhalten, wo Dinge gut laufen. Auch dabei hilft der „agile" Ansatz, weil die Veränderung in überschaubare und in vernünftiger Zeit lösbare Herausforderungen zerlegt wird.

Einen weiteren Vorteil hat diese Vorgehensweise: Statt nur zu sehen, dass man noch endlos weit vom gewünschten Ergebnis entfernt ist, stellt man fest, wie viel man schon erreicht hat. Das hilft, wenn man im eigenen Beurteilungsgespräch sitzt – und es ist gut für die Seele.

Was Sie aus diesem Kapitel mitnehmen sollten

- Für erfolgreiche Kommunikation ist es wichtig, eine gemeinsame Basis zu schaffen – z. B. über gemeinsame Erfahrungen oder Ziele. Das stärkt das Vertrauen und beeinflusst die Geschwindigkeit, in der sich Veränderungen realisieren lassen.
- Was jemand sagt und was der andere hört, sind zwei verschiedene Dinge. Zu Störungen in der Kommunikation kommt es besonders, wenn 1) man die Empfänger

[5] Originaltext: „It is easier to feel positive about a change, if it is set in the context of existing success" (eigene Übersetzung der Autorin).

nicht kennt oder versteht bzw. ihre Interessen ignoriert oder 2) wenn der Absender nicht glaubwürdig ist bzw. nicht klar und überzeugend kommuniziert.

- Zielgruppen zu segmentieren, hilft Ergebnisse zu erzielen. Relevante Kriterien für die Segmentierung sind beispielsweise ihre Interessen, wie stark sie die Veränderung mitgestalten oder von ihr betroffen sind.
- Personas sind ein hilfreiches Instrument, um die unterschiedlichen Denkweisen und Positionen, die in einer Organisation bestehen, in der Kommunikationsplanung zu berücksichtigen und verschiedenen Zielgruppen gerecht zu werden.
- In der Kommunikation gilt es keine Luftschlösser zu bauen, sondern sicherzustellen, dass Aussagen und Realität in einer vernünftigen Balance stehen.
- Ein sogenanntes Message House hilft bei einer konsistenten Kommunikation, die sich auf die wichtigsten Aspekte konzentriert. Das simple, aber effektive Werkzeug macht es zudem leichter, die Aussagen unterschiedlicher Ansprechpartner zu koordinieren.
- Für eine glaubhafte Kommunikation ist es nicht ausreichend, über die Fortschritte der Strategie zu berichten oder gezielte Diversity-Veranstaltungen durchzuführen. Ebenso wichtig ist es, dass das Thema in relevanten Zusammenhängen adressiert wird.
- Für eine spannende und motivierende Kommunikation sind unterschiedliche Kanäle und Formate erforderlich. Klare Messkriterien helfen, den Erfolg unterschiedlicher Maßnahmen zu bewerten und die Effektivität und Effizienz zu steigern. Ein einfacher Plan gibt einen Überblick, ob die Kommunikation den Erfordernissen entspricht bzw. welche Anpassungen erforderlich sind.
- Menschen sind lieber Teil einer Erfolgsgeschichte statt eines endlosen Dramas. Erfolge zu identifizieren und zu feiern ist eine Voraussetzung für den Erfolg.

Aktiv zuhören. (In Anlehnung an [1])

Rapport aufbauen	Blickkontakt sicherstellen. Ein Umfeld schaffen, dass es dem Gegenüber leichter macht, Befürchtungen, Bedenken und Ideen mitzuteilen. Störungen verhindern, Notebook schließen, Handy stumm schalten und wegpacken. Dem Gegenüber zeigen, dass es Ihre volle Aufmerksamkeit genießt
Aussagen wiedergeben	Aussagen und Ausdrücke wiederholen, um zu gewährleisten, dass wichtige Inhalte nicht verloren gehen und der andere die Gelegenheit hat, Ergänzungen zu machen. Formulierungen wie „Was ich von Ihnen höre …“ oder „Was ich verstanden habe …“ nutzen, um Interesse zu unterstreichen
Aussagen reflektieren	Die eigene Wahrnehmung beschreiben und erklären, wie Dinge bei Ihnen angekommen sind. Das hilft, mögliche Missverständnisse auszuräumen
Zu Schlussfolgerungen ermuntern	Geben Sie dem Gegenüber die Gelegenheit, die eigenen Ideen zusammenzufassen und Vorschläge zum weiteren Vorgehen zu machen

Empathische Kommunikation. (In Anlehnung an [1])

Kommunikation ohne Empathie	Empathische Kommunikation
Der Antwort des Gegenübers nicht zuhören, weil man auf die Gelegenheit wartet, selbst zu Wort zu kommen	Dem anderen die Möglichkeit geben, die Unterhaltung zu dominieren, und die eigenen Ideen nicht in den Vordergrund stellen
Der Antwort des Gegenübers nicht zuhören, weil man bereits dabei ist, die eigenen Antworten zu formulieren	Die Bereitschaft, die Aussagen und Emotionen des Gegenübers zu wiederholen, um sicherzustellen, dass man ihn oder sie verstanden hat
Den Antworten zuhören, aber nur diejenigen Informationen zur Kenntnis nehmen, die die eigene Sichtweise unterstützen. Der Rest wird ignoriert	Das, was man hört, nicht beurteilen und nicht als irrelevant oder falsch abtun
Sich auf Fragen konzentrieren, die klären, was andere wissen oder denken, aber nicht warum sie dieser Ansicht sind oder woher sie ihr Wissen haben	Sich erkundigen, warum jemand etwas annimmt und woher die Informationen kommen, um dadurch zu verstehen, warum jemand etwas glaubt – nicht nur was
Antworten danach beurteilen, ob sie „richtig" sind, also mit der eigenen Meinung übereinstimmen, und alles andere als „falsch" ablehnen	Darauf achten, das Gegenüber nicht zu unterbrechen, und Gelegenheit geben, Gedanken zu Ende zu führen

Literatur

1. Franklin, Melanie. 2014. *Agile change management.* London: Kogan Page Limited.
2. Arnsten, Amy F. T. 2009. Stress signalling pathways that impair prefrontal cortex structure and function. https://www.ncbi.nlm.nih.gov/pmc/articles/PMC2907136/. Zugegriffen: 12. März 2017.
3. Haemer, Ken. 2010. ehemaliger „Presentation Research Manager" bei AT&T.
4. Duarte, Nancy. 2010. *Resonate.* Hoboken: Wiley.
5. PwC. 2016. Global diversity & inclusion survey. http://www.pwc.com/gx/en/services/people-organisation/global-diversity-and-inclusion-survey.html. Zugegriffen: 12. März 2017.
6. Sweeney, Charlotte, und Fleur Bothwick. 2016. *Inclusive leadership.* London: Pearson Education Limited.
7. PwC. 2016. The PwC diversity journey: Creating impact, achieving results. http://www.pwc.com/gx/en/about/diversity/global-diversity-week.html. Zugegriffen: 12. März 2017.
8. Polizei Brandanburg. 2017. Ladys, heute erledigen die Männer den Abwasch. 8. März. https://www.facebook.com/polizeibrandenburg/photos/a.1528025210778605.1073741828.1429667093947751/1908153032765819/?type=3. Zugegriffen: 12. März 2017.
9. *Frankfurter Allgemeine Zeitung.* 2017. Niemand ist fähiger, auf Preistreiberei im Supermarkt hinzuweisen, als die Frau. 9. März (Zugegriffen: 12. März 2017).

Andere befähigen, die Vision zu unterstützen

12

> Veränderungen in den Arbeitsweisen, also dabei, „wie Dinge hier gemacht werden", sind die Voraussetzung für nachhaltige Erfolge. Sie stellen sicher, dass die Unterstützung der D&I-Ziele nicht von dem Interesse und der Bereitschaft Einzelner abhängig ist. Stattdessen werden strukturelle Veränderungen vorangetrieben, mit denen Diversity und Inclusion in die „DNA" eines Unternehmens übergehen. In diesem Kapitel geht es um Lösungsansätze, um in Arbeitsprozessen Barrieren zu identifizieren, die einer vielfältigen Organisation im Wege stehen, und sie im Anschluss zu beseitigen.

Die Übungen in diesem Kapitel helfen Ihnen zu klären:

- an welcher Stelle in Prozessen Barrieren für „vielfältige" Beschäftigte entstehen;
- wie Veränderungen gestaltet sein müssen;
- wie sich Maßnahmen priorisieren lassen, um möglichst schnell Ergebnisse zu erzielen;
- wie sich ein Projektplan entwickeln lässt, der sichtbar macht, ob die wichtigsten Barrieren angemessen adressiert werden.

Dank D&I-Audit haben Sie eine klare Vorstellung davon, welche Prozesse im Unternehmen eine besondere Aufmerksamkeit verdienen. Ein gutes Verständnis Ihrer Stakeholder und dessen, was sie bewegt, haben Sie auch gewonnen und mithilfe der D&I-Matrix nach Eisenhower – Abb. 10.2 aus Kap. 10 – definiert, welche Barrieren oder Prozesse Sie zuerst angehen wollen.

Jetzt gilt es, zusammen mit den Kolleginnen und Kollegen zu erarbeiten, welche Veränderungen im Einzelnen nötig und aktuell möglich sind, um strukturelle Hindernisse zu beseitigen und die gemeinsamen Ziele zu erreichen.

V. Hucke, *Mit Vielfalt und Fairness zum Erfolg*,
DOI 10.1007/978-3-658-16878-0_12

12.1 Veränderungsbedarf einkreisen

Der erste Schritt dafür ist ein klares Bild, „wie der Hase tatsächlich läuft", d. h. wie die identifizierten Prozesse im Detail aussehen und wo Barrieren bestehen. Gleichzeitig lohnt es sich zu untersuchen, wo die tatsächlichen Praktiken in der Organisation von den definierten Abläufen abweichen. Zwei verschiedene Angänge führen dabei – je nach Typ und Zielsetzung – zu guten Ergebnissen und es lohnt sich, sie bei Bedarf auch zu kombinieren [1].

1. **Baumdiagramme** lassen sich nutzen, um bestehende Prozesse in ihre Einzelteile zu zerlegen und einzukreisen, wo es zu Problemen kommt. Sie sagen allerdings nichts darüber aus, wie bessere Alternativen aussehen könnten. Der Angang ist rational, eher mechanisch und kopfgesteuert, liefert aber ein sehr klares Bild.
2. **Szenarien** – ein ähnliches Konzept wie die „Personas" aus Kap. 11 – beschreiben, wie Prozesse gelebt werden, welche Probleme es zu adressieren gilt, und geben auch erste Einsichten, wie Veränderungen aussehen könnten. Sie bieten zudem eine gute Möglichkeit, um mit verschiedenen Stakeholdern in einzelne Aspekte tiefer einzusteigen.

12.1.1 Baumdiagramme einsetzen

Die Baumdiagramme folgen einem einfachen Dreiklang und bauen unmittelbar auf die Erkenntnisse aus dem D&I-Audit und die im Rahmen der Strategie definierten Schwerpunkte auf. Für Prozesse, für die Handlungsbedarf identifiziert wurde, wird überprüft

- welche Aspekte dabei eine Rolle spielen,
- welche Probleme es mit ihnen gibt
- und was die Probleme verursacht.

Laut Mercer geben 85 % der Unternehmen an, dass ihre Talent-Management-Prozesse überarbeitet werden sollten [2]. Entsprechend bildet dies die Basis für das Beispiel, dass in Abb. 12.1 dargestellt ist.

Die erste Ebene des Diagramms definiert, welche Aspekte untersucht werden müssen, also beispielsweise

- der Prozess selbst,
- Training und verfügbare Informationen,
- die genutzten Systeme oder
- andere Aspekte.

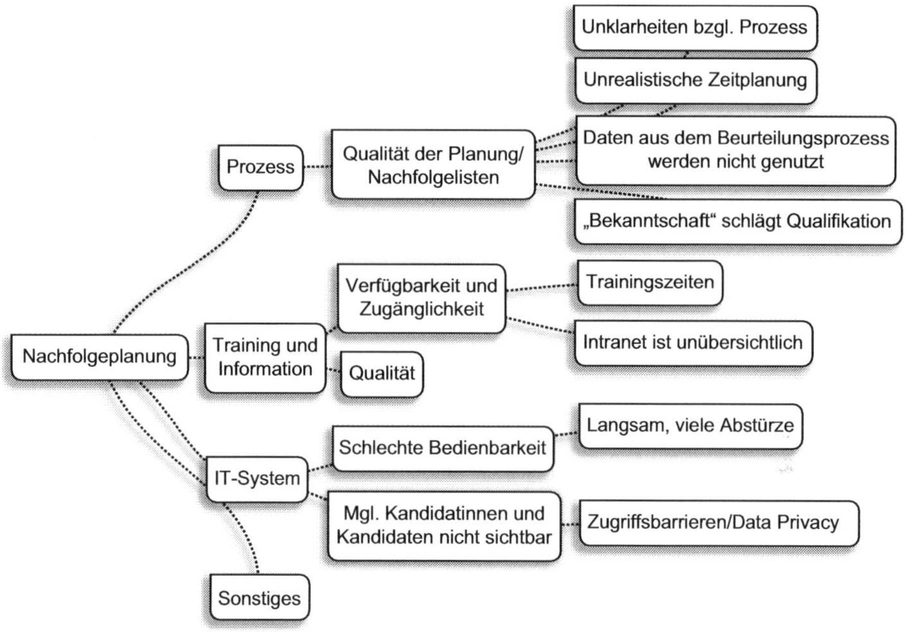

Abb. 12.1 Beispiel eines Baumdiagramms zur Nachfolgeplanung

Auf Ebene zwei geht es darum, was an der aktuellen Situation falsch ist. Einige Beispiele:

- Der Prozess setzt nicht die richtigen Schwerpunkte, ist kompliziert oder spiegelt die Realität nicht wider.
- Trainingsmaßnahmen sind unzureichend; denjenigen, die mit dem Prozess arbeiten sollen, fehlen wichtige Information oder sie sind unsicher, was tatsächlich zu tun ist und warum.
- Die Systeme unterstützen den Prozess nicht adäquat, etwa weil wichtige Informationen nicht verfügbar sind oder es zu kompliziert ist, sie zu beschaffen.
- …

Auf Ebene drei werden Ideen gesammelt, worauf die bestehenden Probleme basieren. Das sind die Aspekte, die dann für die Projektplanung von Bedeutung sind. Entsprechende Probleme fördert auch der zweite Ansatz – die Szenarien – zutage; wie sie aussehen könnten, ist daher im Beispiel in Abschn. 12.1.2. dargestellt.

12.1.2 Mit Szenarien arbeiten

Bei den Szenarien geht es darum, die unterschiedlichen Situationen zu verstehen, die zum Prozess gehören, und zu begreifen, wie unterschiedliche Menschen in ihnen agieren. Im Falle der Nachfolgeplanung kann das bedeuten, sich anzugucken, wie auf verschiedenen

Ebenen die Planungsmeetings ablaufen. Wer ist beteiligt, was sind ihre Interessen, was beeinflusst sonst ihr Handeln, wie wirkt sich das aufs Ergebnis aus?

Natürlich ist es hilfreich, darüber nicht ausschließlich zu spekulieren, sondern die Situation mit typischen Beteiligten zu eruieren. Der Angang hilft, verschiedene Erfahrungen und Motive zu berücksichtigen und auch zu verstehen, welche unterschiedlichen – und potenziell gegensätzlichen – Kräfte auf die Kolleginnen und Kollegen in anderen Teilen der Organisation einwirken.

Beide Angänge helfen, mögliche Handlungshebel zu identifizieren, die es dann zu priorisieren gilt.

Beispiel

Im Rahmen des D&I-Audits wurde festgestellt, dass auf den oberen Führungsebenen Menschen aus Geografien fehlen, deren Umsatzbedeutung steigt. Ein Prozess, der in dem Kontext besonders relevant ist und deshalb überarbeitet werden soll, ist die Nachfolgeplanung. Die Detailanalyse könnten dann Erkenntnisse wie die folgenden zutage bringen:

- Vielfältigen Beschäftigten werden zwar in der Beurteilungsrunde vergleichbare Leistung und Potenzial bestätigt, aber für eine mögliche Nachfolge für Schlüsselpositionen werden sie dennoch nicht berücksichtigt.
- Der Prozess wurde drei Mal verändert und ist vielen Beteiligten unklar. Es gab virtuelle Trainings, um über Änderungen zu informieren. Die waren allerdings so terminiert, dass Verantwortliche aus einigen Zeitzonen nicht teilnehmen konnten. Das Intranet ist schlecht strukturiert und die Aufzeichnung und Dokumentation des Trainings praktisch nicht zu finden.
- Entscheider für Top-Positionen nominieren am liebsten Kandidatinnen und Kandidaten für die Nachfolgeplanung, die sie persönlich gut kennen oder denen Sie zumindest vor dem Auswahlprozess begegnet sind.
- Wer andere vorschlägt, bekommt Gegenwind, muss sich rechtfertigen und übermäßig viel Aufwand betreiben.
- Viele betrachten die Planung als reinen Papiertiger ohne Auswirkung auf die tatsächliche Besetzung, wenn eine Stelle verfügbar wird.
- Wichtige Prozessschritte müssen während des chinesischen Neujahrsfestes erledigt werden, da ist aber niemand im Büro und der Planungsprozess wird weitestgehend ignoriert.
- Das IT-System ist aufwendig zu bedienen, langsam und stürzt häufig ab.
- Informationen zu Kandidaten aus anderen Geografien sind jenseits ihrer Organisation systembedingt nicht sichtbar.
- …

12.2 Lösungsansätze identifizieren

Dadurch, dass Situationen seziert und kleinteilig beschrieben werden, lassen sich für die spezifischen Probleme zielgenaue und oft auch pragmatische Lösungsansätze finden. Man hat es nicht mehr mit einem fast unüberwindbaren Berg zu tun, sondern mit vielen kleinen – trotzdem natürlich nicht immer leicht zu lösenden – Schwierigkeiten.

Im ersten Schritt ist es dabei wieder hilfreich, möglichst viele Ideen zu entwickeln, notfalls allein z. B. mithilfe einer Mindmap oder indem man mit anderen eine Kartenabfrage startet. Dabei notiert jeder zunächst allein Gedanken und Lösungsansätze für die verschiedenen Probleme auf Moderationskarten. Im zweiten Schritt werden die Gedanken dann vorgestellt, besprochen und weiterentwickelt.

> Mit einer Einzelarbeit zu starten, hat den Vorteil, dass unterschiedliche Perspektiven ungefiltert erfasst werden und dass auch diejenigen gehört werden, die eventuell in einer hitzigen Debatte nicht zu Wort kämen.

Ebenso wie bei den Barrieren wird die Spannbreite der Lösungsansätze gewaltig sein. Da gibt es ärgerliche Petitessen zu lösen, bei denen man sich potenziell einfach nicht bewusst war, dass sie anderen ein Problem bereiten. Andere Barrieren sind schwieriger zu überwinden und die Erfolgswahrscheinlichkeit von Lösungsansätzen ist praktisch nicht einzuschätzen. Das gilt ganz besonders, wenn Verhaltensänderungen erzielt werden sollen.

In solchen Fällen lohnt es sich zu überlegen, ob es weitere Möglichkeiten der Segmentierung gibt, indem man z. B. im Rahmen eines Pilotprojektes zunächst nur eine Geografie oder einzelne Ebenen adressiert. Dadurch kann die Wirksamkeit überprüft werden, bevor man in die breite Umsetzung geht. Indem man den Aufwand für die Organisation möglichst gering hält, folgt der Ansatz dem Motto, sofern unausweichlich lieber „schnell und billig zu scheitern".

12.3 Prioritäten setzen

In Kap. 7 hatte ich Agiles Change-Management vorgestellt und in Tab. 7.3. dargestellt, dass die Veränderungen in unterschiedlichen Iterationen mit jeweils drei Phasen ablaufen. Man

1. kreist ein Problem ein,
2. definiert die Wunschsituation und den Weg dorthin,
3. implementiert eine Veränderung und zieht Bilanz.

Basierend auf dem Ergebnis, werden dann – in der nächsten Iteration – weitere Veränderungen durchgeführt

Die Ideensammlung bildet die Basis, um Prioritäten für die jeweilige Iteration zu definieren. Ziel ist dabei, einen schlagkräftigen, aber gleichzeitig bewältigbaren Plan zu definieren. Es bietet sich an, eine weitere Matrix zu benutzen, um die Lösungsansätze zu kategorisieren (siehe Abb. 12.2).

Hier wird eingetragen, wie leicht bzw. schwer sich unterschiedliche Ideen implementieren lassen und wie groß ihre Wirkung eingeschätzt wird. Das bildet eine gute Basis, um zu entscheiden, wie sich mit den verfügbaren Ressourcen der größtmögliche Effekt erzielen lässt.

Der Ansatz schafft auch Transparenz, wenn es aktuell nicht möglich ist, eine wichtige oder Wunschlösung zu realisieren. Wenn beispielsweise das Budget für ein System-Update nicht eingeplant ist oder die IT-Abteilung andere Schwerpunkte hat, ist es unrealistisch, darauf zu hoffen, dass sich kurzfristig eine Veränderung ergibt. In diesem Fall gilt es zu identifizieren, wie sich innerhalb der bestehenden Rahmenbedingungen eine Verbesserung erzielen lässt.

Ein Aspekt, der bei der Planung unbedingt berücksichtigt werden muss, sind die bereits erwähnten „schnellen Ergebnisse", die „quick wins". Sie belegen, dass es vorwärtsgeht und sich Dinge verändern. Und weil die meisten Menschen lieber bei einem erfolgreichen Projekt mitmachen, als zu scheitern, helfen sie zusätzliche Unterstützer zu gewinnen.

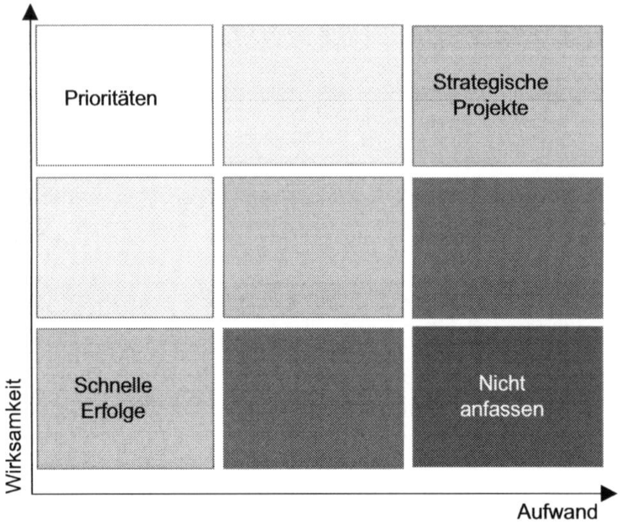

Abb 12.2 Lösungsansätze nach Wirksamkeit und Aufwand kategorisieren

Für alle Maßnahmen, die aktuell implementiert werden sollen, heißt es dann, Ziele und Messkriterien zu definieren. Die Erfolgsmessungen bilden die Basis, um über die weitere Vorgehensweise zu entscheiden. Also z. B. ob

- eine Maßnahme breiter ausgerollt wird,
- ob es Zeit ist, die nächste „Iterationsstufe", also die nächsten Maßnahmen anzugehen
- oder ob eine Idee nicht den gewünschten Erfolg gebracht hat und es über Alternativen nachzudenken gilt.

12.4 Projektplan definieren

Wie bei jedem anderen vernünftig organisierten Projekt müssen die Maßnahmen in einen Projektplan übertragen werden. Dadurch bewahrt man den Überblick und kann gewährleisten, dass sie konsequent abgearbeitet werden. Wer dabei der Struktur des D&I-Frameworks folgt, kann auf einen Blick erkennen, ob die priorisierten Maßnahmen gut gewählt sind, um die wichtigsten Barrieren angemessen zu adressieren. Ich persönlich finde es praktisch, es dafür um eine zweite oder dritte Seite zu ergänzen, die der gleichen Struktur folgt. Die einzelnen Aktivitäten werden darin erfasst, und zwar sowohl nach Termin – Beispiel siehe Abb. 12.3 – als auch nach Verantwortlichen. Das hilft – gerade bei einem agilen Angang – nicht den Überblick zu verlieren.

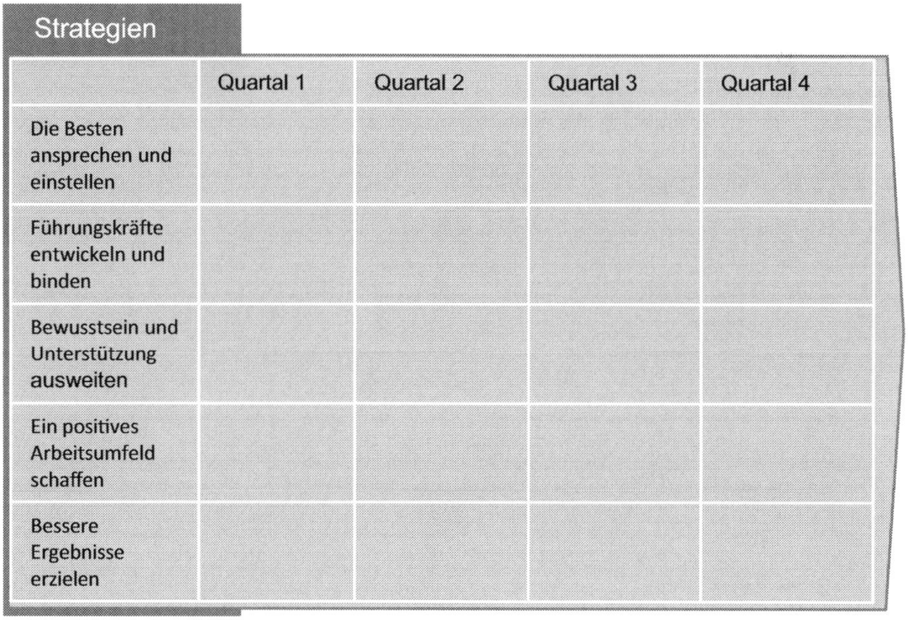

Abb. 12.3 D&I-Planung

Was Sie aus diesem Kapitel mitnehmen sollten

- Die bestehenden Barrieren detailliert zu sezieren, hilft dabei, zielgenaue Lösungen zu entwickeln. Dabei helfen Baumdiagramme, mit denen sich Prozesse in ihre Einzelteile zerlegen lassen, um Probleme einzukreisen, oder Szenarien, die beschreiben, wie Prozesse gelebt werden.
- Basierend auf einer detaillierten Problembeschreibung werden dann spezifische Lösungsansätze entwickelt.
- Wo die Erfolgswahrscheinlichkeit nicht klar abzuschätzen ist, ist es sinnvoll, Pilotprojekte aufzusetzen, um einen Angang zu validieren und dadurch vorzugsweise „schnell und billig zu scheitern“, wo es sich nicht vermeiden lässt.
- Um die bestehenden Ressourcen bestmöglich zu nutzen, werden Maßnahmen entsprechend Aufwand und Wirkung priorisiert. Dabei gilt es unbedingt, auch „quick wins“ einzuplanen. Sie belegen, dass es vorwärtsgeht, und helfen zusätzliche Unterstützer zu gewinnen.
- Für alle Maßnahmen sind Messkriterien zu definieren, um nach Abschluss über die weitere Vorgehensweise zu entscheiden.
- Ein übersichtlicher Projektplan hilft zu gewährleisten, dass die vereinbarten Maßnahmen konsequent abgearbeitet werden. Wer dabei der Struktur des D&I-Frameworks folgt, kann auf einen Blick erkennen, ob die wichtigsten Barrieren angemessen adressiert werden.

Literatur

1. Franklin, Melanie. 2014. *Agile change management.* London: Kogan Page Limited.
2. Mercer. 2016. Bridging the gap between employers' and employees' needs is key to "future-proofing" HR, new Mercer study finds. https://www.mercer.com/newsroom/global-talent-trends-2016.html. Zugegriffen: 14. März 2017.

13 Ergebnisse messen und schnelle Erfolge erzielen

▶ Dieses Kapitel geht weit über den „Kotter-Fokus", schnelle Erfolge zu erzielen, hinaus und beschäftigt sich mit dem ganzen Spektrum an Messkriterien für D&I. Sie sind wichtige Indikatoren für die Wirksamkeit einzelner Maßnahmen und dafür, ob die aktuelle Strategie tatsächlich zu den geplanten Ergebnissen führt. Dazu sind nicht nur klare und messbare längerfristige Ziele erforderlich. Ebenso wichtig ist es, rechtzeitig zu erkennen, wenn sich ein Trend nicht in die richtige Richtung entwickelt. Auf Basis kurz- und mittelfristiger Messkriterien und Meilensteine lässt sich die Strategie optimieren, besonders wirkungsvolle Aktivitäten können gestärkt und andere adaptiert oder aufgeben werden. Sie ermöglichen es, frühzeitig gegenzusteuern, wenn die Ergebnisse hinter den Erwartungen zurückbleiben und die langfristigen Ziele gefährdet sind. Gleichzeitig bieten sie die Möglichkeit, schnell Erfolge zu demonstrieren und zu feiern.

Die Übungen und Beispiele in diesem Kapitel helfen Ihnen

- Ziele zu definieren, die „SMART" sind, d. h. spezifisch, messbar, akzeptiert, realistisch und terminierbar;
- unterschiedliche Zielszenarien zu simulieren;
- qualitative Ziele messbar zu machen.

Die Diversity- und Inclusion-Ziele vieler Unternehmen gleichen einem Schuss ins Blaue. Ohne erkennbaren Realitäts-Check werden offensichtlich Ambitionen definiert, einfach weil es schön wäre, dass die Dinge anders sind. In drei bis fünf Jahren ist ja vermutlich viel zu machen und es wäre doch gelacht, wenn sich nicht erhebliche Veränderungen erzielen ließen. Es müssen sich eben alle nur ein bisschen anstrengen. Zum Zieltermin

V. Hucke, *Mit Vielfalt und Fairness zum Erfolg*,
DOI 10.1007/978-3-658-16878-0_13

reibt man sich dann verwundert die Augen, ist enttäuscht, dass es noch nicht gereicht hat und die Realität deutlich hinter den Erwartungen zurückbleibt. Weil sich am Veränderungswunsch nichts verändert hat, nehmen sich die Beteiligten mit ungebrochenem Optimismus vor, das gleiche Ziel dann doch einfach zu einem neuen Termin zu erreichen. Diese Übung lässt sich beliebig oft wiederholen.

Um stattdessen tatsächlich Änderungen zu erzielen, müssen einige Dinge anders gemacht werden:

1. Es gilt unterschiedliche Szenarien zu simulieren, um festzustellen, welche Veränderungen möglich und angesichts der Unterstützung in der Organisation realistisch sind. Das gibt die Ziele vor, die ambitioniert, aber machbar sein sollten.
2. Es muss definiert werden, wie die Ziele erreicht werden können – also beispielsweise welchen Einfluss steigende Einstellungen und Beförderungen bzw. rückläufige Austritte haben sollen oder was zu tun ist, um eine wertschätzendere Kultur zu erreichen. Das definiert die Schwerpunkte für die D&I-Agenda und -Maßnahmen und schafft Klarheit bezüglich Verantwortlichkeiten.
3. Es gilt, Meilensteine und Messkriterien zu entwickeln und regelmäßig zu überprüfen, die frühzeitig demonstrieren, ob die Veränderungshebel die gewünschte Wirkung zeigen und mit der erforderlichen Geschwindigkeit Ergebnisse liefern. Bei Abweichungen gilt es, die Konsequenzen zu diskutieren und zu entscheiden, ob mehr oder etwas anderes gemacht werden kann und muss.

13.1 Ziele oder Quoten

Zuerst halte ich es allerdings für wichtig, zwei Begriffe zu klären, um die es oft Missverständnissen gibt: „Ziele" und „Quoten". Sie werden häufig gleichgesetzt, obwohl es sich um zwei grundverschiedene Dinge handelt. Das führt zu Irritationen und starker Ablehnung. „Es kann doch niemand ernsthaft verlangen, dass wir jemanden befördern, weil er oder sie ein bestimmtes Geschlecht, Nationalität, Hautfarbe usw. hat und andere auf der gleichen Basis benachteiligen", sagen oder denken Stakeholder in solchen Fällen und werden sich D&I-Maßnahmen nach Möglichkeit entziehen. Dabei spielen Quoten in den meisten Unternehmen keine Rolle und das, was diskutiert wird, sind tatsächlich Zielgrößen. Was ist also der Unterschied?

13.1.1 Quoten

Laut dem Gabler Wirtschaftslexikon ist eine **Quote** ein „Anteil bzw. Verhältnisteil, der jeweils festgesetzt wird oder sich nach einer Verhältnisrechnung ergibt" [1]. Eine Quote ist damit eine verbindliche Vorgabe. Sie konzentriert sich auf die letzte Stufe eines Prozesses – auf die Auswahl – und gibt eindeutige Handlungsvorgaben.

Beispiel

Eine Geschlechterquote haben beispielsweise Bündnis 90/Die Grünen. Entsprechend hatten bei der Urwahl 2017 die Wahlberechtigten maximal zwei Stimmen, die sie an eine Frau und einen Mann oder alternativ nur an eine Person vergeben konnten. Cem Özdemir musste sich dadurch gegen zwei andere – männliche – Bewerber durchsetzen, während Katrin Göring-Eckardt alleine für den zweiten Spitzenplatz kandidierte [2].

Ein solches Vorgehen benötigt klare Regeln. Die hat die Partei in ihrem Frauenstatut definiert. Dort sind gleichzeitig Spielregeln und Konsequenzen festgehalten, falls es erforderlich oder wünschenswert sein sollte, von den Regeln abzuweichen:

So heißt es in § 1: „Wahllisten sind grundsätzlich alternierend mit Frauen und Männern zu besetzen, wobei den Frauen die ungeraden Plätze zur Verfügung stehen (Mindestparität). […] Sollte keine Frau für einen Frauen zustehenden Platz kandidieren bzw. gewählt werden, entscheidet die Wahlversammlung über das weitere Verfahren." oder in § 2: „[…] Redelisten werden getrennt geführt, Frauen und Männer reden abwechselnd. Ist die Redeliste der Frauen erschöpft, ist die Versammlung zu befragen, ob die Debatte fortgesetzt werden soll" [3].

13.1.2 Ziele

Bei Zielen handelt es sich um eine „Sollgröße, mit der ein Istzustand verglichen wird, der so lange zu bearbeiten ist, bis er dem Sollzustand entspricht" [4]. Bei Zielen liegt also der Fokus auf der aktuellen Situation und den erforderlichen Maßnahmen, um sie zu verändern und das Ziel – den Sollzustand – zu erreichen. Oder ganz simpel: Wer sich nicht fortbewegt, kommt auch nicht an.

Auch ein Ziel ist somit keine wahllos gesetzte Planzahl, die hoffentlich irgendwann erreicht werden wird. Es ist eine Vorgabe, die aktiv verfolgt werden muss. Für D&I gilt das gleiche wie für Umsatz- oder Marktanteilsziele. Auch da werden sich die wenigsten Organisationen darauf beschränken, sie vorzugeben und dann abzuwarten. Stattdessen werden Maßnahmenpläne aufgesetzt, die den Erfolg ermöglichen. Die Zielerreichung ist von unterschiedlichen Faktoren abhängig und kann nicht qua „Ansage" realisiert werden. Daher gilt es regelmäßig zu validieren, ob man auf dem richtigen Weg ist und ob die definierten Maßnahmen ausreichend und angemessen sind, um im vorgegebenen Zeithorizont Erfolg zu haben. Wenn das Ziel voraussichtlich verfehlt wird, sind angemessene Konsequenzen zu ziehen.

▶ **Quoten** setzen den Fokus auf die Entscheidung, die definierten Vorgaben entsprechen muss. Bei **Zielen** liegt der Fokus auf der Diskrepanz zwischen Wunsch und Wirklichkeit und auf geeigneten Maßnahmen zur Veränderung.

13.2 Ziele identifizieren

Ziele brauchen Messkriterien, andernfalls handelt es sich um eine Idee, eine Hoffnung oder – böse ausgedrückt – einen frommen Wunsch. Ziele beschreiben nachvollziehbar, wie der Zustand aussieht, der erreicht werden soll, und müssen für verschiedene Menschen klar und überprüfbar sein, andernfalls liegt der Erfolg ausschließlich im Auge des Betrachters.

Um Ziele zu formulieren, gibt es verschiedene Ansätze, die in Unternehmen verbreitet sind. Dabei ist eine der häufigsten Vorgaben sicherlich „SMART", d. h., Ziele sollen spezifisch, messbar, akzeptiert, realistisch und terminierbar sein. Für quantitative Ziele wirkt das einfach, da kann man eine Zielzahl vorgeben und anschließend erreichen. Bei qualitativen Zielen erscheint es deutlich schwieriger. Wie misst man eine „wertschätzende Kultur"? Was wäre – nach Schulnoten – eine 2 oder eine 6?

13.2.1 D&I-Messungen professionalisieren

Aber zunächst einen Schritt zurück: Auch um quantitative Ziele zu erreichen, ist es nicht ausreichend, das geplante Ergebnis zu formulieren. Man muss unterwegs auch feststellen können, dass man auf dem richtigen Weg ist. Dabei helfen Meilensteine, die zeigen, ob der Grad der Zielerreichung zu unterschiedlichen Zeitpunkten mit der Planung übereinstimmt. Ebenso wichtig ist es, Indikatoren zu finden, um frühzeitig die Wirksamkeit einzelner Maßnahmen zu validieren.

Bei solchen professionelleren D&I-Messmethoden, die in Abb. 13.1 dargestellt sind, ist es nicht länger nur in der Rückschau möglich festzustellen, was passiert ist. Stattdessen helfen

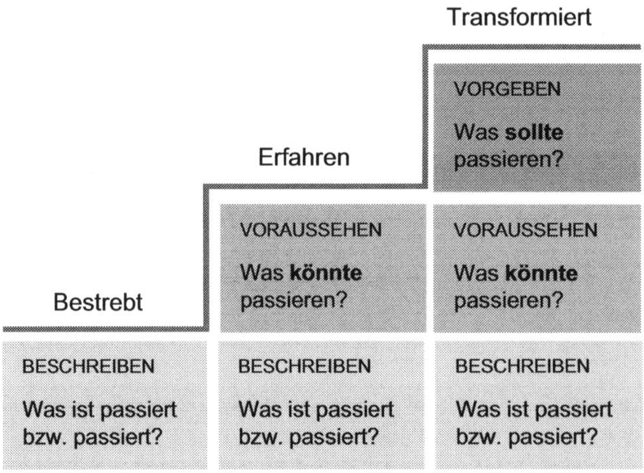

Abb. 13.1 Reifegrad von D&I-Messungen. (Nach TCB Research Report, „The Evolution of D&I-Management")

sie, Entwicklungen vorauszusehen bzw. den Einfluss von Maßnahmen auf die Zielerreichung zunehmend genauer vorauszusagen. Dazu werden geeignete Frühindikatoren – oft als „leading indicators" bezeichnet – identifiziert, die darauf hindeuten, dass ein zukünftiges Ziel – ein „lagging indicator" – erreicht wird.

Beispiel

Bei einem D&I-Audit hatte sich gezeigt, dass der Anteil „vielfältiger" Beschäftigter insbesondere in den oberen Rängen drastisch abnahm. Der wichtigste Prozess in dem Kontext war die Nachfolgeplanung. Hier wurde entschieden, wer die erforderliche Eignung für maßgebliche Positionen mitbrachte und wer angesprochen werden sollte, wenn sie neu zu besetzen waren.

Gleichzeitig hatte sich gezeigt, dass auf den Nachfolgeplänen besonders Beschäftigte berücksichtigt wurden, die der Mehrheitskultur entsprachen. Das galt sogar dann, wenn andere Kandidatinnen und Kandidaten zur Verfügung standen, denen bei der Beurteilungsrunde mehr Potenzial und eine höhere Leistung bestätigt worden waren.

Das Unternehmen entschied, dass diese „Minderheiten-Talente" im Prozess besondere Aufmerksamkeit erhalten sollten, und gab vor, dass x Prozent von ihnen für eine Nachfolge berücksichtigt werden müssen. Die Erwartung war, dass ihre höhere Sichtbarkeit auch dafür sorgen würde, dass sie häufiger ausgewählt werden würden, wenn es tatsächlich zu einer Neubesetzung kam.

Eine deutliche Veränderung der Vielfalt der Nachfolgepläne wäre damit ein Frühindikator für das Ziel, die Vielfalt in den oberen Leistungsfunktionen zu steigern.

13.2.2 Qualitative Ziele messbar machen

Damit qualitative Fortschritte – also beispielsweise eine wertschätzende Kultur – sichtbar werden, gilt es auch, sie messbar zu machen. Dafür muss das zu adressierende Problem näher spezifiziert werden: Woran wird eine exklusive oder inklusive Kultur festgemacht. Worin drückt sich das aus? Wie sieht die gewünschte Veränderung konkret aus? Wie fühlt sie sich an?

Wenn das Problem mangelnde Wertschätzung ist, die unterschiedliche Menschen empfinden, können beispielsweise relevante Fragen in der Mitarbeiterbefragung identifiziert und ein „Kulturindex" gebildet werden. In ihm werden Aspekte wie „Jeder wird mit Respekt behandelt", „Ich fühle mich eingeladen, meine Meinung zu sagen" oder „Unterschiedliche Perspektiven werden bei uns geschätzt" zusammengefasst. Allerdings gilt es zu berücksichtigen, dass in einer sehr homogenen Organisation üblicherweise die Werte hoch sind – wo alle gleich sind, fühlt sich jeder respektiert – und in einem heterogenen Umfeld die Zustimmung sinkt. Aktive Bemühungen um eine vielfältige Belegschaft können damit ggf. den Indexwert sinken lassen. Um aussagekräftige Ergebnisse in Bezug auf eine spezifische Zielgruppe zu erhalten, muss sie bei der Auswertung einer Befragung daher möglichst eng eingegrenzt werden.

Inzwischen gibt es natürlich längst auch Big-Data-Lösungen, die es ermöglichen, Metadaten zum Kommunikationsverhalten zu analysieren. Also nicht, wer sagt was zu wem, sondern wie sehen persönliche Netzwerke aus? Wer ist über welche Kanäle mit wem verbunden? Wie viele E-Mails werden ausgetauscht, wie oft wird telefoniert und wie lange? Wenn es darum geht, dass wichtige Stakeholder vielfältigen Beschäftigen mehr Aufmerksamkeit widmen, kann man messen, wie sich die Kontakte verändern und ob diese Entwicklung den Ambitionen entspricht. Wer nicht ganz so viel Aufwand betreiben möchte oder sich um die Datensicherheit sorgt, kann auch mit einfacheren Mitteln einen vernünftigen Indikator erhalten.

Beschäftigte in Asien klagen häufiger darüber, dass die Termine für wichtige Telefonkonferenzen sich eher an westlichen Zeitzonen orientieren als an ihren Bedürfnissen. Wenn ihr Aufstieg laut Audit-Ergebnissen dadurch behindert wird, dass sie sich nicht zu Wort melden, könnte komplette Übermüdung ein Grund sein. Eine „faire" Terminverteilung wäre in solchen Fällen ein – sehr einfach messbarer – Indikator für eine inklusivere Kultur. Das Gleiche gilt für den Versandtermin für die Unterlagen zur Vorbereitung. Wer berücksichtigt, dass es in einigen – insbesondere in kollektivistischen – Kulturen wichtig ist, sich vorab abzustimmen, zeigt eine höhere kulturelle Sensibilität, wenn Materialien früher bereitstehen. In solchen Fällen wird aus Zielen – „Materialien werden x Tage vorab verschickt" – irgendwann gelebte Praxis.

Zunehmende Bedeutung in der öffentlichen Diskussion gewinnt die Forderung, dass nicht ausschließlich Männer an Podiumsdiskussionen teilnehmen oder mehr unterschiedliche Menschen auf Konferenzen sprechen. Wer solche Regeln intern umsetzt und für eine höhere Sichtbarkeit vielfältiger Beschäftigter sorgt, demonstriert damit, dass verschiedene Menschen im Unternehmen aufsteigen und einen Beitrag leisten können. Das kann anderen Mut machen und sie motivieren.

> Um qualitative Ziele zu quantifizieren, helfen Baumdiagrame, wie in Kap. 12, Abb. 12.1 vorgestellt. Der Frage-Dreiklang lautet dabei: 1) „Was wollen wir verändern?" 2) „In welchen Situationen/Prozessen zeigt sich das Problem" – das erfahren Sie z. B. aus Fokusgruppen, durch Interviews und andere qualitative Befragungsmethoden – und schließlich 3) „Wie zeigt sich das Problem?" Auf dieser Ebene können dann üblicherweise Messzahlen definiert werden.

Aufwand und Ergebnis in Einklang bringen

Perfekte Messkriterien für qualitative Barrieren stehen oft nicht zur Verfügung oder wären nur theoretisch oder mit massivem Aufwand zu erheben. In solchen Fällen helfen oft kreative Ansätze, um zumindest eine Einschätzung zu vermitteln, ob man auf dem richtigen Weg ist. Das setzt allerdings voraus, dass sie wesentliche Barrieren reflektieren. Ein kreativer Angang ohne klaren und nachvollziehbaren Bezug zum Problem ist keine Lösung.

Selbstverständlich müssen zudem „Größe des Problems" und „Länge des Hebels" in einem vernünftigen Verhältnis stehen. Wem Beschäftigte in Scharen weglaufen, ist sicherlich gut beraten, mehr zu tun, als Besprechungsunterlagen früher zu verschicken. Ein deutlicher Indikator dafür, dass sich die Kultur zugunsten der Bedürfnisse der entsprechenden Gruppe verändert, ist selbstverständlich eine Trendänderung. Daher kann „Austritte von Zielgruppe x um y Punkte verringern" ein sinnvolles Messkriterium für Inclusion sein.

Aber auch bei quantitativen Fragestellungen kann die Zielsetzung extrem schwierig sein, wenn relevante Daten nicht erhoben werden oder der Zugriff fehlt.

Beispiel

Dieses Problem besteht beispielsweise für viel Mitarbeiternetzwerke, die sich ambitionierte Ziele setzen, ohne die entsprechenden Ergebnisse zu messen.

So geben jeweils mehr als 80 % der Befragten in einer aktuellen Untersuchung [5] an, das Frauennetzwerk in ihrem Unternehmen solle die Mitarbeiterbindung steigern, das Unternehmen für neue weibliche Beschäftigte attraktiver machen, den Aufstieg seiner Mitglieder unterstützen, Eigenkündigungen reduzieren, Führungskräften Einblicke in die Sicht von Frauen geben und die Vernetzung voranbringen.

Diesem Wunschbild stehen zumeist keine geeigneten Messkriterien gegenüber, die einen Einblick geben würden, ob und inwieweit das Netzwerk seinen Zielen tatsächlich gerecht wird bzw. wo man sich verbessern sollte. Die ganz große Mehrheit der Verantwortlichen beschränkt sich darauf, die Anzahl der Mitglieder und die Menge der Veranstaltungen zu zählen.

Während diese Daten am einfachsten zu erheben sind, geben sie keinen Aufschluss, ob man seine Ziele erreicht. Ganz im Gegenteil: Wenn unzufriedene Mitarbeiterinnen die Chance sehen, sich in der Gruppe mit Gleichgesinnten auszutauschen, kann ein wachsendes Netzwerk sogar ein Indikator für eine geringe Mitarbeiterbindung darstellen. Bei der Analyse der Befragungsdaten hat sich gezeigt, dass das nicht selten der Fall ist.

Entsprechend wichtig ist es, relevante Messkriterien für die wesentlichen Ziele zu identifizieren und konsequent zu verfolgen.

- Dazu könnte beispielsweise die Frage, ob jemand Netzwerkmitglied ist, bei den Demografie-Angaben der Mitarbeiterbefragung ergänzt werden. Dadurch kann der Einfluss einer Mitgliedschaft auf die Mitarbeiterbindung erhoben werden.
- Basierend auf den Rückmeldungen der Mitglieder könnte in Zusammenarbeit mit der Personalabteilung ein Abgleich mit den Beförderungs- und Kündigungsquoten für das Gesamtunternehmen durchgeführt werden.
- Es können Befragungen gemacht werden, um zu überprüfen, wie relevant Trainingsmaßnahmen für die Teilnehmerinnen waren; zu einem späteren Zeitpunkt ließe sich außerdem erfragen, ob das Gelernte in der täglichen Arbeit umgesetzt wurde.
- Wer es genauer haben möchte, kann vor und nach den Trainingsmaßnahmen ein 360-Grad-Feedback veranlassen, bei dem Vorgesetzte, Kolleginnen und Kollegen

sowie das Team befragt werden, um dadurch geplante Verhaltensänderungen zu überprüfen.
- Es kann gezählt werden, wie oft wichtige Stakeholder zu den Treffen kommen, und sie können nach einem definierten Zeitraum zu den Konsequenzen befragt werden, die aus der Teilnahme erwachsen sind …

Der Fantasie sind dabei keine Grenzen gesetzt und üblicherweise haben alle Verfahren eines gemeinsam: Sie sind nicht perfekt, aber machen trotzdem Arbeit. Natürlich gilt es deshalb im Einzelfall zu entscheiden, ob es sich tatsächlich lohnt, die Mühe zu investieren. Wer dazu – aus häufig sehr nachvollziehbaren Gründen – nicht bereit ist, sollte allerdings ernsthaft darüber nachdenken, die Ambitionen auf solche zu beschränken, bei denen der Erfolg messbar ist. Das stärkt die Glaubwürdigkeit, hilft Unterstützung zu gewinnen und ermöglicht es, immer besser zu werden.

13.3 Zukunftsszenarien simulieren und Ziele formulieren

Für ein realistisches Ziel müssen sich alle Beteiligten klar sein, welche Anstrengungen nötig sind, um es zu erreichen. Nur so lässt sich überprüfen, ob die erforderliche Unterstützung besteht. Der praktischste Weg, um das zu tun, sind Simulationen verschiedener Zielszenarien.

Die Null-Linie bildet dabei das „Was passiert, wenn nichts passiert"-Szenario, das untersucht, wie sich das Unternehmen verändert, wenn keine (weiteren) Maßnahmen ergriffen werden. Dabei werden die Personaldaten der letzten Jahre einfach fortgeschrieben.

Beispiel

Wenn sich also der Anteil einer Zielgruppe der D&I-Bemühungen in den letzten fünf Jahren von 12 auf 16 % gesteigert hat, ist davon auszugehen, dass in drei Jahren ihr Anteil um weitere 2,4 Punkte (4 % Veränderung über fünf Jahre auf drei Jahre hochgerechnet, d. h. 0,8 × 3) steigt. Das ist zwar ein stark vereinfachtes Verfahren, bietet aber eine akzeptable Planungsgrundlage. Wenn es massive Schwankungen oder extreme Sondereffekte gibt, sollte ein längerer Zeitraum gewählt oder die Daten so weit wie möglich bereinigt werden.

Um zu demonstrieren, welche Rolle unterschiedliche Faktoren – Einstellungen, Beförderungen und Austritte – bei der Zielerreichung spielen, lohnt es sich diese in einem Wasserfalldiagramm darzustellen – wie beispielhaft in Abb. 13.2 gezeigt.

Anschließend kann man mit unterschiedlichen Szenarien spielen: Wenn der Anteil um zwei, fünf oder acht Punkte steigen soll, wie müssten sich dann – bei einer gleichbleibenden Anzahl an Positionen – die Personalveränderungen entwickeln? Wie muss sich die Anzahl an Einstellungen und Beförderungen verändern und was müsste bei den Austritten

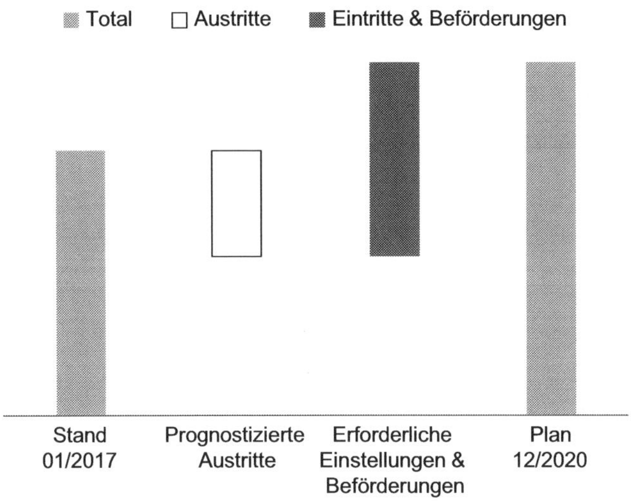

Abb. 13.2 Ein Wasserfalldiagramm hilft, Veränderungsbedarf zu visualisieren

passieren? Wichtig ist dabei auch zu berücksichtigen, wie sich die Ambitionen auf andere Zielgruppen auswirken würden.

Beispiel

Was passiert, wenn man Ziele setzt, ohne sie zu validieren, und nicht regelmäßig überprüft, wo man steht, illustriert das folgende Beispiel:

Ein Konzern, der seine Schwerpunkte auf Internationalität und die Steigerung des Frauenanteils in der Führungsebene gelegt hatte, überprüfte nach zwei Jahren erstmalig, wie weit man in Sachen D&I-Ziele inzwischen gekommen war. Zunächst waren die Beteiligten optimistisch. Zwar war noch nicht viel passiert, aber in absoluten Zahlen wirkte die angestrebte Veränderung trotzdem relativ überschaubar und das Ziel quasi in Griffweite.

Erst ein näherer Blick auf die Entwicklung im vergangenen Zeitraum und die noch ausstehenden Möglichkeiten zur Zielerreichung führte zu einem bösen Erwachen, denn die bisherige Praxis würde komplett auf den Kopf gestellt werden müssen. Um zum Stichtag Erfolg zu vermelden, müssten ab sofort drei Viertel der Einstellungen und Beförderungen für die entsprechende Ebene „Minderheiten" sein. Nachdem für viele dieser Positionen keine geeigneten internen „Minderheiten-Talente" identifiziert worden waren, würde man zudem den Anteil der Beförderungen massiv zugunsten von Neueinstellungen zurückfahren müssen und damit gegen einen zentralen Wert des Unternehmens verstoßen, nämlich interne Karrieren zu ermöglichen.

Mir begegnet es oft, dass Verantwortliche weit danebenliegen, wenn sie einschätzen sollen, wie sich unterschiedliche Zielsetzungen tatsächlich auf Einstellungen und Beförderungen auswirken. Unterschiedliche Simulationen helfen dann, ihnen zu zeigen, was die jeweiligen Konsequenzen sind. Das bildet die Basis für eine qualifizierte Entscheidung und ermöglicht es, Ziele zu setzen, die ambitioniert, aber machbar sind. Im zweiten Schritt heißt das natürlich auch, dass klar sein muss, wo welcher Beitrag zu leisten ist – und regelmäßig zu überprüfen, dass man auf dem richtigen Weg ist.

13.4 Verantwortlichkeiten definieren und Maßnahmen entwickeln

Anschließend gilt es zu definieren, welches die wichtigsten Stellschrauben sind, um die gewünschten Veränderungen zu erreichen. Bei Zielen zur Steigerung des Anteils einzelner Personengruppen auf bestimmten Ebenen, ist das im Prinzip relativ einfach: Man kann mehr einstellen, mehr befördern oder mehr Menschen dazu bringen, dem Unternehmen treu zu bleiben. Wie realistisch und sinnvoll die verschiedenen Szenarien sind, muss im Einzelfall entschieden werden.

- Wer im D&I-Audit festgestellt hat, dass die mit Mühe angeheuerten Neulinge innerhalb kürzester Zeit wieder verschwinden, sollte andere Schwerpunkte setzen und/oder gezielt Maßnahmen implementieren, um diesen Trend zu stoppen.
- Wer eine extrem schmale Führungskräfte-Pipeline hat, wird mit einem reinen Fokus auf Beförderungen nur begrenzte Erfolge erzielen, sich aber gleichzeitig überlegen müssen, wie sich das mittelfristig ändern lässt.
- Und wer kontinuierlich auf einzelnen Ebenen oder in bestimmten Lebensphasen qualifizierte Beschäftigte verliert, sollte sich dringend Gedanken darüber machen, welche Veränderungen erforderlich sind, um diesen Verlust zu verhindern.

Wenn darüber Klarheit herrscht, können die geplanten Veränderungen einzelnen Prozessen zugeordnet und gleichzeitig Verantwortliche definiert werden, die einen bestimmten Beitrag zu leisten haben.

Auf dieser Basis können dann – wie in Kap. 12 („Andere befähigen") beschrieben – gezielt Maßnahmen entwickelt werden, die die geplanten Ziele unterstützen. Priorität haben dabei diejenigen Aktivitäten mit dem größten Einfluss und Erfolgspotenzial. Dadurch lassen sich nicht nur besonders schnell Ergebnisse erzielen, es wird auch wilder Aktionismus vermieden, der ansonsten oft zu Ermüdungserscheinungen in der Organisation führt.

Je nach Organisationsstruktur können Ziele zudem heruntergebrochen werden, um geplante Veränderungen beispielsweise auf verschiedene Geografien oder Funktionen zu verteilen.

Auch bei qualitativen Zielen besteht die Möglichkeit, die unterschiedlichen Beiträge zu definieren, die in verschiedene Verantwortlichkeiten fallen – also z. B., wenn es darum geht, einen höheren Diversity & Inclusion-Indexwert bei der Mitarbeiterbefragung zu erzielen. In solchen Fällen reicht es nicht, ausschließlich zu überlegen, wie sich die Ergebnisse in verschiedenen Organisationsteilen verändern sollen; es sollte auch bedacht werden, welche Maßnahmen zu einer Verbesserung führen können und wer diese verantwortet.

13.4.1 Ziel im Bonus verankern – ja oder nein?

Es wird häufig gefordert, dass D&I-Ziele für Führungskräfte unmittelbar bonusrelevant sein sollen. Während ich die Vorteile sehe, würde ich dringend empfehlen, sehr vorsichtig in der Umsetzung zu sein, damit sich keine ungewollten Konsequenzen ergeben. Es mag durchaus sinnvoll sein, Ziele zu setzen, die ein nachhaltiges Vorgehen unterstützen, aber es ist eher schädlich, einen unmittelbaren Zusammenhang zu einzelnen Aktionen herzustellen.

Wer eine Frau einstellt, nur weil er dafür Geld bekommt, gibt sich potenziell weniger Mühe bei der Auswahl und Integration und sieht dann ein mögliches Scheitern als Beleg, dass „die ganze D&I-Geschichte Unsinn ist und es Frauen einfach nicht bringen". Wer daran gemessen wird, ein inklusives Umfeld zu schaffen oder Austritte einer bestimmten Gruppe zu reduzieren, wird sich um einen ganzheitlichen Angang bemühen (müssen) und kann sich weniger leicht aus der Verantwortung stehlen.

13.5 Meilensteine und Messkriterien definieren

Meilensteine und Messkriterien demonstrieren frühzeitig, ob die Strategie erfolgreich ist, ob einzelne Aktivitäten Wirkung entfalten oder ob es erforderlich ist, Anpassungen vorzunehmen.

13.5.1 Meilensteine

Mit Meilensteinen werden längerfristige Ziele – bzw. die bisherige Zielerreichung – in regelmäßigen Abständen kontrolliert, um sicherzustellen, dass es zum Zielzeitpunkt kein böses Erwachen gibt. Zumeist lohnt es sich, quartalsweise eine Überprüfung durchzuführen. Je nach Ergebnis gilt es dann entweder den Fortschritt zu feiern oder zu entscheiden, welche Konsequenzen erforderlich sind.

13.5.2 Messkriterien

Relevante Messkriterien sollten für jede einzelne Maßnahme definiert und nachgehalten werden. Sie gewährleisten, dass möglichst wenig Energie in Aktivitäten investiert wird,

Ziele für 2020	Herausforderung	Maßnahmen	Status
x % der Führungs - kräfte auf N-2-Ebene sind Frauen, y % kommen aus „Wachstums-Geografien".	• Unterrepräsentiert bei Einstellungen und Promotionen. • Austritte über dem Durchschnitt.	• Vorgaben für Headhunter. • Ziele für vielfältige Talente bei der Nachfolgeplanung. • Exit-Interviews, um Gründe zu verstehen. Anschließend Maßnahmenplan entwickeln.	
Lokale Management - Teams bestehen zu mindestens x % aus „Inländern".	• Wenig internationale Erfahrung. • Viele Austritte. • Lokales Arbeitgeberimage.	• Prozess für Entsendungen überarbeiten. • Programm zur Bindung von Beschäftigten entwickeln. • ...	
Mehr Frauen in der Führungskräfte-Pipeline: je plus 4 % auf N-3- und N-4-Ebene.	• ...	• ...	
Eine inklusivere Kultur: Plus 2 % sagen: „Es besteht offene Zwei-Wege - Kommunikation."	• ...	• ...	

Abb. 13.3 Maßnahmenplan

die hinter den Erwartungen zurückbleiben. Solche Messungen sind Teil jeder Veränderungs-Iteration im agilen Veränderungsprogramm und sollten so gestaltet sein, dass sie ohne größeren Aufwand und wann immer nötig durchgeführt werden können.

Um zu überprüfen, wie realistisch es ist, dass die Summe der geplanten Maßnahmen die gewünschten Veränderungen erzielt, hilft eine Übersicht – wie in Abb. 13.3. Sie stellt Ziele, Herausforderungen, Maßnahmen und Messkriterien auf einer Seite dar und zeigt auch den jeweiligen Status. Dieser Maßnahmenplan beleuchtet die D&I-Strategie aus einer weiteren Perspektive und bildet – neben den Übersichten der Gesamtstrategie (Abb. 9.1), dem Message House (Abb. 11.6) und der D&I-Planung (Abb. 12.3) – einen wichtigen Teil des Standardpakets für die Kommunikation mit wichtigen Stakeholdern.

Was Sie aus diesem Kapitel mitnehmen sollten

- Quoten und Ziele sind grundsätzlich verschiedene Dinge. Quoten kommen ggf. im Entscheidungsprozess zum Tragen. Ziele definieren eine kurz- bis langfristige Ambition, die mit relevanten Maßnahmen herbeigeführt werden soll.
- Ziele sollen „SMART" sein, d. h. spezifisch, messbar, akzeptiert, realistisch und terminierbar. Das setzt voraus, dass sich die Beteiligten im Klaren sind, worauf sie sich einlassen. Dabei helfen Simulationen unterschiedlicher Szenarien.
- Um qualitative Ziele zu messen, müssen sie quantifizierbar gemacht werden. Das gelingt, indem man ein Problem seziert und die Wunschsituation möglichst genau beschreibt. Grundsätzlich ist bei entsprechenden Messungen zu berücksichtigen, dass Aufwand und Ergebnis in Einklang stehen.
- Um Ziele zu erreichen, müssen unterstützende Maßnahmen implementiert werden und Verantwortlichkeiten geklärt sein.
- Messkriterien und Meilensteine verhindern böse Überraschungen, ermöglichen es, die Strategie zu optimieren, und stellen sicher, dass möglichst wenig Energie in Aktivitäten investiert wird, die hinter den Erwartungen zurückbleiben.

Literatur

1. Weerth, Carsten. Gabler Wirtschaftslexikon. 2009. http://wirtschaftslexikon.gabler.de/Definition/quote.html. Zugegriffen: 20. März 2017.
2. Bündnis 90/Die Grünen. 2017. Katrin Göring-Eckardt und Cem Özdemir gewinnen die Urwahl, 18.01.2017. https://www.gruene.de/ueber-uns/2017/katrin-goering-eckardt-und-cem-oezdemir-gewinnen-die-urwahl.html. Zugegriffen: 20. März 2017.
3. Bündnis 90/Die Grünen. Frauenstatut. 1986. https://www.gruene.de/fileadmin/user_upload/Dokumente/Frauenstatut.pdf. Zugegriffen: 20. März 2017.
4. Ramb, Bernd-Thomas. Gabler Wirtschaftslexikon. 2009. http://wirtschaftslexikon.gabler.de/Definition/ziel.html. Zugegriffen: 20. März 2017.
5. Hucke, Veronika, und Lisa Kepinski. 2016. A fresh look at women networks, Februar 2016. http://www.di-strategy.com/forschung-und-dialog.html.

Erfolge konsolidieren und in der Kultur verankern

14

> Eine größere Vielfalt im Unternehmen zu erreichen und eine wertschätzende Kultur zu schaffen, ist ein längerfristiger Prozess. Statt sich nach ersten Erfolgen auszuruhen, gilt es neue Schwerpunkte und Maßnahmen zu identifizieren und umzusetzen. Ansonsten gehen die mit viel Mühe erzielten Ergebnisse schnell wieder verloren. In diesem Kapitel geht es darum, neue Projekte sowie Partnerinnen und Partner zu identifizieren, weitere Veränderungen zu implementieren und dadurch einen nachhaltigen Wandel zu erzielen.

Inzwischen beginnt die D&I-Strategie Ihres Unternehmens, Wirkung zu zeigen. Erste Projekte wurden identifiziert und umgesetzt und dank relevanter Messkriterien wissen Sie, dass sie Fortschritte erzielen. Jetzt heißt es, das Momentum zu nutzen, neue Stakeholder zu gewinnen und weitere Initiativen zu starten. Andernfalls droht die Gefahr, dass sich die erfreut zur Kenntnis genommenen Erfolge in Windeseile wieder in Luft auflösen.

Das ist leider eine reale Gefahr: Alle haben sich sehr angestrengt und nach einer ersten Phase der Euphorie macht sich Erschöpfung breit. Wenn sich erste Ergebnisse abzeichnen, glauben die Beteiligten gern, dass sie endlich das Ei des Kolumbus entdeckt haben, dass Prozessänderungen erfolgreich waren und sich folgerichtig weitere Verbesserungen automatisch einstellen werden. Damit lässt die Aufmerksamkeit nach, Budgets und Ressourcen werden potenziell gekürzt und wichtige Stakeholder wenden sich der nächsten Baustelle zu. Gleichzeitig werden die verstummten Blockierer wieder wach.

Die schnell schwindende Aufmerksamkeit ist insbesondere in Unternehmen zu sehen, die eine Ansprechpartnerin bzw. einen Ansprechpartner benennen, um D&I als Sonderprojekt voranzutreiben. Wird dann noch ein systemischer Ansatz verfolgt, bei dem Veränderungen in unterschiedliche Prozesse integriert werden, entsteht leicht der Eindruck, das Thema wäre abgehandelt. Leider ist das ein massiver Irrtum.

V. Hucke, *Mit Vielfalt und Fairness zum Erfolg*,
DOI 10.1007/978-3-658-16878-0_14

Beispiel

Wie weit verbreitet das Problem ist, fällt mir besonders auf, wenn ich im Rahmen eines D&I-Audits mit Frauen in Führungspositionen spreche. Diejenigen, die schon länger im Unternehmen sind, sagen fast immer, dass sie bereits an vergleichbaren Interviews teilgenommen haben. Sie erzählen vom anfänglichen Elan und berichten, dass die Bemühungen nach kurzer Zeit im Sand verlaufen sind. Trotzdem hoffen sie darauf, dass endlich mehr passiert und die Veränderung Bestand hat. Wie viele diese Hoffnung inzwischen aufgegeben haben und für entsprechende Gespräche nicht mehr zur Verfügung stehen, lässt sich nicht abschätzen.

14.1 Dranbleiben

Dass sich nach ersten Erfolgen eine gewisse Nachlässigkeit breitmacht, ist ein häufig beobachtetes Phänomen. In Kap. 1 hatte ich erwähnt, dass zahlreiche Untersuchungen belegen, dass sich Menschen bei späteren Handlungen „Rabatt gewähren", nachdem sie sich einmal angestrengt haben, das „Richtige" zu tun – also Obama wählen oder Obst statt Torte essen. Diese nachlassende Begeisterung sieht man auch bei D&I-Bemühungen. Während viele zunächst noch bereitwillig ein neues, spannendes Projekt für eine bessere Welt unterstützen mögen – das vielleicht auch noch die Aufmerksamkeit der Führungsriege hatte –, schleichen sich schnell alte Verhaltensweisen ein, die viel vertrauter und bequemer sind. Zudem muss sich die Wirksamkeit einzelner Maßnahmen noch längerfristig beweisen.

In Kap. 13 hatte ich von dem Unternehmen berichtet, das für die Nachfolgeplanung Zielvorgaben für „Minderheiten-Talente" gemacht hatte. Ihr steigender Anteil sollte einen Frühindikator für eine Veränderung in der Personalauswahl darstellen und helfen, mittelfristig die Demografie des Führungsteams zu verändern. Nach etwa einem Jahr zeigte sich, dass die Wirksamkeit in unterschiedlichen Organisationsteilen völlig verschieden war. Während in einigen klare Veränderungen sichtbar waren, tat sich anderswo gar nichts.

Eine nähere Untersuchung zeigte, dass in diesen Organisationsteilen nicht nur „vielfältige" Kandidatinnen und Kandidaten nicht zum Zuge kamen, sondern dass der gesamte Prozess als irrelevant abgetan wurde. Die Planung hatte mit den tatsächlichen Stellenbesetzungen wenig zu tun. Um Diskussionen zu vermeiden, waren einfach neue Namen auf den Plan gesetzt worden, ohne dass sich irgendjemand mit den Betroffenen oder ihrer Eignung auseinandergesetzt hätte. Es gab die unterschiedlichsten Überzeugungen, warum sie ohnehin nicht infrage kämen. Chinesen waren angeblich nicht mobil, Frauen hatten gerade Kinder bekommen und ein Inder wohnte mit seinen Schwiegereltern zusammen. Gesprochen hatte man mit keinem von ihnen.

Trotz der frustrierenden Ergebnisse half der Fall, neue Themen für die D&I-Agenda zu identifizieren und den Dialog zu verändern. Zudem geriet der Bereich in den Fokus von Aufsichtsrat und Vorstand: Eine verantwortungsvolle Nachfolgeplanung war im Jahr zuvor als entscheidende Maßnahme zum Risikomanagement ausgemacht worden und die Abweichung ließ alle Alarmglocken klingeln. Das Bemühen, sich in der nächsten Zeit ganz besonders „konstruktiv" zu zeigen, führte dann zu erstaunlichen Ergebnissen.

14.2 Neue Schwerpunkte und Partner identifizieren

Während es also zum einen heißt, seine Meilensteine und Maßnahmen fest im Auge zu behalten, gilt es gleichzeitig, weitere Verbesserungen voranzutreiben. Das bedeutet, laufende Projekte erfolgreich zu Ende zu bringen, Maßnahmen bei Bedarf zu überarbeiten und zu optimieren und schließlich neue Themen zu identifizieren.

Vielleicht haben Sie mit einem opportunistischen Ansatz gestartet, der eher davon getrieben war, was realisierbar ist als was wirklich verändert werden muss. Wenn die Unterstützung wächst, können Sie im nächsten Schritt Themen mit einer größeren strategischen Bedeutung angehen. Am einfachsten lassen sich neue Schwerpunkte identifizieren, indem man die Implementierungs-/Einflussmatrix, Abb. 12.2 wieder zur Hand nimmt. Zudem helfen die Übungen aus den Kap. 8 bis 10 und die Gedanken und Notizen, die Sie sich bereits gemacht haben.

In Kap. 5 hatte ich dafür plädiert, sich auf Themen zu konzentrieren, bei denen man als kompetent anerkannt ist, und auf Maßnahmen, die eine möglichst große Wirkung erzielen. Das gilt oft im HR-Bereich. Aber natürlich kann man nicht grundsätzlich ignorieren, was ansonsten im Unternehmen vor sich geht. Schließlich beeinflussen ganz unterschiedliche Aspekte, ob eine Organisation als Lieferant, Partner oder Arbeitgeber in Erwägung gezogen wird. Gleichzeitig unterstreichen und festigen sie die Kultur eines Unternehmens und beeinflussen oder zementieren den personellen Status quo.

Beispiel

Bei einem Treffen von D&I-Verantwortlichen unterschiedlicher Branchen präsentierte ein großer Reisedienstleiter voller Stolz seine Strategie und wies mit Begeisterung auf die bisher erzielten Erfolge hin. Die Anwesenden waren angesichts des nachhaltigen und breit angelegten Ansatzes angemessen beeindruckt. Sie verspürten einen leichten Neid auf die großartige Unterstützung und waren fasziniert, wie tief das Thema offensichtlich in der Unternehmenskultur verankert war. Auf dem Weg zum Mittagessen veränderte sich das schlagartig: „Paris und Verona sind billig zu haben", prangte in riesigen Lettern auf einem Plakat mit dem Motiv einer aktuellen Werbekampagne.

Überlegen Sie, zu welcher Stufe im Kotter-Change-Modell Sie zurückgehen müssen, um Ihre nächsten Prioritäten zu definieren. Gab es grundsätzliche Veränderungen in der

Geschäftsstrategie, die Sie zwingen, den Business Case zu überdenken und die Informationen aus dem Audit zu ergänzen? Geht es darum, neue Partnerinnen und Partner bzw. Maßnahmen zu identifizieren, um bekannte Hürden zu adressieren? Haben Sie bereits Maßnahmen identifiziert, die Sie aufgrund der verfügbaren Ressourcen zurückgestellt haben und die nur darauf warten, in der nächsten „agilen Iteration" adressiert zu werden? Was haben Sie in der vergangenen Iteration gelernt? Und wie beeinflusst das Ihre nächsten Schritte?

Ein Modell, um die Unterstützung zu verbreitern, möchte ich in diesem Kontext nicht unerwähnt lassen, weil das Thema häufig diskutiert und sehr unterschiedlich bewertet wird, nämlich ein Diversity & Inclusion Council.

14.2.1 Diversity & Inclusion Council

In ihm finden sich üblicherweise erfahrene Führungskräfte zusammen, um die Entwicklung und Implementierung der D&I-Strategie – entweder in Bezug auf einzelne Zielgruppen oder für das gesamte Unternehmen – zu unterstützen und voranzutreiben. Die Struktur, Rolle und Verantwortlichkeit solcher Gremien kann stark variieren und hat unmittelbaren Einfluss auf die Ergebnisse.

Nach meiner Erfahrung ist die Wirksamkeit extrem unterschiedlich und ohne gute Planung entsteht leicht eine Gruppe, die Arbeit macht, statt sie zu leisten.

- Das kann heißen, dass Teilnehmerinnen und Teilnehmer regelmäßig zusammenkommen, sich freuen, einander zu treffen, und zahlreiche mehr oder weniger innovative Ideen entwickeln. Anschließend lehnen sie sich wieder zurück und erwarten, dass ihnen die D&I-Verantwortlichen beim nächsten Treffen den erfolgreichen Vollzug vermelden.
- Alternativ sitzen Menschen zusammen, die gezwungen wurden teilzunehmen, oder solche, die hoffen, dass ihnen ihre Teilnahme Zugang zu wichtigen Entscheidern eröffnet und die Karriere beflügelt. Eine solche Truppe aus potenziellen Bremsern und Opportunisten ist kaum geeignet, ein Veränderungsprojekt mit Elan zu voranzutreiben, und wird sich davonschleichen, sobald sich die Möglichkeit ergibt oder wenn ihre Beteiligung sich nicht auszahlt.

Um einen Beitrag zum Erfolg zu leisten, anstatt Ressourcen zu binden, müssen zwei Fragen geklärt sein:

1. Was soll das Team erreichen, d. h. welcher Zielgruppen soll es sich annehmen und was ist die Aufgabe?
2. Wie muss es eingebunden und ausgestattet sein?

14.2.1.1 Zielgruppe

In der Vergangenheit waren Komitees beliebt, die sich für eine spezifische Gruppe einsetzen. Entsprechend haben eine ganze Reihe großer Konzerne weibliche Top-Führungskräfte in entsprechenden Gremien zusammengebracht. Sie sollten das Ohr am Puls haben, eine Strategie entwickeln, die mehr Vielfalt unterstützt, und die Implementierung vorantreiben. Ein – ziemlich absurder – Nebeneffekt dieses Ansatzes war, dass besonders die Organisationsteile vertreten waren, die ohnehin eine aktive Strategie verfolgten. Diejenigen Bereiche, die es besonders nötig hätten, waren oft – aufgrund von akutem Frauenmangel – nicht vertreten. Die Wirksamkeit der Gruppe wurde damit radikal eingeschränkt, denn dort, wo sie besonders dringend hätte Einfluss nehmen sollen, fehlten die Kontakte, das Netzwerk und das politische Gewicht, um Veränderungen zu bewirken.

Aktuell geben viele Unternehmen diese Gremien wieder auf oder sie ergänzen sie um Männer, um eine umfassendere D&I-Agenda zu unterstützen. Das halte ich aus zwei Gründen für sinnvoll:

- Zum einen wird eine klassische Form der Ungleichbehandlung beendet: Frauen werden nicht länger gezwungen, unbezahlte Extraschichten zu schieben, um sich um „ihresgleichen" zu kümmern, und sie werden nicht mehr verurteilt, wenn sie es nicht tun.
- Zum anderen wird es einer modernen D&I-Agenda mit einem Fokus auf Fairness und Chancengleichheit besser gerecht. Schließlich profitieren von strukturellen Veränderungen, von geänderten Arbeitsweisen und -prozessen und einer wertschätzenden Kultur ganz unterschiedliche Beschäftigtengruppen. Ein zielgruppenspezifisches Gremium läuft einem solchen nachhaltigen Ansatz entgegen. Stattdessen führt es häufig dazu, dass separate Einzelmaßnahmen entwickelt werden, die zu Aktionismus führen.

Ein Aspekt muss bei der Planung jedoch berücksichtigt werden: Die Bereitschaft, sich zu engagieren, variiert zwischen unterschiedlichen Zielgruppen sehr stark. Ich hatte bereits erläutert, dass es „Shame, Pain, Gain" sind, die Menschen motivieren, sich zu engagieren. Sie müssen den Status quo also als peinlich oder schmerzhaft empfinden oder einen Vorteil darin sehen, etwas zu verändern. Das setzt voraus, dass die Agenda und die Kommunikation darauf ausgelegt sind, die Interessen unterschiedlicher Menschen zu berücksichtigen. Die „Personas" aus Kap. 11 helfen, solche Gemeinsamkeiten zu identifizieren.

Wer das versäumt, wird seine Wünsche kaum mit der Realität in Einklang bringen können.

Beispiel

Am Beispiel von Mitarbeiternetzwerken habe ich in der Studie „Unconsciously Biased: Employee Networks 4.0" [1] untersucht, wie gut es gelingt, Männer in die zunehmend populäreren „Gender-Netzwerke" einzubinden, und die Ergebnisse – gemeinsam mit Michelle Mendelsson von Credit Suisse – bei einem frei zugänglichen Webcast von The Conference Board vorgestellt [2].

Die globale Befragung, auf der der Bericht basiert, hat gezeigt, dass es nur etwa jedem zehnten Unternehmen gelingt, Männer wie gewünscht für solche Gruppen zu gewinnen. Die maßgeblichen Barrieren:

- Für sie ist dabei „nichts drin".
- Es gibt einen ausgeprägten Wunsch, ihnen beibringen zu wollen, was im Unternehmen so alles schiefläuft, oder sie verantwortlich zu halten.
- Ihnen fehlt das Bewusstsein für bestehende Barrieren oder sie sind zufrieden mit dem Status quo. Zudem gibt es „versteckte" Beitrittskosten: Es ist nicht immer wünschenswert, mit dem Netzwerk assoziiert zu werden.

14.2.1.2 Aufgabe

Die zweite grundsätzliche Frage ist, welche Aufgabe das Gremium erfüllen soll. Geht es um die Entwicklung geeigneter Maßnahmen? Darum, über die Implementierung zu entscheiden? Ist die Gruppe dafür verantwortlich, sie umzusetzen?

Ich schicke es voraus: Ich bin kein Freund eines separaten D&I-Councils. Für keine der drei beschriebenen Aufgaben. Denn durch entsprechende Gremien wird nach meiner Erfahrung häufig ein Problem fortgeschrieben, das schon in der Vergangenheit Veränderungen gebremst und Ergebnisse negativ beeinflusst hat. Weil D&I als „Liebhaber-Thema" behandelt wird, Aktionismus entsteht oder spezifische Maßnahmen „für Minderheiten" aufgesetzt werden.

Um **geeignete Maßnahmen** zu entwickeln, ist Fachkompetenz vorausgesetzt. Statt auf Menschen zu vertrauen, die die Begeisterung fürs Thema oder der Druck ihrer Vorgesetzten zusammenführt, lohnt es sich, auf Expertinnen und Experten zu setzen. Schließlich käme auch kein Unternehmen auf die Idee, die neue gesellschaftsrechtliche Struktur durch eine Gruppe von Enthusiasten entwickeln zu lassen. Eine nachhaltige D&I-Strategie zu entwickeln, ist nicht weniger anspruchsvoll.

Nur wenn die D&I-Agenda nichts mit dem Tagesgeschäft zu tun hat und stattdessen einen unabhängigen Aktionsplan darstellt, ist es erforderlich, über die **Implementierung von Maßnahmen** zu **entscheiden.** Ein solcher Ansatz verspricht wenig Erfolg. Eine nachhaltige Strategie setzt voraus, dass die „normalen" Arbeitsweisen und Verfahren die gewünschten Veränderungen unterstützen. Es geht daher im Schwerpunkt nicht darum, neue Aktivitäten zu implementieren, sondern schlicht bestehende Prozesse und Programme zu überarbeiten und zu verbessern.

Damit erledigt sich auch die Frage eines Sondergremiums zur **Umsetzung.** Schließlich sollte gerade keine parallele Infrastruktur geschaffen werden, sondern D&I in das alltägliche Handeln integriert werden. Die Verantwortung liegt bei den jeweiligen Fachabteilungen oder dem Führungsteam im Rahmen der regulären Tätigkeit.

Beispiel

Das würde beispielsweise bedeuten, dass bei einer Veränderung der bereits häufiger erwähnten Nachfolgeplanung die Fachabteilung den Prozess überarbeitet und relevante Kontakte über Veränderungen und Ziele informiert. Parallel ist das Führungsteam dafür verantwortlich, dem Thema bei den Diskussionen Aufmerksamkeit zu widmen und einzufordern, dass die gewünschten Ergebnisse realisiert werden.

14.2.1.3 Einbindung und Ausstattung

Wer Veränderungen schnell und ernsthaft vorantreiben will, sollte in den maßgeblichen Führungsteams – in den relevanten Funktionen und in der Linie – D&I-Ansprechpartnerinnen und -partner benennen. Natürlich kann es sinnvoll sein, dass diese sich auch regelmäßig treffen und über ihre Erfahrungen, Fortschritte und Herausforderungen berichten. Das wäre dann quasi ein D&I-Council. Anders als in vielen solchen Gremien sind dann allerdings tatsächlich alle maßgeblichen Organisationsteile vertreten. Zudem ist es in die reguläre Managementstruktur des Unternehmens eingebunden.

Wenn ihm dann noch die oder der Vorstandsvorsitzende vorstehen möchte, ist das natürlich eine tolle Sache. Allerdings müssen sich alle Beteiligten bewusst sein, dass es sich um ein längerfristiges Engagement handelt. Das Umfeld registriert sehr genau, wie ernst es ihnen mit ihrer Unterstützung ist. Wenn Mitglieder anfangen, Treffen zu verpassen oder die Teilnahme zu delegieren, sollte man das Gremium infrage stellen und ggf. zu Grabe tragen. Üblicherweise ist die eigene Zeit dann besser an anderer Stelle investiert.

14.3 Fazit

Ich wundere mich regelmäßig darüber, dass der Grad der Vorstandsunterstützung in vielen Diskussionen eine so große Rolle spielt. Ich finde die Frage langweilig. Wenn die Unterstützung da ist, ist das toll. Wo sie fehlt, haben D&I-Verantwortliche – falls sie den Job nicht hinschmeißen – nur eine begrenzte Anzahl an Optionen:

- **Hoffen:** Ich setze darauf, dass der oder die Vorstandvorsitzende ein lebensveränderndes Erlebnis hat, das D&I weit oben auf die persönliche Prioritätenliste katapultiert. Das macht sie bzw. ihn dann zu quasi unbremsbaren Unterstützern – und das bitte möglichst schnell.
- **Warten:** Ich reibe mich im Job auf und bin verzweifelt, weil es nicht die Unterstützung gibt, die aus meiner Sicht erforderlich wäre. Mit einer noch genaueren Analyse, der nächsten Präsentation und ein bisschen mehr Geduld hoffe ich das Nötige zu tun, damit doch noch alles besser wird. Alternativ freue ich mich, dass ich einen festen und hoffentlich gut bezahlten Job habe und aktuell ohnehin keiner was von mir erwartet. Bis sich das ändert, lege ich mir eine Reihe spannender Hobbys zu.

- **Machen:** Ich akzeptiere, dass die Dinge nicht so sind, wie ich es gerne hätte. Mein Augenmerk ist darauf gerichtet, im Umfeld, in dem ich agiere, und unter den bestehenden Rahmenbedingungen die größtmögliche Veränderung zu erreichen. Auf Basis erster Erfolge gewinne ich zusätzliche Unterstützer und kann zunehmend mehr bewegen.

Meine Empfehlung wäre immer Option drei. Die Bedingungen sind nie ideal. Es gibt immer irgendjemanden, der nicht mitzieht. Trotzdem: Es gibt immer Möglichkeiten, Veränderungen zu erreichen.

Diese Chancen zu nutzen setzt voraus, dass ich

1. **Barrieren verstehe, Probleme eingrenze und messbare Ziele formuliere:** Das ist die Voraussetzung, um relevante und wirksame Lösungen zu entwickeln und nicht in Aktionismus zu verfallen.
2. **Partner identifiziere und eine gemeinsame Basis schaffe:** Wandel kann über unterschiedliche Achsen getrieben werden. Um D&I fest in Prozessen und Arbeitsweisen zu integrieren, lohnt es sich häufig, auf Kolleginnen und Kollegen zu setzen, die einen „Nukleus für Veränderung" bilden und in ihrem Umfeld Dinge bewegen können. Ein aktives Stakeholder-Management ist eine wesentliche Grundvoraussetzung für den Erfolg.
3. **Anderen mit Wertschätzung und Offenheit begegne,** so wie sie in der Kultur verankert werden soll. Verschiedene Menschen haben unterschiedliche Bedürfnisse und Ziele. Das gilt für Menschen, die im Unternehmen unter- bzw. überrepräsentiert sind, und für alle, deren Unterstützung erforderlich ist, um die D&I-Strategie voranzutreiben. Nur wem es gelingt, diese unterschiedlichen Perspektiven einzubeziehen und gemeinsame Interessen zu identifizieren, erzielt die notwendige Unterstützung für den Wandel.

Wer das bedenkt, kann nach meiner Erfahrung viel erreichen.

Was Sie aus diesem Kapitel mitnehmen sollten

- Erste D&I-Erfolge sind noch kein Indikator für eine grundsätzliche Trendwende und Veränderung der Kultur. Statt sich auf ihnen auszuruhen, lohnt es sich, auf sie aufzubauen und das Momentum zu nutzen.
- Um geeignete Maßnahmen auszuwählen, ist es entscheidend zu überprüfen, was inzwischen im Unternehmen passiert ist und was Sie in der letzten agilen Veränderungsiteration gelernt haben. Das definiert, zu welcher Stufe im Kotter-Change-Modell es zurückzugehen gilt, um die nächsten Prioritäten zu identifizieren.
- Ein D&I-Council kann ein wirksames Instrument sein, um die Strategie zu unterstützen. Voraussetzung dafür ist, dass in ihm Repräsentanten maßgeblicher Organisationsteile vertreten sind und es in die Managementstruktur des Unternehmens integriert ist.

- Drei Aspekte sind die Voraussetzung dafür, langfristig erfolgreich zu sein: 1) Barrieren gut verstehen, Probleme eingrenzen und nicht in Aktionismus verfallen; 2) potenzielle Partner identifizieren und eine gemeinsame Basis schaffen; 3) anderen mit Wertschätzung und Offenheit begegnen – so wie beides in der Kultur verankert werden soll.

Literatur

1. Hucke, Veronika. 2016. Unconsciously biased: Employee networks 4.0, Oktober 2016. http://www.di-strategy.com/forschung-und-dialog.html. Zugegriffen: 22. März 2017.
2. Maitland, Alison, Michelle Mendelsson, und Veronika Hucke. 2016. Employee networks: Building engagement through shared interests, The Conference Board, 1. Dezember 2016. https://www.conference-board.org/webcasts/ondemand/webcastdetail.cfm?webcastid=3675. Zugegriffen: 22. März 2017.

Glossar

Coaching Beim Coaching handelt es sich um die Begleitung eines Menschen durch einen professionellen Coach, der oder die dabei helfen, Entwicklungs- bzw. Leistungsziele zu erreichen. Der Coach nutzt Fragetechniken, um den Coachee zu unterstützen, die eigenen Gedanken zu ordnen und selbst geeignete Lösungen und Maßnahmen zu identifizieren. Der Coach vermeidet es, die eigene Meinung zu vermitteln. Die Gespräche finden auf Augenhöhe statt.

Compliance (siehe Konformität)

Diversity (siehe Vielfalt)

Dominante Kultur Die dominante Kultur steht für die Werte, Normen und Regeln, die in einer Organisation herrschen. Sie wird von denjenigen Menschen definiert und getragen, die maßgebliche Machtpositionen innehaben.

Eigen- und Fremdgruppe (In- und Outgroup) Unter der „Ingroup" versteht man in der Sozialpsychologie die Gruppe, der wir – aufgrund persönlicher Beziehungen bzw. demografischer Merkmale – selbst angehören. Die Outgroup besteht aus Menschen, mit denen wir weniger gemeinsam haben/uns nicht verbunden fühlen. Die Gruppenzugehörigkeit beeinflusst dabei nicht nur das Zusammengehörigkeitsgefühl, sondern auch unsere Wahrnehmung der Outgroup-Mitglieder.

Im D&I-Kontext wird unter der Ingroup üblicherweise die Gruppe bezeichnet, die wichtige Machtpositionen innehat, und damit – auch unbewusst – anderen Mitgliedern ihrer Gruppe Vorteile verschaffen kann. Als Outgroup werden Menschen bezeichnet, die – häufig aufgrund persönlicher Merkmale, durch die sie zu einer Minderheit gehören – keinen Zugang zum Zirkel der Macht haben.

Entscheidungsarchitektur Bei der Entscheidungsarchitektur geht es darum, unterschiedliche Entscheidungsoptionen so zu präsentieren, dass die Wahrscheinlichkeit der „gewünschten" Entscheidung möglichst hoch ist.

Erworbene Vielfalt Erworbene Vielfalt beschreibt ein flexibles Denken, das auf im Verlauf des Lebens erworbenen Erfahrungen beruht – wie z. B. das Arbeiten in verschiedenen Kulturkreisen, Sprachräumen oder auch in unterschiedlichen Branchen und Funktionen.

V. Hucke, *Mit Vielfalt und Fairness zum Erfolg*,
DOI 10.1007/978-3-658-16878-0

Fremdgruppenabwertung Tendenz, die Mitglieder einer Fremdgruppe – einer Outgroup – kritischer zu sehen als Menschen, mit denen einen viel verbindet.

Fremdgruppenhomogenitätseffekt bzw. Outgroup (Homogenity) Bias Während Menschen, die der eigenen Ingroup angehören, differenziert mit ihren verschiedenen Eigenschaften wahrgenommen werden, sieht man die Outgroup als homogene Gruppe, deren Mitglieder alle gleich sind. Merkmale oder Verhaltensweisen, die man bei einem Mitglied erlebt, werden per Assoziation auf alle anderen übertragen und als „typisch" für die Gruppe wahrgenommen. Dank des „Confirmation Bias" (Bestätigungsirrtums) bemerkt man zudem nur Situationen, die die eigene Einschätzung unterstreichen, wodurch sich Stereotype verfestigen.

Gruppendenken/Group Think Gruppendenken entsteht dann, wenn in einer Gruppe das Konsensstreben stark dominiert bzw. sogar wichtiger wird, als die Aufgabe so gut und effektiv wie möglich zu bewältigen. Die Aufrechterhaltung von Kohäsion – dem Zusammenhalt und Wir-Gefühl – und Solidarität in der Gruppe ist wichtiger, als Fakten und Realität zu berücksichtigen.

Heuristiken Heuristiken sind mentale Abkürzungen. Sie helfen uns ohne großen Aufwand schnell zu einer Entscheidung zu kommen. Dabei kann es zu Fehleinschätzungen bzw. Fehlentscheidungen kommen.

Inhärente bzw. angeborene Vielfalt Von inhärenter Vielfalt spricht man in Bezug auf angeborene Faktoren wie Geschlecht, Ethnie bzw. Hautfarbe, sexueller Orientierung, Kultur, aber auch die Zugehörigkeit zu einer Kaste oder Gesellschaftsschicht bzw. der sozioökonomische Hintergrund – selbst wenn sich dieser natürlich im Verlauf des Lebens ändern kann. (Siehe auch erworbene Vielfalt)

Inklusion bzw. Inclusion Inklusion – in der Fachwelt nutzt man die englische Schreibweise „Inclusion" – steht für ein Gefühl der Zugehörigkeit. Ziel ist es, ein Umfeld zu schaffen, indem Unterschiede begrüßt werden, alle Beteiligten Wertschätzung erleben und unterschiedliche Menschen gleiche Chancen haben.

In- und Outgroup (siehe Eigen- und Fremdgruppe)

Konformität Öffentliches Bekenntnis zur Meinung der Mehrheit ohne innere Überzeugung, d. h. ohne die Meinung tatsächlich zu teilen.

Konformitätsdruck Druck, sich gemäß der Gruppe zu äußern und zu verhalten bzw. sich der Gruppe anzupassen. Zweifler in den eigenen Reihen werden dazu gebracht, die Gruppenmeinung nicht infrage zu stellen.

LGBT bzw. LSBT und LGBTA Die Abkürzung LGBT wird im internationalen D&I-Kontext häufig genutzt und steht für Lesbian, Gay, Bisexual und Transgender, d. h. Schwule, Lesben, Bisexuelle und Transsexuelle – in Deutsch LSBT, Lesben, Schwule, Bisexuelle und Transgender. LGBTA ergänzt diese um „Allies", d. h. Unterstützer.

Zunehmend werden Gruppenmerkmale weiter differenziert. So wird beispielsweise im aktuellen Koalitionsvertrag der Berliner Landesregierung der Begriff LSBTTIQ verwandt, um „Lesben, Schwule, Bi- und Transsexuelle, Transgender, Intersexuelle bzw. Menschen zu beschreiben, die sich als Queer verstehen".

Marginalisierte Gruppe Ist eine weitere Bezeichnung für die Outgroup bzw. Minderheitenkultur und unterstreicht, dass Meinungen und Bedürfnisse ihrer Mitglieder häufig weniger wichtig genommen bzw. sogar ignoriert werden.

Mentoring Im Rahmen des Mentorings vermittelt ein erfahrener Mentor einem Mentee neue Ideen und Impulse, um die Karriereentwicklung zu unterstützen. Aufgrund der anerkannt höheren Kompetenz des Mentors gibt es ein Beziehungsgefälle. Er oder sie vermittelt aktiv die eigenen Erfahrungen. Anders als der Coach ist der Mentor für die Aufgabe üblicherweise nicht ausgebildet.

Wachsende Bedeutung haben in Unternehmen „Cross-Mentoring-Programme". In diesen übernimmt der Mentor seine Rolle nicht aufgrund der hierarchischen Stellung und den daraus erwachsenen Einsichten, sondern verfügt über spezifische Fähigkeiten, die er oder sie an – ggf. auch hierarchisch höhergestellte – Kollegen bzw. Kolleginnen weitergibt, häufig beispielsweise im Bereich Social Media.

Mikro-Bestätigungen (Micro Affirmations) Mikro-Bestätigungen sind – häufig unbewusste – Zeichen, mit denen einem Menschen Wohlwollen und Unterstützung signalisiert werden, wie etwa zustimmendes Nicken oder Lächeln.

Mikro-Ungerechtigkeiten bzw. Mikro-Aggressionen (Micro Inequities bzw. Micro Aggressions) Mikro-Ungerechtigkeiten sind unterschwellige negative Botschaften, die wir unserem Gegenüber – häufig unbewusst – durch unser Verhalten, unsere Mimik oder Gestik senden und die geringe Wertschätzung signalisieren. So z. B., wenn wir in Reaktion auf eine Aussage grinsen, uns abwenden oder jemanden ignorieren. Die Signale sind subtil. Der Sender ist sich seines Verhaltens oft nicht bewusst und weißt potenzielle Kritik deshalb entschieden zurück. Für die Empfänger hat das Verhalten deshalb nicht weniger negative Konsequenzen. Längerfristig verlieren sie Selbstvertrauen, Motivation und den Spaß an der Arbeit.

Minderheiten bzw. unterrepräsentierte Gruppen Im D&I-Kontext wird oft sehr bewusst zwischen Minderheiten und unterrepräsentierten Gruppen unterschieden. Das ist wichtig, um Handlungsfelder zu definieren und Maßnahmen zu priorisieren.

Frauen beispielsweise stellen 50 % der Bevölkerung und sind daher keine Minderheit. Nichtsdestotrotz sind sie in den meisten Unternehmen in Führungspositionen deutlich unterrepräsentiert.

Auf der anderen Seite können bestimmte Gesellschaftsgruppen eine Minderheit darstellen, aber in Unternehmen deutlich überrepräsentiert sein, sodass sie im Rahmen der D&I-Planung logischerweise keiner weiteren Unterstützung bedürfen.

Nudge Ein „Nudge" (= „Stupser") ist eine Intervention, die Menschen – bei voller Wahlfreiheit – dazu anregen soll, eine (gesellschaftlich) gewünschte Entscheidung zu treffen

Outgroup (Homogenity) Bias (siehe Fremdgruppenhomogenitätseffekt)

Soziale Homophilie Tendenz, Menschen zu schätzen, die einem – z. B. in Bezug auf Herkunft, Bildungsgrad oder gesellschaftlichen Status – ähnlich sind, und sich bevorzugt mit ihnen zu umgeben.

Sponsoring Beim Sponsoring nutzt eine Führungskraft den eigenen Einfluss und das eigene Netzwerk für das berufliche Fortkommen eines Schützlings. Der Fokus ist damit weniger auf dem Gespräch mit dem Sponsee, sondern vielmehr im Gespräch über ihn oder sie, um neue und vielversprechende berufliche Möglichkeiten auszuloten.

Stakeholder Stakeholder sind im Marketing die wichtigen Anspruchsgruppen eines Unternehmens. Damit sind neben Kundinnen und Kunden auch Beschäftigte, Lieferanten, Anwohner am Firmensitz, Medien, Politik, Aktionärinnen und Aktionäre usw. gemeint, die Erwartungen oder Ansprüche an ein Unternehmen haben bzw. Einfluss auf die Tätigkeit nehmen können.

Stereotyp Ein Stereotyp ist ein „Bündel von Annahmen über die Eigenschaften der Mitglieder einer Gruppe". Sie beeinflussen, worauf wir achten, wie wir Informationen interpretieren und woran wir uns erinnern. Stereotype bestehen üblicherweise in Bezug auf Menschen, die sich in wesentlichen Aspekten von einem selbst unterscheiden und denen man sich weniger vertraut fühlt. Sie bilden die Basis für Vorurteile.

System 1 und System 2 System 1 und 2 beschreiben zwei unterschiedliche Arten des Denkens. System 1 ist schnell und intuitiv, System 2 konzentriert und reflektiert. Obwohl sich die meisten Menschen gerne als die rationalen Entscheider sehen, finden rund 90 % der Denkprozesse schnell und unreflektiert statt, ohne System 2 zu bemühen. Die Begriffe haben durch das Buch von Daniel Kahneman „Thinking, Fast and Slow" – Schnelles Denken, langsames Denken – Bekanntheit erlangt.

Unbewusste Privilegien bzw. Unconscious Privilege Unbewusste Privilegien sind Aspekte, die einzelnen Menschen einen Vorteil gegenüber anderen verschaffen, ohne dass sie mit einer speziellen Leistung verbunden wären. Häufig handelt es sich dabei um persönliche Merkmale wie Geschlecht, Hautfarbe oder die Zugehörigkeit zu einer Gesellschaftsschicht. Weil die Dinge für die Betroffenen selbstverständlich sind und sie keine andere Situation kennen, sind sie sich der Auswirkungen nicht bewusst.

Unconscious Bias Unconscious Bias steht für unbewusste Denkmuster oder Vorurteile, die die Wahrnehmung verzerren und unser Urteilsvermögen trüben.

Verallgemeinerungen Verallgemeinerungen beschreiben Wesenszüge, die vielen Mitgliedern einer Gruppe eigen sind, in vollem Bewusstsein, dass sie deshalb noch lange nicht für alle gelten, z. B. „Deutsche sind direkt" oder „Männer sind groß". Entsprechende Aussagen treffen für die definierte Gruppe häufiger zu als für eine Vergleichsgruppe (in diesen Fällen z. B. Amerikaner oder Frauen), ohne dass sie deswegen automatisch für alle Gruppenmitglieder gelten.

Im Rahmen der D&I-Strategieplanung helfen Verallgemeinerungen, Veränderungshebel mit besonders großer Wirkung zu identifizieren, weil sich Barrieren identifizieren lassen, die einzelne Gruppen besonders behindern, selbst wenn – wie beschrieben – nicht jeder unter ihnen leidet.

Vielfalt bzw. Diversity Vielfalt bzw. Diversity betrachtet, wie groß innerhalb einer Gruppe die Unterschiede in Bezug auf sichtbare Merkmale wie Geschlecht, Alter oder Nationalität, aber auch hinsichtlich unsichtbarer Aspekte (Überzeugungen, Erfahrungen etc.) sind.